JN061981

①クエバ・デル・タホ・デ・ラス・フィグラス（エル・タホ洞）。
②エジプトのネブアメンの墓の壁画「湿地での鳥猟」（紀元前 1350 年頃）。ネブアメンとその妻、娘が描かれている。

③古代都市メンフィスの「トキの寺院でアフリカクロトキの世話をするアレーテ」。エドウィン・ロングによるエジプトの幻想絵画（1888 年）。
④チュニジアの古代ローマ時代の都市テュスドルスのモザイク画（3 世紀）。囮のフクロウとおびき寄せられて殺されたハチクイを含む多様な鳥。

⑤シロハヤブサ２羽。ヤコブ・ボグダーニによる絵（1695年頃）。白色型のシロハヤブサは、今も昔も鷹匠にとって垂涎の的である。

⑥⑦フリードリヒ２世による『鷹狩りの書』に描かれた図。右は、フリードリヒ２世と思われる人物と鷹匠。左は、ハヤブサが殺したカモを回収するために裸で泳ぐ鷹匠。

⑧バイユー・タペストリーの一部。右側の黒いラバに乗ったギイが、中央のハロルドをウィリアムのところへ連れていくシーン。２人ともタカを持っている。ハロルドの下に見えるわいせつな絵は、間男というハロルドの評判を表わす。

⑨アカゲラとヒメアカゲラの絵。ダニエル・フレーシェルが16歳の時の作（1589年）。フレーシェル（1573～1613年）はメディチ家やアルドロヴァンディのために鳥の絵を描いた人物で、エルナンデスの絵を写すためにスペインまで旅した可能性がある。

⑩ハヤブサがアオサギを狩るシーン。エドウィン・ランドシーアによる1800年代半ばの絵。

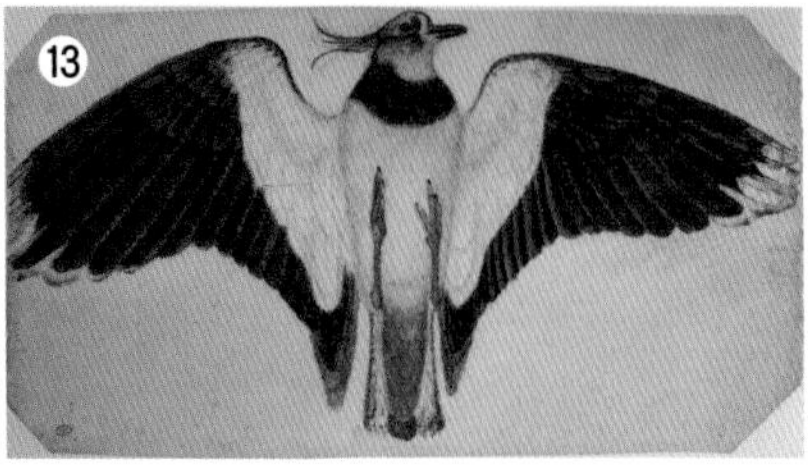

⑪イタリアの市場の屋台を描いた絵（17世紀）。かつてカラヴァッジョの作とされていた。ローマのボルゲーゼ美術館。

⑫⑬タゲリの絵2枚（ピサネロ絵、1430年頃）。ピサネロは無名の画家だったが、実はルネサンス時代の宮廷画家だった。

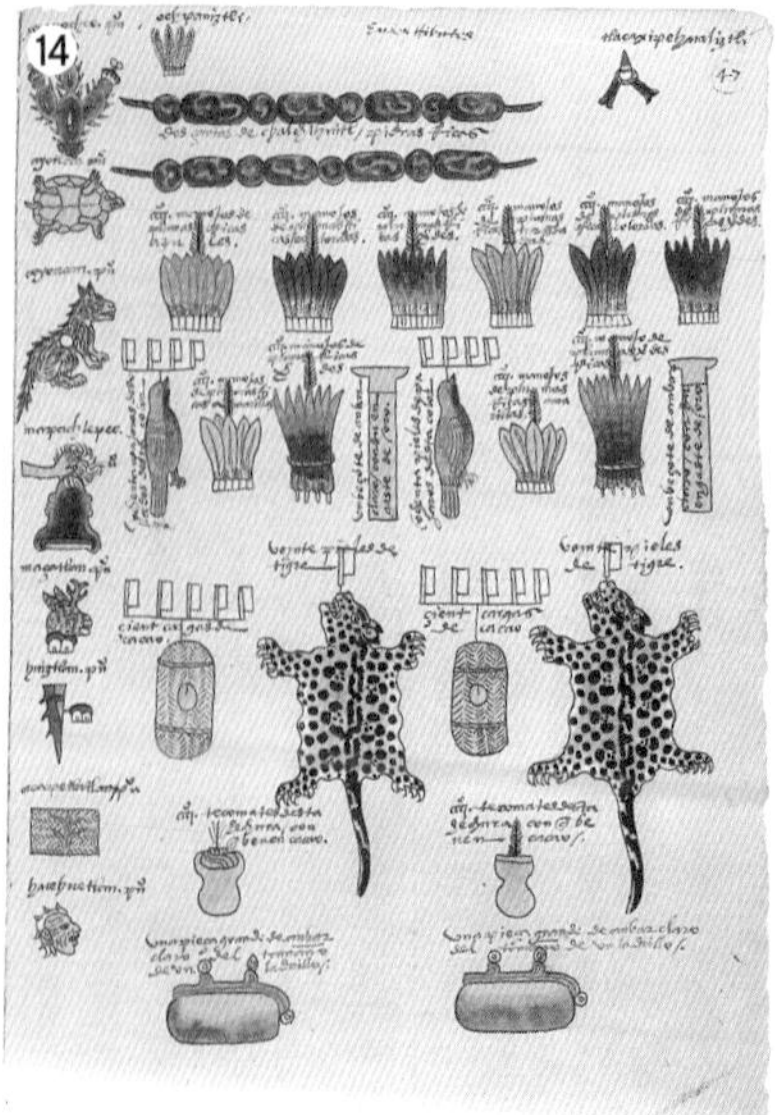

⑭メンドーサ・コデックス（メキシコの絵文書）からの1ページ（1541年）。ヒスイのビーズ、羽の束、メキシコルリカザリドリ、ジャガーの毛皮、カカオの袋、モミジバフウなどがみえる。

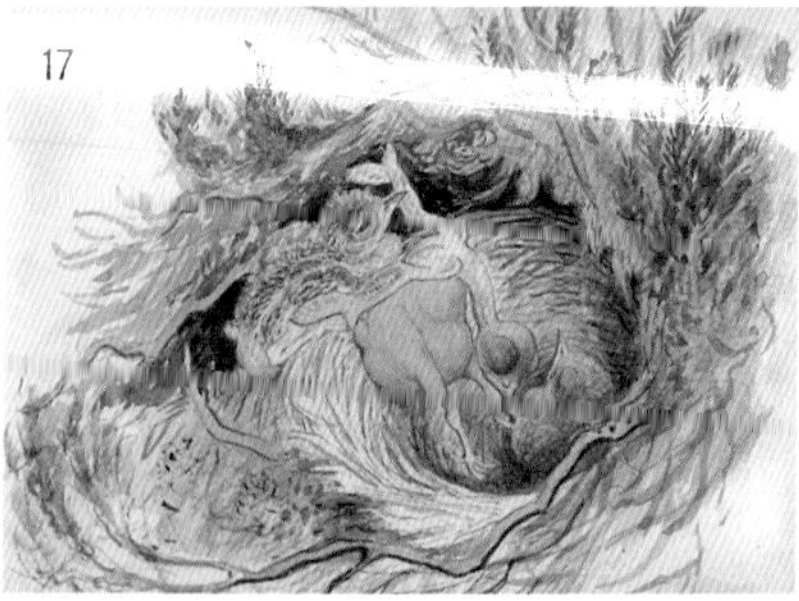

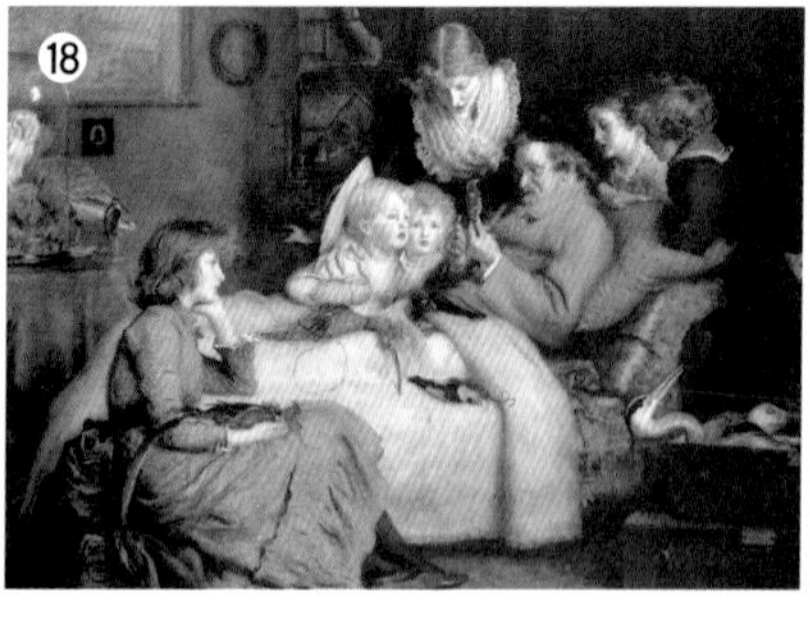

⑮ケツァール（カザリキヌバネドリ）の羽をあしらった頭飾り。オスの尾羽を抜いて制作された現代の復元作品。
⑯ペルーのカラハイの石棺（1470年代）。インカ帝国以前のチャチャポヤ文明時代のもので、中に鳥のミイラが入っているものもあると考えられている。
⑰マキバタヒバリのヒナを巣外に放り出しているカッコウのヒナ。ジェマイマ・ブラックバーンが観察して描いた絵（1872年）。
⑱「鳥類学者あるいは主情」（ロイヤル・アカデミーの展示会で展示されたジョン・エヴァレット・ミレイによる作品）。ジョン・グールドが家族と鳥の剥製に囲まれている。

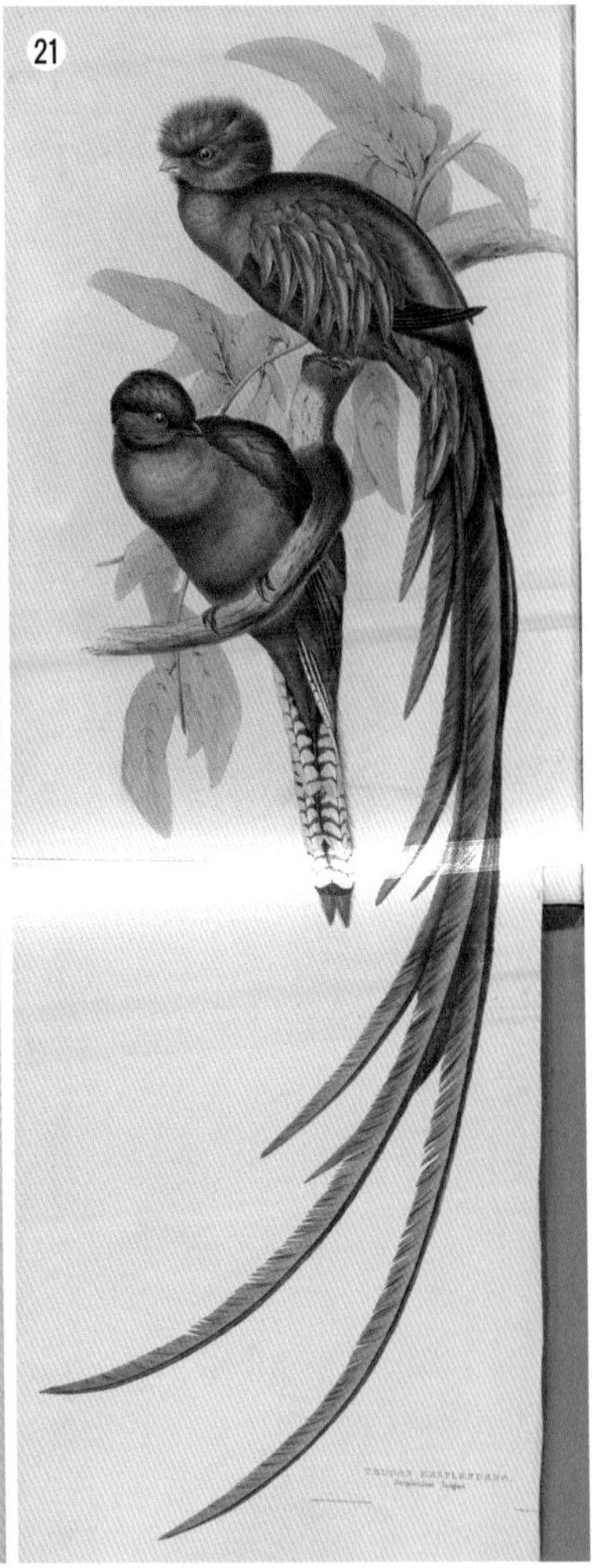

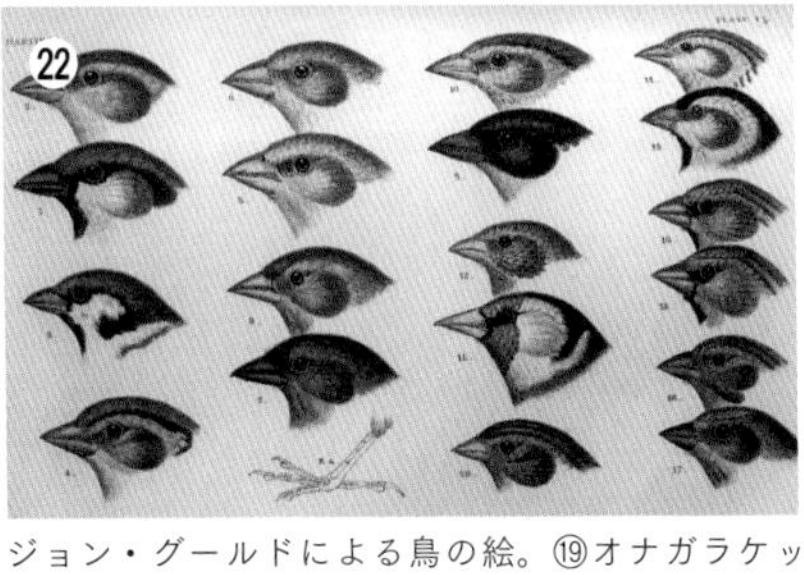

ジョン・グールドによる鳥の絵。⑲オナガラケットハチドリ（Plate153)。⑳アオフタオハチドリ(Plate172)。㉑ケツァール（Plate 166)。
㉒㉓フィールドガイド型の鳥の描き方の始まり。ジェームズ・エドマンド・ハーティング作。『*A Handbook of British Birds*〔イギリスの鳥類ハンドブック〕』より。

24

25

26

27

『イギリス鳥類史』に描かれたフランシス・ライドンによる絵。㉔コシギ。㉕ヨーロッパムナグロ。㉖ハシグロアビ。㉗トラツグミ。㉘ホシムクドリ。

28

一妻多夫制の鳥２種。㉙トサカレンカク（ジョン・グールドとエリザベス・グールド作）。㉚タマシギ（ヘンリク・グロンヴォルト作）。

29

rawpixel

30

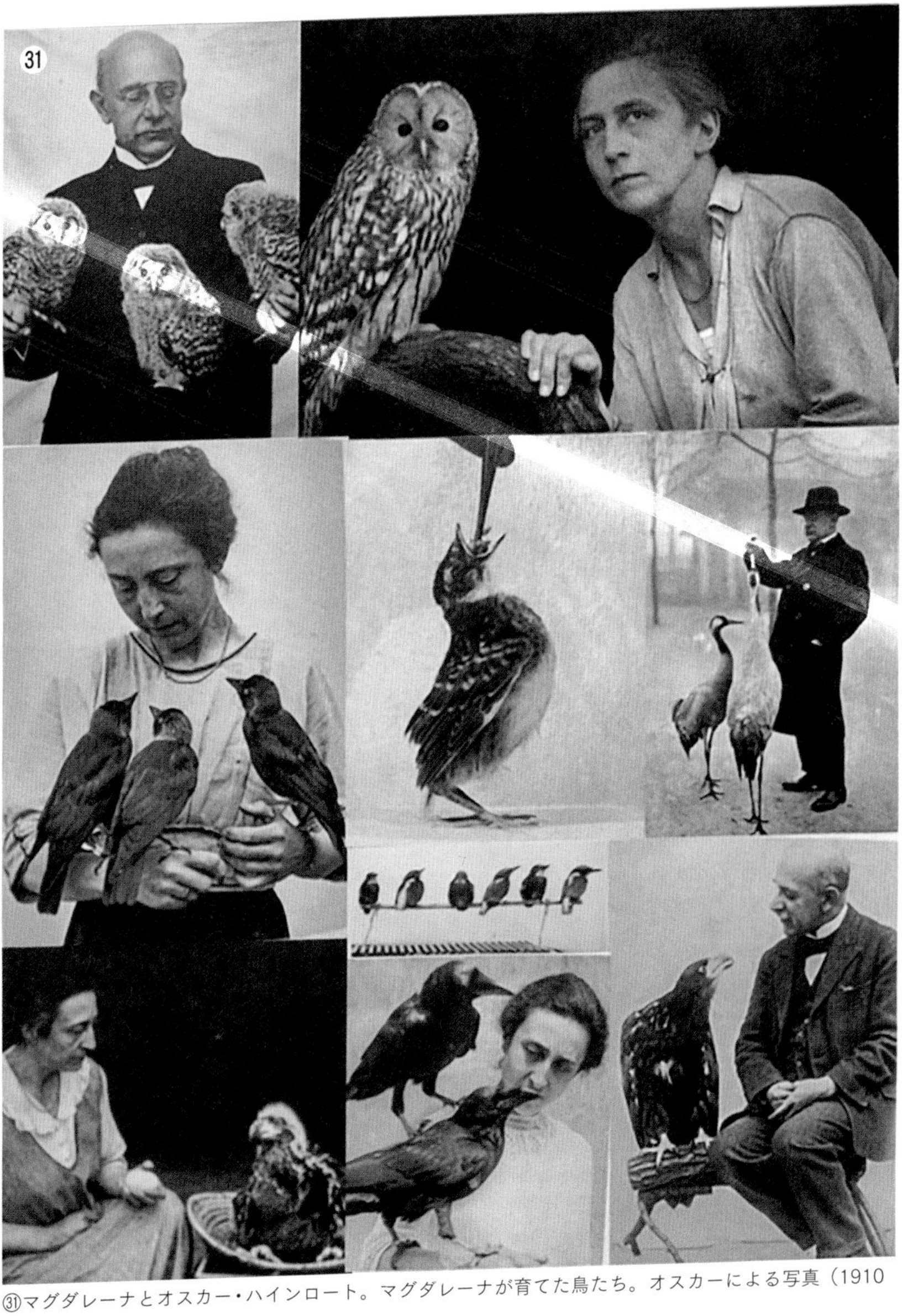

㉛マグダレーナとオスカー・ハインロート。マグダレーナが育てた鳥たち。オスカーによる写真（1910年代～ 30 年）。

32

33

㉜コレクターの活動によって、1900 年代初期に絶滅に追い込まれたグアダルーペカラカラ。ジョン・ジェームズ・オーデュボン作（Plate 161,『*Birds of America*〔アメリカの鳥類〕』1827-1838）。

㉝クロハラシマヤイロチョウ。1875 年に最初にアラン・O・ヒュームが記載した。英語名（Gurney's Pitta）は、ジョン・H・ガーニーという銀行家で鳥類学者にちなんでつけられた。ジョン・グールドの絵の彩色者の一人であるウィリアム・ハートによる絵。絶滅が近いと考えられたので、マレー半島を訪れるトゥイッチャーが熱心に探し求めた。

34

㉞スコーマー島のウミガラスと標識の足環装着に適切な時期のヒナ。

人類を熱狂させた鳥たち

食欲・収集欲・探究欲の1万2000年

ティム・バークヘッド著
黒沢令子訳

築地書館

期待以上のことを私に教えてくれた学生や大学院生へ

Birds and Us
A 12,000-Year History, from Cave Art to Conservation
by Tim Birkhead

© Tim Birkhead, 2022
Japanese translation rights arranged with
Felicity Bryan Associates, Oxford,
through Tuttle-Mori Agency, Inc., Tokyo
Japanese translation by Reiko Kurosawa
Published in Japan by Tsukiji-Shokan Publishing Co., Ltd., Tokyo

目次

第7章　海鳥を食べる暮らし

第8章　ダーウィンと鳥類学

第9章　殺戮の時代

＊〔　〕は訳者による註です。

序文

私は幸運にも、六歳の時に鳥にも芸術にも熱心なゴヴェット先生に出会った。先生はアーサー・ランサムの『シロクマ号となぞの鳥』という冒険談を読んで聞かせてくれた。それは、アウター・ヘブリディーズ諸島で希少なハシグロアビのつがいが繁殖しているのを発見する子どもたちの話だ。それから、その物語のシーンを絵に描く作業をした。先生は、私が父譲りで鳥好きなのを知っていたので、私に主人公の鳥そのものを描くように指名した。その特別な課題に任命されて、私は鼻高々になったのを今でも覚えている。先生は、そのささいな励ましで私の人生にどんな影響が及んだのか、知る由もなかっただろう。

その経験は、思いもかけない偶然の出来事でさらに強められることになった。数年後に父と一緒にスコットランドの東海岸を歩いていた時、岸辺にポツンと寂しげに佇んでいるハシグロアビを見かけた。その鳥はきれいな白黒の羽になっていたので、繁殖に向けて体調が整っていたことがわかった。しかし、そこから動く気配がないのが何かおかしいと感じさせた。アビの仲間は立ち上がっているとぶざまに見えるが、血のような赤い目で私たちを哀れっぽく見上げたその鳥はかわいそうに油にまみれていたのだ。その頃は、世界中の海で油汚染が日常的に発生していた。私はゴヴェット先生のクラスで自分が描いたその鳥が目の前にいるというのが信じられなかった。その哀れな鳥に対して私たちは何も手を貸してやれず、海辺を離れる時に振り返ってみると、犬が来て海に追い返されていた。

今思うと、この二つの出来事が私の人生に鳥への情熱の種をまいて、その福祉や、原生自然な場所に対する冒険心、博識で情熱的な先人を敬う源泉になった。それから何年もして、私は海鳥の研究で北極圏へ行くために、フライトを待ってカナダ南東部のノバスコシアに泊まっていた。近くの湖にこだまする一種不気味なハシグロアビの声が忘れられない思い出になっている。

私は、学校での成績は鳴かず飛ばずの人間だったが、自然史についての興味と（運にも恵まれて）鳥へのこだわりを仕事にすることができた。人はさまざまな方法で鳥と関係をもつ。たとえば、公園でハトに餌やりをする、裏庭に鳥小屋をつくって繁殖させる、食料や趣味のために狩る、レース鳩を運動選手のように訓練する、鳥を観察して感動を呼ぶように描くなどなど。私は鳥を研究する職業についたことで、こうした多様な方法に気づくことができた。鳥を知るには無数のやり方があるし、その知識は、プロであれアマチュアであれ、科学的でも逸話的でも、自然そのものに対する私たちの理解を深めてくれるものだ。新型コロナウイルス感染症のCOVID‐19によるパンデミックでロックダウンの憂き目に遭った人々は、その規制から物理的にも精神的にも逃れる方法として、バードウォッチングに対する興味を一気に高めた。自然界の利益を欲する気持ちとその名残を保全する必要性について、これ以上によい証拠があるだろうか？

保全生物学でよく「基準推移」という語が使われる。以前の世代に見えていた自然環境を現在の世代が理解できないことを指すのだが、それは、参考にするのが子ども時代に経験したことだからなのだ。鳥との関係においても、基準推移は成り立つ。

世界中で鳥が減少していることを、両親の世代も私たちと同じくらい心配していただろうと想像しがちだが、そうではなかった。鳥の個体群が激減していることがわかったのは二〇世紀末になってからのことで、つい最近のことなのだ。それから一、二世代も遡れば、鳥に対する態度ももっと違っており、鳥は食肉や羽、剝製や卵などの消費資源としてみられることが多かった。人間活動に不都合な場合には、単純に殺してしまうこともあった。

本書の目的は、鳥への情熱を読者のみなさんと分から合い、人と鳥の間にある多様な関係が時を通じてどのように変化してきたのかを説明することだ。それは一万二〇〇〇年の時といくつかの大陸をめぐる旅になる。私自身の鳥類学者としての旅も含めるが、その旅は新石器時代の洞窟壁画から、ナイル川河畔にあった古代エジプトのカタコンベ〔地下墓地〕にたくさん収められていた鳥、古代ギリシャ・ローマへ、さらに初期の鳥の筆記記録、いわゆる中世の暗黒時代、鷹狩りへの熱狂、科学の曙《あけぼの》から古典的知識の再評価、何世紀もほとんど鳥だけに依存してきたフェロー諸島の社会、チャールズ・ダーウィンと客観的な知識の勃興にまで及ぶ。ヴィクトリア朝時代には剝製に対する熱狂が起こり、科学に対する人気の高まりとともに鳥類学的知識として剝製が蓄積された。二〇世紀になると、バードウォッチングと野外研究が始まり、鳥に対する知識と共感が大いに深まった。今日では世界中で鳥に対する関心がみられ、「この春、もうカッコウは聞いたかね?」というカジュアルな興味から、もっと新しい追跡技術などによって手に入るようになった新規な科学的発見などにも及ぶ。カッコウやその他の鳥が渡りをしているその旅の様子をリアルタイムで知ることさえできるようになっているのだ。

私は、鳥と関わりをもつ多様な方法があることに注目してもらいたいので、自分が大好きな科学、芸術や歴史を統合してきた。多方面にわたるこの歴史的なアプローチは、私がこれまで行なってきた鳥類学の研究とパブリック・エンゲージメントという社会的活動の結果から生まれたものだが、その根底にあるのは、鳥や自然を愛する気持ちの源を突き止めたいという尽きることのない興味である。現在、私たちは鳥に共感をもつことが多いが、それは一時的なものかもしれない。しかし、そこに注目することで、これからも鳥類をよりうまく保全していくことができるように願っている。

本書の物語は、スペイン南部のアンダルシア地方にあり、あまり名も知られていない新石器時代の岩窟から始まる。洞窟の壁画や彫刻は数も少なく、間隔が空いていたこともあって、私たちの初期の祖先が特に鳥を好んで描いたことは知られていない。しかし、この一つの浅い洞窟には、他の洞窟のものをすべて合わせたよりも数多くの鳥の絵が描かれているのだ。私にとって、この場所は、人と鳥の関係が始まった創世記ともいえる所である。

第1章　新石器時代の鳥

我々はどのくらいの間、鳥に魅せられてきたのだろうか？
おそらくずっとだろう。

——グレアム・ギブソン（二〇〇五年）

鳥類学のゆりかご

それは、私にとって初めて目にするようなものだった。

スペイン南部にあるクエバ・デル・タホ・デ・ラス・フィグラス（エル・タホ洞）は、考古学の基準からいえば洞窟とも呼べないような代物で、砂岩の崖面にできた浅い縦の窪《くぼ》みといった方がよいだろう（口絵①）。壁に囲まれたそこはまるで子宮の中にいるような印象を受ける場所だ。その洞窟は幅約四メートル、奥行き約二メートルの小さなものであり、身を屈めずに立ち上がるのは苦しいほどの空間しかない。数千年もの間に、おそらく何百万人もの人が訪れたのだろう。ややせり上がった床は滑らかに磨き上げられており、私が何とか身を屈めて座ると、鼻先のほんの数センチメートルのところに壁が迫っていた。私がかつて訪れた他の洞窟はどれも暗かったのに、そこは明るいのが大きな違いだ。その光の中に鳥の群れが見える。

この岩壁の浅い窪みは、西洋における鳥類学のゆりかごである。いわば、遠い昔に鳥の研究が誕生した場所だ。その壁には、新石器時代のフリーズ〔建築物の天井付近に施す帯状の装飾〕さながら、二〇〇羽以上もの鳥が元気いっぱいに描かれていた。壁の曲面や天井には、フラミンゴ、アオサギ、猛禽類、ソリハシセイタカシギなどの種《しゅ》が、白や黄色いものもあるがおもにレッドオーカー〔赤褐色の塗料〕を使って美しく描かれている。それらはおよそ八〇〇〇年前まで遡る絵だ。

エル・タホ洞にある驚異的な数の鳥の絵は、一九〇〇年代の初め頃にウィリアム・ウィラビー・ヴァーナー大佐というバードウォッチャーによって発見された、というより世界に発信された。その洞窟壁画のことをヴァーナーに語った地元民は、その絵はスペインのこの地域を七〇〇年ほど占領していたモリスコ（ムーア人）の手によるものだと勝手に思い込んでいた。

ヴァーナーは兵士だったが多才な人物で、軍隊史、自然史、芸術にも通じており、さらに鳥好きで大胆な冒険家でもあった。一八八〇年代の全盛期の写真には、豊かな口ひげをたくわえ、幅広の帽子をかぶり、ベルトには狩猟具やカメラ、双眼鏡を留めつけ、革紐やロープなどを身につけた姿で映っている。

ヴァーナーは一八五二年にスコットランドのエディンバラで生まれ、長じてはボーイスカウトの典型のような人物だった。エネルギッシュな情熱家で野生動物に大いに興味をもっていた。しかし、当時の同世代と同じように鳥を撃ち、卵を集めるために木や崖をよじ登る「スポーツマン〔射撃好き〕」だった。二二歳の時、ライフル連隊に入り、イギリス領イベリア半島のジブラルタルに派遣された。アフリカでの、ナイル遠征（一八八

作業の準備をしてポーズをとるウィラビー・ヴァーナー。

四〜八五年）とボーア戦争（一八九九年）では実戦に参加したが、その最中に落馬した折に馬の下敷きになって片脚をひどく骨折し、心臓脱転の目に遭った。ヴァーナーは五二歳でイギリスに送還され、一九〇四年に大佐として除隊した。怪我した脚は元には戻らなかったが、かなり順調に回復したようで、元気になるとすぐに、鳥の研究を続けるために鳥の豊富な南スペインに戻って家を建てた。

イギリスは一七〇〇年代初頭から「ジブラルタルの岩〔高さ四〇〇メートルを超える巨大な石灰岩の岩鼻〕」を支配し、守備隊を置いていた。好戦的な将校がバーバリーマカクという有名なサルの一頭を撃ち取ったことでジブラルタルでは野生動物の殺戮《さつりく》が禁止されたので、ヴァーナーはさらに遠くへ鳥類学の戦利品を求めることになった。一八七〇〜八〇年代のジブラルタル時代に、ヴァーナーは休暇のたびにアンダルシアの南西部を騎馬で旅して鳥を探した。当時、旅行者にとってスペインの田舎は旅しやすい所ではなかった。リチャード・フォードの『*Handbook for Travellers in Spain*〔スペイン旅行者のためのハンドブック〕』（一八四五年）によれば、安宿の寝室の壁は、著書曰く「フレンチレディバード〔フランスのテントウ虫〕」と呼ばれた南京虫が夜な夜な戦った跡で汚れていた。一九六〇年代のフランシスコ・フランコ総統下になっても、スペインを旅したイギリスの旅行者は田舎の不衛生な状態に苦労していた。ヴァーナーは不衛生な宿を避けて自分でキャンプをしたり、タイビリャという小さな町に近い狩猟用ロッジに泊まっていた。そこは広大なハンダ湿地のそばにあり、探鳥にはうってつけの場所だった。ヴァーナーの当時の日記は、撃ち落としたり巣を捕った鳥のリスト程度だったが、なんというリストだろう。現在の基準から考えると、鳥の多さは驚くほどだ。その記録には、ノガン類（ノガンとヒメノガン）、クロヅル、コウノトリ類、トキ類、サギ類、タカ類、ガン・カモ類の大群が載っていたのだ。

一九〇一年五月、ハンダ湿地の人気のない北東縁を馬で移動している時、ヴァーナーのスペイン人ガイドであるエドゥアルド・ビヤルバが大きな崖を指さして「オブラス・デ・ロス・モロス〔ムーア人の芸術〕」とエル・タホ岩窟のことを話した。そこには、「雄ジカ、オオカミや野生ヤギのアイベックス、男女やその他もろもろ」の形が見られるという。しかし、ヴァーナーは最近の怪我でそこを確かめるために岩を登ることができなかった。

後に、以下のように記している。

私は鳥を追うので一生懸命だったのと、有史以前の人類がそのような場所に絵を描く習慣があるなどとはまったく知らなかった。それに、そのような開けた場所の誰でも入れるような洞窟にある絵が、今日まで残っていようとは思っていなかったこともある。そんなわけで、その絵を追求しなかったのだ。[1]

当時は、有史以前の人類の習慣について知る人はほとんどいなかった。ヴァーナーは一九一〇年に、壁に奇妙な印が描かれている洞窟がもう一つあることを聞かされた。それはさらに北部のロンダ山地にあり、現在はクエバ・デ・ラ・ピレタ（池の洞窟）として知られる場所だった。ヴァーナーとスペイン人の仲間たちは今度は実際に見に行くことにした。ヴァーナーは不自由な足にもかかわらず、ロープをつけて洞窟の中に降ろしてもらった。洞窟は垂直に開いていて、中にはコウモリがたくさん棲んでいた。

その洞窟を発見したホセ・ブヨン・ロバトという土地の所有者に導かれて石灰岩の洞窟に入ってみると、中には度肝を抜かれるほどたくさんの動物画があった。「永遠に暗闇が支配する洞窟の最奥部の壁に、神秘的な文字や記号が書かれていた」。一九一一年に、ヴァーナーがイギリスの「サタデー・レビュー」紙に「自ら」の発見談を発表したところ、「原始時代の教皇」のあだ名をもつ洞窟壁画の世界的専門家であるアンリ・ブルイユ修道院長の目に留まった。[2]

一九一一年一一月一七日に、ブルイユはヴァーナー宛に手紙を書き、翌年、一緒にピレタ洞窟を訪れるように調整した。ブルイユはピレタに一カ月間滞在し、洞窟の壁に描かれた魚、ヘビ、馬、アイベックス、バイソンやその他の文字や記号が古代（新石器時代）のものだときちんと検証した。ヴァーナーはブルイユの知識と熱意に感心して、まだ自分は見ていないがエル・タホ洞にも壁画があるらしいと伝えた。しかし、ブルイユは、

1900年代初頭のエル・タホ洞。人物は不詳。

むき出しの砂岩に新石器時代の絵画が残っているのは疑わしいと考えて否定的だった。
ヴァーナーは一九一三年秋にエル・タホ洞に赴き、自らの目で壁画を発見した。フランスに戻ったブルイユは、最初は懐疑的だったものの、人を遣わして壁画の写真を撮らせていたので、たいそう興奮していた。ヴァーナーは翌年、「カントリー・ライフ」誌にエル・タホ洞の壁画のことを自身の手で記載した。私が思うに、ブルイユの陰険な所作を嗅ぎ取ったからかもしれない。

この房の天井や壁は鈍い灰褐色をしており、そこには、赤褐色の粗末な絵がびっしり描かれている。一番目立つのは雄ジカで、最大のものでは高さが六〇センチメートルを超えるが、もっと小さいものもある……特に興味を引くのは鳥であり、さまざまな種類が描かれていて、中には足に水かきをもつものもいる。

その後、ブルイユはヴァーナーと一緒にエル・タホ洞を訪れて、その絵は確かに新石器時代のものだと判断した。ヴァーナーはさらにこう記している。

この小洞窟はたどり着きにくく、入口が滑りやすいので、石器時代の人たちにとってどう考えても聖域だったのだろう。人がくり返し訪れたために、岩の表面が磨かれて現在のようになったのだろう。ブルイユはスペインの他の地域でも似たような洞窟を探検しているが、このような状態を何度も見かけたという。

描かれているのは人、シカ、犬、ヤギの他に見知らぬ獣と何百という鳥だった。画像の中には高さがほんの数センチメートルほどという非常に小さいものもあったが、非常に精密で生き生きと描かれているので、細い筆で描かれたに違いない。

ヴァーナーとブルイユは、そうした洞窟を訪れた初期の訪問者と同様に、湿ったスポンジでなでるとこうした絵がよく見えるようになることに気づいた。しかし、そうすると一時的に絵が見えやすくなるこの作業が、長期的に見た場合には壁画の命を縮めているということに気づかなかった。湿らせると方解石の層が生じて下の絵が見えづらくなるのだ。私がカディス大学の協同研究者であるマリア・ラサリク博士とともに二〇一九年の春に訪れた時には、すでに不明瞭な状態になっている壁画が多かった。

幸いなことに、ヴァーナーもブルイユも絵が得意で、それぞれが見た絵はすべて、注意深くトレースし、写真に撮って復元しておいた。そこで、鳥やその他の動物たちが薄れる前にはどのような姿だったのか、かなりよく再現できている。私は、ブルイユがエル・タホ洞の壁画を描いた彩色画のコピーをマリアに見せて、どう思うかと尋ねると、一言「*Genio*（天才だ）」と言った。確かにその通り。ブルイユは画家としてだけでなく、他の事にも長けていた。マリアはさらに、ブルイユもヴァーナーもそれぞれの国の密偵だったのではないかと勘ぐっていると言った。

エル・タホ洞は鳥類学上の重要性が高かったが、特にピレタ、アルタミラやドルドーニュ県にあるラスコーの洞窟と比べると知名度が低かったし、多くの洞窟と同様に一般公開もされていなかった。とはいえ、エル・タホ洞が閉じられたのは、壁画保存のためではなく、二〇一〇年に入口に登ろうとした娘が落下したといってその母親が地方自治体を訴えたからだった。洞窟の閉鎖後は、地元の委員会が研究者のために安全に入れるよう金属梯子《ばしご》を据えつけた。エル・タホ洞の真下の垂直な岩壁を見上げて、私は足の悪いヴァーナーと脊柱側弯《そくわん》

アンリ・ブルイユがエル・タホ洞で発見し、描いた鳥。

症のあるブルイユがどうやって入口までよじ登ったのか、不思議に思った。しかし、ブルイユの話にある写真を見ると、二人は棟木《むなぎ》を使って登ったのだった。

ブルイユはエル・タホ洞の包括的な報告を一九二九年に発表したが、その前後にもエル・タホ洞を訪れる研究者は数多くいて、マリア・ラサリクらの調査はそのうち一番最近だった。マリアの目的はその鳥類を識別して、その重要性を知ることである(3)。

洞窟の壁には少なくとも二〇八羽の鳥がいる。およそ一五〇羽は少なくとも一六種の異なる鳥だと識別されている。驚くことに、これらの鳥の魅力は何といっても、そのリアルな描写にある。私の世代のバードウォッチャーならロジャー・トリー・ピーターソンのフィールドガイドを誰でも知っているが、その初期の見返しにあった鳥を思わせた。しかし、エル・タホ洞の画像は黒ではなく赤褐色であり、鳥を横から見た形が絶妙なシルエットで描かれたシンプルなものだ。一番数が多いのはノガンで、ヒナを何羽も連れた成鳥の壮大なパレードも含まれている。

洞窟の中で私が一番魅入られたのはこの壁である。一列になったノガンの群れがいくつも上下に並んで描かれている。中には、周囲より硬い岩が峰状に突き出た間にある平らな面に、まるでへこんだ小道を歩いているかのように描かれているものもある。画家は鳥の頭と体の形が正確ならばよいと思っていたのは明らかだ。というのは、その部分を見れば、「ノガン」であることが明白だからだ（洞窟壁画の明確さのレベルでの話だが）。その一方、脚は、黄土色の染料に指を二本突っ込んで一息に描いたような、滑らかさのないずんぐりした線である。

エル・タホ洞の狩猟民たちが追いかけた数多の鳥の中でも、ノガンのオスは貴重な獲物だっただろう。ノガンは一三キログラムもあり、空を飛べる鳥の中でも最重量級だからだ。一方、メスはたったの五キログラムと大きな違いがある。これは一夫多妻制のなせる性差である。エル・タホ洞の壁画にノガンが目立つのは、狩りの対象となって食料にされていたからに違いないが、広大な平原で新石器時代のハンターがどうやってノガンを捕らえたのかは謎である。

ノガンの仲間は世界中で「最大で雄大な狩猟鳥」と考えられていたので、その狩猟法は多彩を極めた。それを考えてみると、エル・タホ洞のノガンの捕獲方法のヒントが得られる。アンダルシアの夏は暑く乾燥しているので、鳥が水を求める時期である。水たまりや小川のそばで、ハンターが弓矢を携えて潜んでいたのかもしれない。

陽が昇りはじめると、ノガンたちは（水）の方向へ飛びはじめ、数百メートルほどの所に降りる。周囲に

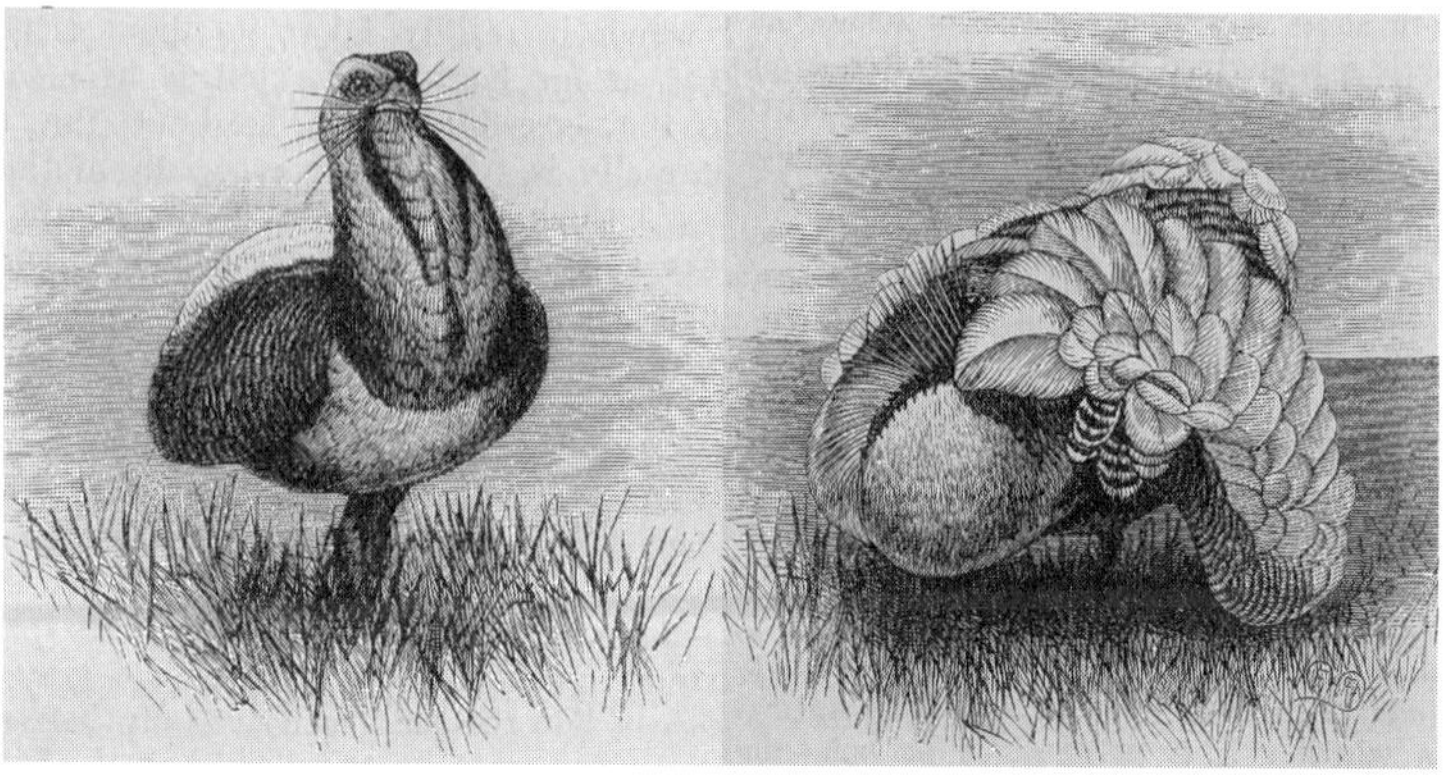

ノガンのオスの異なる誇示行動の姿勢。

敵がいないことに満足してから、注意深く、威厳のある足取りで朝の一飲みに向かう……水を飲むために頭を下げると……もう逃げようはない(4)。

または、インドで行なわれているように、括《くく》り罠を仕掛けた垣根をつくっておき、ゆっくり歩いて鳥たちをそこに追い込んで通り抜けようとしたところを罠にかける方法もある。

ヴァーナーの記述によれば、ハンダ地方にはノガンとヒメノガンの両方が多数生息していたようだ。ノガンは年配のオスが数羽とさらに多くのメスが属する群れで生活している。または、エル・タホ洞の壁画にあるように子どもを連れたメスのグループもある。ヴァーナーはヒメノガンについて、「たいてい数十羽から一〇〇羽以上もの群れで空中で飛び回るのをよく見かける」と述べたが、この二種はうまい肉を大量に提供すると断言できる鳥だ。

エル・タホ洞の壁画には、足指に特徴のあるセイケイや多様なサギ類、シカに混じって顔をのぞかせていることもあるアマサギ、ヘラサギ一羽、卵が三個ある巣のそばで交尾しているクロヅルのつがい、特徴ある下向きの首とくちばしをしたオオフラミンゴ、ブロンズトキ、ソリハシセイタカシギ、ワシもしくはハゲタカと思しき鳥にカモ類などが、注意深く描かれている。鳥たちはおおむね鬼気迫るほどのリアリズムで描かれているが、中には図式化されているものもある。たとえば、子どもの頃に潰れたMの字を書いてカモメを表わしたように、湾曲した翼で飛んでいる鳥の姿だ。鳥やシカなどの間の狭い空間に押し込まれながらも丁寧に描かれている神秘的なシンボルは、太陽か星を表わしたものだろうか。

人物も何人かいる。弓を持った狩人、片手に斧を持ち、もう片手に鳥を持った男などだ。今日でもインダス川流域の鳥猟師（バードハンター）は獲物を驚かさずに捕れる距離まで渡渉するために頭にサギの死体を括りつけて猟をするが、ちょうどそのような鳥形の頭飾りをした人物もいる。

エル・タホ洞の鳥の壁画を理解するのに大事なヒントは二つあり、一つは地形で、もう一つは地理的な要素だ。一つ目は、エル・タホ洞がハンダ湖というスペインでも有数の潟湖《せきこ》に近かったことだ。新石器時代でもヴァーナーの時代でも、雨がちな冬季には、湖も含めて五〇平方キロメートルにも及ぶ低湿地帯だった。二つ目は、エル・タホ洞がジブラルタル海峡に近いことだ。つまり、アフリカとヨーロッパを結ぶ接合部にあたり、毎年、春秋には何百万羽という渡り鳥が通る道筋にあたる。スペインのこの地域に住んでいた新石器時代の人たちは、季節ごとに大量の鳥のごちそうを楽しんでいたのだ。

ハンダ湖は、農地開拓のために一九六〇年代に干拓された。その一帯は今でも、狩猟鳥、サギ類、ブロンズトキなどが多く、バードウォッチングの聖地になっているが、かつての面影に過ぎないだろう。そこの最後のノガンは、何年もつがい相手を求めていたが、二〇〇六年についに一羽だけで息を引き取った。[5]

動物壁画の考察

新石器時代にエル・タホ洞の鳥の絵を描いたのはどんな人々だったのだろうか？　石器を使い、土器をつくり、犬や家畜を少し飼っていた。また、死者を特別な墓に埋葬する時、来世へすみやかに行けるように品々を一緒に納めるという葬祭文化を長くもっていたことがわかっている。洞窟の下はかつての湖岸であり、そこには平坦な土地に住居の遺跡があったので、新石器時代の人々が暮らしていたのかもしれない。とはいえ、私は、当時の人々は基本的には遊牧生活をしていて、偶然にか、または鳥がたくさん流入する時期に合わせてハンダ湿地を訪れたのではないかと考えている。洞窟壁画からわかるように、彼らは手に斧を持ち、弓矢で狩猟していた。飛ぶ鳥を落とすために投げ棒を使っていたのはほぼ間違いないだろうし、湿地や周辺の平原で鳥を捕るのに、罠や網なども使っただろう。しかし、なぜ、わざわざこうした鳥やシカなどの動物の絵を描いたのだろうか？

スペイン北部のアルタミラ洞窟のバイソンの絵が一八〇〇年代中頃に発見された時、「野蛮な穴居人」がそのような驚くべき作品を描けたと考える人はほとんどいなかった。その代わり、その絵は比較的最近になって、誰かがわざといたずらに描いたものではないかという見方が広まっていた。それから何十年も経つうちに、ヨーロッパ中で洞窟壁画が数多く発見されるようになり、本当に古代人が描いたものだという認識ができあがり、ブルイユ修道院長のような人物が注目しはじめて、何をいつ頃、どのように、また何のために描いたのかという問いかけが始まった。(6)

「何を」というのは、洞窟壁画を記載することだ。動物、人物や幾何学模様などがあり、「いつ」は、絵の年代を特定すること、「どのように」は、絵を創造する方法で、ふつうは鉄鉱石の色素を油脂や血に混ぜて指や単純な筆を使って描いていた。しかし、こうした疑問のいずれも最後の「なぜ?」ほど難解ではない。何年経っても、この問題は考古学者の忍耐と創意工夫を極限まで試すことになった。

考古学者が洞窟壁画の目的を明らかにする方法は、生物学者が鳥やその他の動物の行動を解釈する方法とかなり類似点があるので、比較するのは興味深い。鳥類学者が鳥が特定の姿勢をとったり、特定の誇示行動（群れで空を飛び回る行動など）をするのを見ていることを想像してほしい。そんな時、研究者は自問自答する。鳥はなぜあの行動をしたのだろうか?　あの行動の目的は何だろうか?　まったく同じように、エル・タホ洞の鳥やラスコーのバイソンや馬などの絵を見て、ブルイユのような考古学者もこういう問いかけをしたに違いない。作者は何のために、この絵を描いたのだろうか?

岩絵の存在について、考古学界はさまざまに説明を考えてきたが、カメレオンの体色のように、時代とともに変わってきた。一八〇〇年代後期から一九〇〇年代初期にかけての初期の考えでは、岩絵は、単純な考えをもつ単純な時代の人たちが描いたことを反映している装飾で美のための美であり、特に意味はないとされた。かつては、旧石器時代や新石器時代の人々は高貴な野蛮人で、芸術をもたないと考えられていたが、認知的にはさほど現代人と変わらないということが理解されはじめると、その考えは弁護できなくなった。二〇世紀初頭に、特定の動物を崇め、その動物に特定の力を認める「トーテム崇拝」の考えが取って代わった。しかし、トーテム崇拝ならば、特定の崇拝されるべき種に捧げられるだろうと思われるのに、岩絵にはたくさんの動物の絵が混ざっていることがわかるようになり、この考えも合わないとされるようになった。

トーテム崇拝説に代わって登場したのは「共感呪術」という、二〇世紀初頭に始まった考えだった。「狩猟呪術」とも呼ばれるが、動物のイメージをつくったり所有することで、特に狩猟に関してその動物に対する力を得られるという、実用と魔術を兼ねた考え方だった。これはブルイユ院長が信じていたことで、もしそれが本当なら、「人間が自然を支配する」ことの始まりを意味するものであり、後にキリスト教の信仰の中核をなす考えとなる。

二〇世紀中盤になると、考古学的遺跡で見つかる動物（穴居人たちが食料とした対象）に基づく証拠と壁画に描かれている動物の間に一致がみられないことから、「共感呪術」の呪縛が解けた。

魔法が解けると、今度は一九八〇年代後半になって、「シャーマニズム」説に取って代わられた。それは神経生理学の分野の知見に基づく考え方で、岩絵はシャーマンが干ばつ（雨を呼ぶ）や病気（治療を求める）などの超自然現象に対処するために、自己誘発的な幻覚を使ってつくったものだとする考えだ。ピレタやエル・タホにも多少見られるが、多くの洞窟画で意味の不明な幾何学模様が描かれていることを説明するために考え出された。それによれば、こうした模様は、「内視（エントプティック）」現象という、眼球の中で見える視覚効果を表現しているのだという。それは、片頭痛の際や、幻覚剤を使って意識が変わる際に見えるようなものだ（と聞いた）。一九八〇年代に登場したこのシャーマン仮説がドラッグ文化がオープンになっていた時期と一致するのは偶然だろうか?

洞窟壁画の愛好家であるジャン・クロットは、旧石器時代の洞窟壁画が北半球の大部分で類似していることは、シャーマニズムや宗教性が広く浸透していたことと一致すると論じている。また、多くの洞窟壁画には並外れた美的感覚と驚くべき自然主義が見られるが、それは高度な訓練を受けた才能ある少数の人によって制作されたことと矛盾しないと主張し、これはシャーマニズムや宗教的解釈と一致すると述べている。(7) 洞窟の奥深

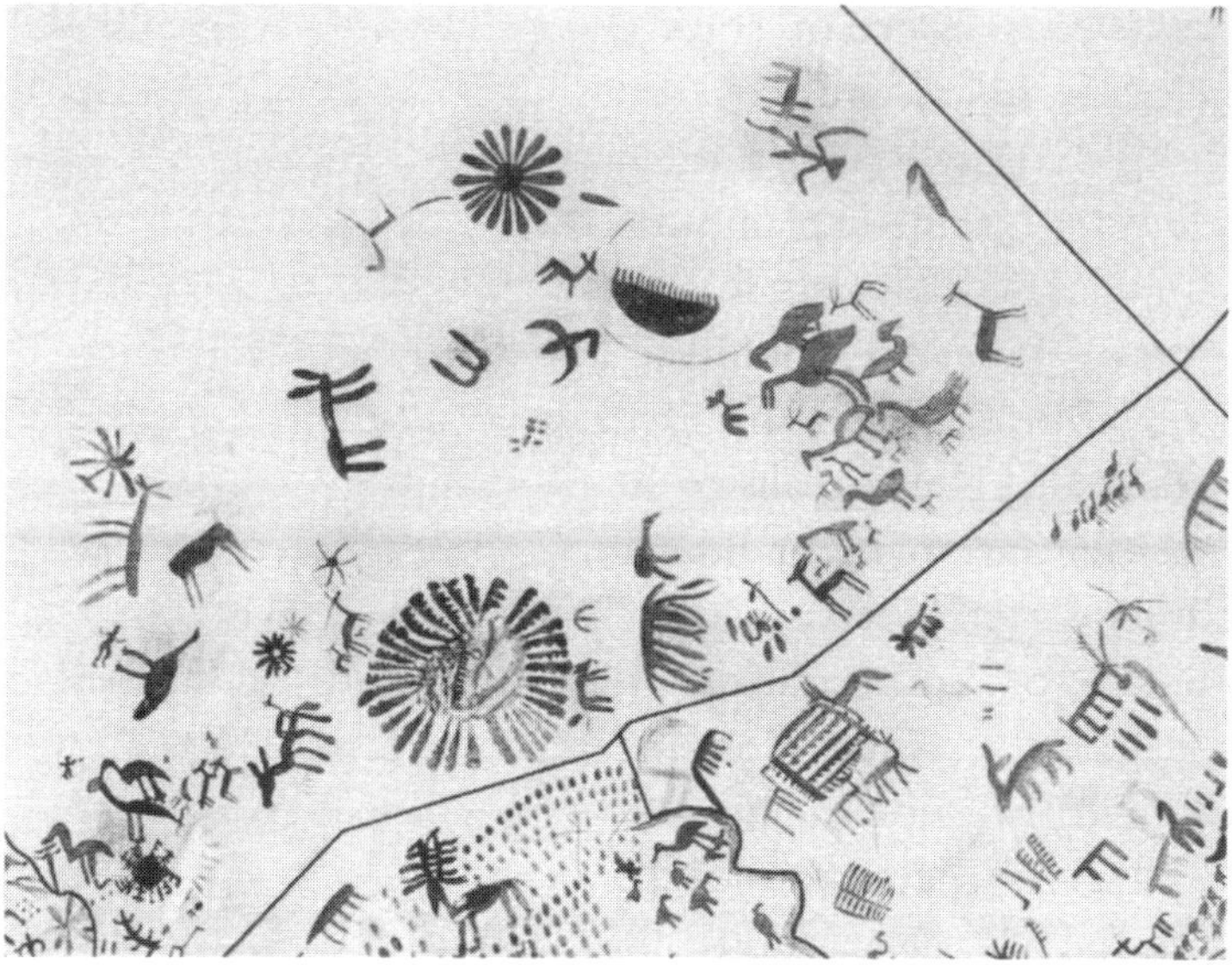

エル・タホ洞の壁画に見られる鳥や幾何学模様（内視現象か？）。線はブルイユ院長による壁画表面の区分。

くまで入り込み、まるで岩そのものから現われたかのように描かれたバイソンや馬、ケブカサイのフリーズを見た時の畏怖は、大聖堂で見事なステンドグラスの窓や精巧に彫刻された祭壇画を見た時と同じである、と。

私は内視現象仮説には懐疑的だった。そのような視覚効果がないわけではないが、洞窟で見られる幾何学的なシンボルのインスピレーションになるとは考えにくかったのだ。その後、エル・タホ洞の絵を見た晩、睡眠中に黄土色と赤色のイメージが脳内で鮮やかに交錯していた。数日後、まだそのことが頭に残っている状態で、目を閉じて日向ぼっこをしていると、ナチュラルなものも、抽象的なものも、エル・タホ洞のすべてのイメージが太陽に照らされた瞼《まぶた》の中で行き来するのが見えたのだ。この時、私は突然、内視現象が現実に起こりうることを認識した。そして、シャーマンになったかのような錯覚に陥るのがいかに簡単なことか思い知らされた。

科学では、特定の現象についての説明は時間とともに変わるが、ふつうはそうした変化は証拠に基づいたものだ。しかし洞窟壁画についてはそうではなかった。新たな発見があるたびに種類についての証拠は増えていくが、洞窟壁画が描かれた理由を説明できる多様な仮説を厳格に検証する役に立つものはなかった。

中には、洞窟壁画の目的を特定しようとすること自体が無意味だと感じる考古学者もいる。確かにそうかもしれないが、どうしても知りたくなってしまうものだ。特にエル・タホ洞の鳥は生きているかのようにリアルに描かれている。遠くから観察しているか、狩りをしている時に見たように描かれているのだ。よく一七世紀のオランダやイタリア絵画で、台所のテーブル上にだらりと横たえられた鳥の絵があるが、こうした洞窟壁画はそれとは対照的である。最近の研究者がエル・タホ洞の鳥を識別できるのは、制作者がいかに鳥をよく観察して描いていたかを表わすものだろう。

ある意味では、このことで驚いていてはいけないのかもしれない。新石器時代の人々の成功は、獲物が肉であれ、レッドオーカーであれ、それを手に入れる能力にかかっていた。今日の我々とは違って、自然界ともっと密接に暮らしていたのだ。新石器時代の祖先に近い経験を積んでいるのは、狩猟民を除けば、一握りの野生動物カメラマンや野外生物学者などだけだろう。エル・タホ洞の画家たちは、他の人も鳥の見方が変わるような絵画を創作しており、単なるイラストレーションを描いたのではない。今の時代に、他人にも一目でわかるほど特定の鳥の小さな絵を描けるようなバードウォッチャーが何人いるだろうか？　エル・タホ洞の画家たちは、死んだ鳥や、または生きている鳥すらも腰を下ろしてスケッチしたりしなかった。むしろ、それぞれの種の特徴を頭の中にもって、洞窟の壁にそれを写したのだ。

エル・タホ洞の鳥たちが、フィールドガイドの役割を果たした可能性はあるだろうか？　こちらへ来て、上に上がり、気をつけて浅い岩窟の中に入ってごらん。そして、鮮やかな赤や黄色、白い絵具で描かれているものを見てごらん。よく見るのだよ。いろいろなタイプのものがいるだろう。首の長いものや短いもの、脚の長いもの、くちばしのまっすぐなものや曲がったもの、地面にある巣の中の卵を見なさい。後ろを振り向いて、目の前に広がる広大な湿地を見てごらん。春になれば、鳥たちがまもなくやってくる。何千、何百万もの鳥が海の方角からやってくるから、私たちはそれを食べられるのだ。効率よく狩りをするためには、相手をよく知らなければならない。ここに示したタイプの違いだけでなく、行動も違うし、湿原の中で何を食べるか、また繁殖する方法も違う。そこでは、知識は力なのだ。

もちろん、エル・タホ洞の新石器時代より古い鳥の絵は存在している。旧石器時代のネアンデルタール人と「現代型」人類は、鳥を食料としたり、羽、爪、くちばしや骨などの部分を儀式に使ったりしていた。旧石器時代人も携帯用具や、洞窟や岩窟の壁面に鳥の絵を描いていた。しかし、その時代の鳥の画像や遺物は、時空間的にきわめて希薄なので、エル・タホ洞の鳥の多さが際立っているのだ。

洞窟壁画は多しといえども、エル・タホ洞の壁画ほど、数が多く、多様で正確に描かれている鳥の絵は他にない。他の有名なものほどの壮大さはないかもしれないが、それはエル・タホ洞の壁画が描かれた頃には、旧石器時代の大型動物相が絶滅してしまっていたので、マンモス、ライオン、オーロックス〔家畜牛の祖先種〕などの絵がないせいでもあるだろう。ここの壁画は、狩猟採集から農耕へ移行する始まりの時代に描かれた。紀元前六五〇〇年頃、農耕文化は肥沃な三日月地帯から南はナイル川流域まで到達しており、その西の果てにあたる地域なのだ。

スペイン南部とエジプトには非常に似た部分がある。両者とも夏が暑い荒地にある広大な湿地帯（ハンダ湖とナイル川）で、渡り鳥がきわめて多い。一番大きな違いは、ナイル川は毎年氾濫して砂漠の砂を潤して肥沃にし、古代エジプト人が壮大な規模で農耕を始めることができたことだ。その結果、農作物の余剰で精巧な信仰をもつ洗練された社会の基礎ができたが、次章で見るように、鳥はその中心にいた。

第2章　古代エジプトの鳥

古代エジプト文明に匹敵するほど動物と深いかかわりをもった人類は、これからも出現することはないだろう。

——ジュリエット・クラットン＝ブロック（一九八九年）

大量のトキのミイラの意味

一言に四〇〇万といっても、想像するのも難しい数値だ。私の住むシェフィールド市の人口の八倍にも相当するのだ。しかし、エジプトのカイロの南方にあるトゥーナ・エル・ガバルには広大なカタコンベがあり、一八〇〇年代にそこでアフリカクロトキのミイラが四〇〇万体も発見されたのである。陶器の壺や木棺に入ったミイラは、砂漠の軟らかい岩を削ってつくられた地下室に何メートルにも積み重ねられていた。そこだけではなく、南はナセル湖から北はアレクサンドリアにいたるまでの一〇〇〇キロメートルにも及ぶナイル川流域で、考古学者による発掘で八〇個以上もの動物墓地が発見され、そのうち三一個にはアフリカクロトキのミイラが含まれていた。鳥の保管状態はとてもよく、鳥にとっての来世にあたる現在でも、存在を確かめられる。布で巻かれていない状態のクロトキのミイラの中には、ブロンズ像のように堅固に見えるものもあり、湿地で発見された不気味な人間のミイラを思わせる。

これほど鳥のミイラが多いことは、鳥を模したヒエログリフ〔象形文字〕も多く、墓壁に鳥の絵が精巧に描かれていることなどから考えても、鳥と親密な関係をもった社会だったことがわかる。

エジプト文明はナイル川から生まれたともいえる。季節的に氾濫が起こるが、巧妙にできた人工灌漑システムで、ナイル川周辺にある砂漠に肥沃な泥を供給したので、農耕の生産性が非常に高まった。狩猟採集から農耕への変化は考古学では農業革命と呼ばれており、およそ一万年前に起きたが、世界のさまざまな地域で少しずつ異なる時代に独立して起きた。エジプトでは、およそ紀元前八〇〇〇年頃に起きたようだ。小麦などの作物を栽培するためには、農民は畑のそばで暮らさなければならないので、この変化は放浪生活から定住生活への変化でもあった。依存する農作物が一つや二つだと洪水や干ばつなどの天候不順に弱いので、農業革命が宗教革命と結びついたのは、豊作と引き換えに神に捧げ物をすることと、その信仰を共有することによって人々が協力し合えるようになったからだろう。

農作物に余剰ができると、湿地に暮らす水禽類や魚類という豊富な資源と相まって、エジプトの精巧な文化が発展するための余暇や活力、インスピレーションの源になっただろう。その文化では、現世の存在は、来世への踏み石に過ぎない。慈悲深い神を守護のために呼び出し、危険な神は鎮める必要がある。そのためには捧げ物が必要だった。ラムセス三世は三一年間の治世〔紀元前一一八七〜一一五七年〕の間に、いくつもの寺院で神への捧げ物として、六八万七一四羽（一年に二万羽ほど）もの鳥を供えた。

紀元前六七二〜三三二年の、古代エジプト文明の末期と呼ばれる時期には、動物の神は多く見られ、鳥を含めて多様な形をとっていた。人間と非人間の世界との区別は非常にあいまいだった。死後も永遠の生を得る来世があるという考えは、エジプト文化の要であり、ミイラ化することで人間の身体を保存することにこだわったのもそのためである。貧乏人はサハラ砂漠の砂の中に埋めて、砂漠の暑熱で乾燥させた。エリート層はミイラづくりの洗練された過程に沿って、内臓を抜いて防腐処置を施され、美しく装飾された墓室の中で木棺や石棺に収められた。

ナイル川は人だけでなく、鳥にとっても重要な資源だった。春に北へ、秋に南へと向かう渡り鳥の主要なルートになっていたのだ。越冬する鳥にとっては、スペインのハンダ湿地と同様に、周辺の湿地が食物の供給源と避難所になった。紀元前三七〇〇年頃には、すでに鳥はエジプトの文化のさまざまな場面に行き渡っていたようだ。鳥は食料や娯楽の対象となったが、空を飛べる能力があることで、天と地、すなわち現世と来世をつなぐ使者として敬われた。一年の特定の時期になると、ガン・カモ、サギ、コウノトリ、トキやウズラなどの渡り鳥がたくさん現われることは、「死を征服し、創造する瞬間を再現する」新たな命の象徴とされた。エジプト社会がシンボルや神、来世などをそれほど大事にしていたので、鳥にこのような重要な役目を担わせたのも不思議ではない。「人間はすべて、鳥の性質と……象徴的に結びつけられていた」と言う人もいる。(1)

人が鳥とのつながりを感じた特別な古代エジプトの文化は、旧石器時代の祖先が季節になるとナイル川流域に押し寄せてくる鳥を捕まえて食料にしていたことから始まったに違いない。狩猟採集生活から「古代エジプト」と称される特に洗練された文明への移行は、豊富な食物と定住生活があってこそできたことだ。エジプト人は、新旧石器時代の人々がどこの地域でも使っていた弓矢や投げ棒を含め、多様な技術を使って鳥を捕っていた。しかし、さらに効率のよい鳥の捕獲方法も開発した。

古代エジプトで使われた網罠はおもに二つのタイプがあった。一つは中央に鳥がとまると動く一羽用の小型のもの。もう一つは、一度に数多くの鳥を捕まえる大きなもので、枠つきの網を地面に平らに二つ並べて置き、引っ張ったロープにつないでおくものだ。ロープを引くと、一枚の網が瞬時に反転してその間にいた鳥が逃げられなくなるという無双網に似た仕組みである。餌や囮《おとり》を網のかかる位置に置いて鳥をおびき寄せれば、網罠猟はこの上なく効率のよい方法だった。

囮の鳥を使うのも目新しい工夫だ。ギリシャ神話のセイレーンという半人半鳥の美女のように、慣れた個体や紐で結んでおいた個体を使って、野生の個体をおびき寄せるのである。エジプトでは湿地を進む際には、野生の鳥の警戒心を解いて興味を引くために、アオサギ、ヨシゴイやガンなどを船の舳先《へさき》に結びつけておいた。

そうして、相手を殺せる距離まで近づいたのである。

アオサギは囮として優秀で、同種だけでなく、ガンやカモなどの他の種類も警戒を解いた。私は最初これを聞いた時、本当かなと疑いをもったが、他の著者の本を見ると、効果があると証拠立てていた。たとえば、狩猟について書いた一七世紀の本の著者は「網で多数の水禽を捕らえたいと思う者は、囮にサギを使うだけでよい」と記しているのだ。その方法は一九三〇年代でもナイル川河口のデルタ地帯で使われていた。(2)

こうしたことがわかるのは、墓壁の絵、彫刻、彫像やヒエログリフなど、古代エジプト人の優れた芸術作品があるからだ。古代エジプト人が描いた鳥は実に多様で、その数も圧倒的なほど多い。彼らは鳥の虜《とりこ》になっていたといっても過言ではない。

墓壁に描かれた鳥

数ある鳥の絵の中でも、「湿地での鳥猟」として知られるネブアメンの礼拝堂墓にある美しい絵が有名である（口絵②）。ネブアメンはカルナック神殿で穀物を管理していたエリート官僚で、紀元前一三五〇年頃に死去した。ナイル川流域で最大の重要な農作物は小麦であり、ネブアメンが特別な埋葬を受けて、この誇り高きシーンの中心人物とされたのも驚くことではない。

ネブアメンは、白サギと思しき囮の鳥を片手に、もう一方の手にはヘビの頭が彫刻された投げ棒を持って小舟の上で両脚を開いて立っている。周囲には、鳥や蝶、魚などが精巧に描かれている。さらに、絵の中には、美しい妻と若い娘もいる。鳥は、アフリカヒレアシの幼鳥、さまざまなカモ、アオサギ、白サギ、ガンがいて、セキレイも一羽見える。一日には、楽しげな狩りの一日を描いた単純な記録のようにも見えるかもしれない。または、ネブアメンはパピルスの湿地の中で、鳥が一斉に飛び立つカオスの世界を通り抜けるところを示しているともとれるかもしれない。ネブアメンの来世の夢を描いているだけだというのが一番ありそうな考えかもしれない。

古代エジプトのエリート層の墓や礼拝堂は、見る者を圧倒するようなデザインで飾られており、今日のように傷んで神聖さを失った状態になっても、未だに畏怖を禁じ得ない。古代エジプトの墓に入ると、ある種の不思議な感動を覚える。血にも似た赤褐色の色素を見ると、脳内の奥深くに潜んだ何かが解発されるかのように、原始的な豊かさに心打たれる感じがする。石器時代の洞窟壁画が似たような感情を抱かせるのも偶然ではない。古代エジプトの墓は、洞窟を四角くして、より凝った装飾を施したものに過ぎないのだから。

湿地での水鳥狩りは紀元前1300～1400年の古代エジプトの墓にたびたび登場するテーマである。中央には古代エジプト王トトメスと思しき狩人が妻（右）と娘（小さな人物）らしき2人を従えて、鳥を捕るための投げ棒を使っている様子が見える。船の舳先には囮のカモが見える。

ネブアメンの墓は一八〇〇年代初期にエジプト滞在のイギリス総領事であるヘンリー・ソールトの雇人だったギリシャ生まれのジョヴァンニ（ヤンニ）・ダタナシが発見した。王認学会会長のジョゼフ・バンクスに奨励されて、エジプトの工芸品の熱心なコレクターになった人物だ。ヤンニは古代エジプトのエリートたち（とうの昔に死んでいる）の墓で、未発見のものを見つけるのが得意だった。当時、考古学（と呼べるかどうかからないが）では個人が見つけたものは、当人のコレクションに加えようが、博物館に売りさばこうが自由な時代だった。そのように墓の場所をめぐる競争が激しかったので、ヤンニはネブアメンの墓の場所を明かさなかった。その宝物が知られたすぐ後の一八三六年に書かれた記述の中で、「どのような場所で見つかったのか、エジプトのどの地域にあったのかも知ることができない」とある。それ以来、大規模な調査が行なわれて、ネブアメンの墓は今日のルクソールにあたるテーベの西岸のどこかにあるらしいと考えられている。(3)

ヤンニの労働者は、石膏の表面にナイフや鋸《のこぎり》で切り込みを入れるという言語道断な乱暴さで、ネブアメンの墓室から一番魅力的な絵を取り出した。「石膏の層を一番下まで掘り出した時もあれば、表面の薄い層だけを運び去った時もあった。そのため縁の部分はひびが入ったり、壊れてしまった」。埋葬墓そのものは、軟らかい石灰岩とマール〔泥灰土〕から切り出され、花や穀物の茎などの植物質と泥を混ぜ合わせたものを上に塗りつける。さらに表面にはきめの細かい漆喰《しっくい》の層で仕上げをして、そこに画家が絵を描いた。泥の層は最初のうちは植物繊維で堅固に固められているが、やがては腐って特にもろくなり、ヤンニ自身すら、絵を取り出そうとしたが崩れそうなのでやめたことも何度かあったという。(4)

一八二一年一〇月、ヘンリー・ソールトがアレクサンドリアにいた頃、イギリスのエージェントへ送ろうとしていた工芸品を記載した記述がある。「地下の墓壁から取り出した古代エジプトの絵を含む小箱が一〇個。

昨年（一八二〇年）、うちの者（ヤンニ）が発見した。よい保存状態で到着することを希望する。揺すると壊れてしまうかもしれないので、運搬時には注意が必要だ[5]」

これらは一八二一年後半に大英博物館に到着したネブアメンの墓壁画だった。しかし、かつて礼拝墓の壁を覆っていた絵のうち、ほんの一部分に過ぎなかったようだ。博物館のスタッフが優先すべきことが二つあった。まず、水彩による複製画を作成するためのトレースをすること、二つ目は原画を展示できるように補強する方法を探ることだった。そのために、絵の表面を下向きに置き、裏側に焼石膏を流し込んだ。石膏が乾いて固まると、もっと気楽にその絵を取り扱うことができるようになった。さらに、それを木枠に入れて、裏側から石膏を追加した。

このように処置した後で、その絵は「古代エジプト人の日常の様子を示す」として、一八三五年に博物館の「エジプト室」に初めて展示された。ネブアメン墓の壁画が一般大衆にどのように受け入れられたかという記録を見つけることはできなかったが、一九世紀を通してこの絵や他のエジプトの工芸品はセンセーションを呼び、ローレンス・アルマ＝タデマ、エドワード・ポインター、エドウィン・ロングやポール・ゴーギャンにいたるまで当時の芸術家にインスピレーションを与え、エキゾチックで時にはエロチックでさえあるような個性的なイメージを生み出す源泉となった[6]（口絵③）。

とはいえ、すべてがうまくいったわけではない。博物館のスタッフが墓碑画の保存に利用した方法は、よかれと思ってしたことだが逆に画を傷めてしまうことになった。石膏には水を使うが、それが蒸発する際に、画の表面を通っていき、変色や退色、劣化を招いたのである。

劣化したのは、壁から取り外された部分だけではなかった。墓の中に残っている壁画も劣化を免れなかった。

壁画は、盗賊や考古学者が入ったことで外気や光に初めて当たって退色が起こり、また中にねぐらをつくっているコウモリによって引っかき傷や汚れがついたりした。墓の中にあっても保存のためには、すぐに行動を起こす必要があったので、一九〇〇年代初期に、歴史家は、間に合ううちに複製をつくらねばならないと考えた。中でも詳細で完全に近いものは、エジプト探査基金の考古学調査を担当していたノーマン・ドゥ・ガリス・デイヴィスのパートナーであるニナ・ドゥ・ガリス・デイヴィスによる作品だった。カラー写真技術ができる以前には、現場で彩色図を複製するには絵を描くのが唯一の方法で、ニナはそれまでに墓の壁画の複製画を数多く制作していたので、適任と考えられた。ニナが描いた複製画の原画は、当時、イギリスの著名なエジプト学者だったアラン・H・ガーディナーにほとんど購入され、その絵が含まれたニナと夫君のノーマンによる著書はヴィクトリア&アルバート博物館に展示された。

古代エジプトで見られた鳥

古代エジプトの図像に描かれた鳥の多様性には目を見張るものがあり、墓碑画の場合は、横顔とはいえ、精巧で生き生きとしたディテール（細部）があって美しい。その点では、古代の画家たちは現代のフィールドガイドさながら、観察者がその種を一目見て識別できるように平坦に単純化されてはいるが、正確に描いていた。こうした画には七〇種以上の鳥が含まれ、犬で追ったり、群れでまとめられたり、狩りの対象として描かれていた。

ツタンカーメンの墓では、戦車に乗って弓を構え、犬を連れてダチョウを狩っている少年王の姿が見える。

猫に捕らえられた鳥、マングースにヒナを捕られそうになってモビングしている鳥、水に飛び込もうとホバリングしているヒメヤマセミの姿もある。また、投げ棒を持った男たち、カモの群れを網罠で捕らえているところ、エジプトイチジクを守るためにそれを食べるニンコウライウグイスを網で捕まえているところもある。モモイロペリカンとクロヅル、アネハヅルとガン類などの群れを集めている神官の姿、ハイイロペリカンの卵がいっぱい入ったかご、紐でつながれたアオサギやヨンゴイ、墓を守るトビ、クロヅルやガンに強制給餌している男たちの姿もある。人とは別に鳥だけの絵もある。ヘラサギやフラミンゴ、男神や女神としてのシロエリハゲワシ、ホルス神としてのハヤブサ、巣にいるメンフクロウ、さらにコウモリの姿もある（コウモリは一六〇〇年代中頃まで、名誉鳥類の位置を占めていた）。

当然ながら、エジプトのヒエログリフには鳥が多く登場する。他のヒエログリフと同様、鳥は特定の音、言葉や思考を表わしている。鳥のヒエログリフは五〇種類ほどあり、その中には、ヤツガシラ、タゲリ、ホオアカトキなど、特定の種として識別できるものもあれば、サギ類、タカ類、カモ類など、より一般的なものもある。どの種が描かれているかを識別することは、その意味を理解する上で非常に重要である。

墓室に描かれている光景は、狩りだけでなく、家畜化の始まりの証拠にもなるかもしれない。人々が群れを集めている光景だ。ダチョウ、ツル、トキ、ガンやカモなどが見られるので、それらの家畜化を示すと考えられている。しかし、家畜化には飼育するだけではなく、飼育する動物を何世代にもわたって繁殖させることが重要だが、古代エジプトではその点の証拠はほとんどない。

サッカラでガンやカモ類を育てる絵。ニナ・ドゥ・ガリス・デイヴィスによる、王室官吏の墓の壁に刻まれていた絵の複写画。

古代エジプトのヒエログリフには鳥をかたどったものが多いが、そのうち8種類。左から（ガーディナーの番号、音声と意味、おもな意味がその鳥ではない場合を除く）、G5 ハヤブサ（*hyw* Horus）、G14 ハゲワシ（*mwt mother*）、G43 ウズラのヒナ（*w*）、G36 ツバメ（*wr* great）、G26 アフリカクロトキ（*dhwty* Thoth）、G17 フクロウ（*m* or *my*）、G39 オナガガモ（*xn* son）、G48 子ガモ（*ssh* nest）。

鳥のミイラの役割

大旅行をしてエジプトまで足を延ばしたいと思う冒険心に富んだ人には、サッカラの鳥の穴は欠かせない。ヨハン・ミヒャエル・ヴァンスレプというドイツ人神学者は一六七二年に体にロープを巻きつけて、本人と仲間を「井戸」の中に降ろしてもらったことを記載している。底につくと、細い蠟燭《ろうそく》に火をつけて、腹ばいで広大な地下墓地を探索した。そこで、彼らは「大きな貯蔵所がたくさんあり、土器の壺がいっぱい置いてあった……一つの容器には一羽ずつ、いろいろな種類の鳥が防腐処理を施されてあり、……また臭いもひび割れもないニワトリの空の卵もあった(7)」のを見た。

オスカー・ワイルドの父親であるウィリアム・ワイルドは医者でアマチュア考古学者だったが、一八三〇年代にサッカラのミイラ穴を訪れて、こう記している。

まったく真っ暗闇だった……。私は砂と鋭い陶器のかけらが散乱する穴の中を時折、背中を天井に擦りつけながら、何とか通り抜けようとした。……一五分以上も何度も曲がりくねった道を進んだ後で、もと来た道を引き返すところだった。暑さと疲れと砂で息が詰まりそうだったので、薄暗い隅で喘ぎながら横になった……この広大な霊廟の暗い曲がりくねった通路や、人気のない地下墓地にいたったこの時ほど、心奪われる場所にいるという強烈な感覚を覚えたことは、これまでの旅の中で一度もなかったように思う(8)。

エジプトに人間のミイラがあることは、紀元前四三〇年頃にヘロドトスが記述して以来知られてきた。少なくともシェイクスピアの頃から、ミイラに薬効があるらしいと知られて（推測されて）おり、旅行者がイギリスへ帰る際に人間のミイラを持ち帰りはじめた。「マミー〔ミイラ〕」と呼ばれたこの薬は、特にフランスで需要が高く、一五四〇年代後半にエジプトを旅していたピエール・ブロンという鳥類学者は、フランソワ一世王が「ミイラと大黄《だいおう》の粉末を入れた小袋を常に携帯しており、転んだり事故に遭って怪我をした際にすぐに飲めるようにしていた」と述べた。一六五〇年代には、トマス・ブラウン卿は「古の英雄を貶《おとし》める」仕業だと嘆いている。[9]

（今日知られている限りでは）人間をミイラにする方法は、エジプトよりも二〇〇〇年も前、ペルーとチリで七〇〇〇年前頃に始まった。二〇一九年に、私はペルーで、ミイラを入れた石棺の中にオオハシも含むミイラ化された鳥があるのを目撃した（口絵⑯）。しかし、コロンブス以前の文化についてはほとんどわからないので、こうした鳥のミイラが食料か、ペットか、それとも捧げ物だったのかははっきりしていない。

一七九八年にナポレオン軍がエジプトに侵入した時、古代の工芸品を数多く戦利品としたが、人間やそれ以外の動物のミイラも含まれていた。サッカラとテーベの地下墓地からは、鳥、ワニ、トガリネズミ、甲虫、たくさんの猫などが見つかった。ヨーロッパに戻ると、フランスでもイギリスでも上流階級のサロンでは、ミイラの覆いを外すことがパーティの呼び物になった。私は、五～六歳の頃にノリッジ博物館で覆いを外された人間のミイラを初めて見たが、その時の光景は今でも忘れられない。[10]

ナポレオンの侵攻軍には、サヴァンと呼ばれる学者も含め、一五〇人以上もの民間人からなる大勢の随行団がいた。彼らの仕事は、その時代の特徴となる科学と帝国の結びつきを象徴する膨大な『*Description de l' Égypte*〔エジプト誌〕』（一八〇九～二九年）を作成することだった。ナポレオンが持ち帰った古代エジプトの宝物はエジプト学を一般大衆の想像力に訴え、さらなる宝探しの引き金となった。ある作家は、「旅行者は長く伝統的に、エジプトを専制政治に陥った古典文明の先駆けとして描き、ナポレオンの帝国主義的野心を正当化するのに役立った」と述べている。イギリスも同様で、ナポレオンと競い合ってエジプトの富を墓から略奪した上、「この迷子の故郷は特定の国ではなく世界であり、科学と芸術という偉大な家族に連れ戻す」として、その獲得を正当化した[11]。

動物のミイラには事欠かなかった。一八九〇年の報道では、イギリス・リバプール港に到着した貨物船には、一九トンもの猫のミイラが入っており、博物館にオークションで売られたものもあるが、残りは肥料として売られたとされている。当時、動物のミイラは無価値だと考えられており、一九三〇年代でも、地元の人たちは地下墓地を漁って動物のミイラを盗ってきては肥料として使っていた[12]。実に、人間以外の動物のミイラが学問的な研究対象になったのは一九七〇年代後半になってからのことで、研究分野としてはニッチ的なものになったが、一般の人にとってはかなりの魅力があった。

トゥーナ・エル・ガバルでは九〇種類を超える鳥のミイラが見つかり、その地域に生息していたほとんどの鳥が入っていたのではないかと思われる。一番多いのはトキで、次いで猛禽類、その他はほんの一握りの標本があるだけだった。興味深いことに、トキと猛禽類だけは完全な形でミイラ化されていたが、その他の鳥は骨一本とか羽だけなどという形だった。中には、鳥の卵や巣材のミイラもあった。つまり、鳥に関わるものはすべて保存されていたようで、おそらく死体の防腐処理をするエンバーマーのもとへ持ち込まれたものはすべて入れたようである。古代エジプト人はミイラづくりに熱中するあまり、完全に近いまでの珍品キャビネットを生んだようだ、とフランスのベルナルド・ラセピードという自然誌家は述べている。

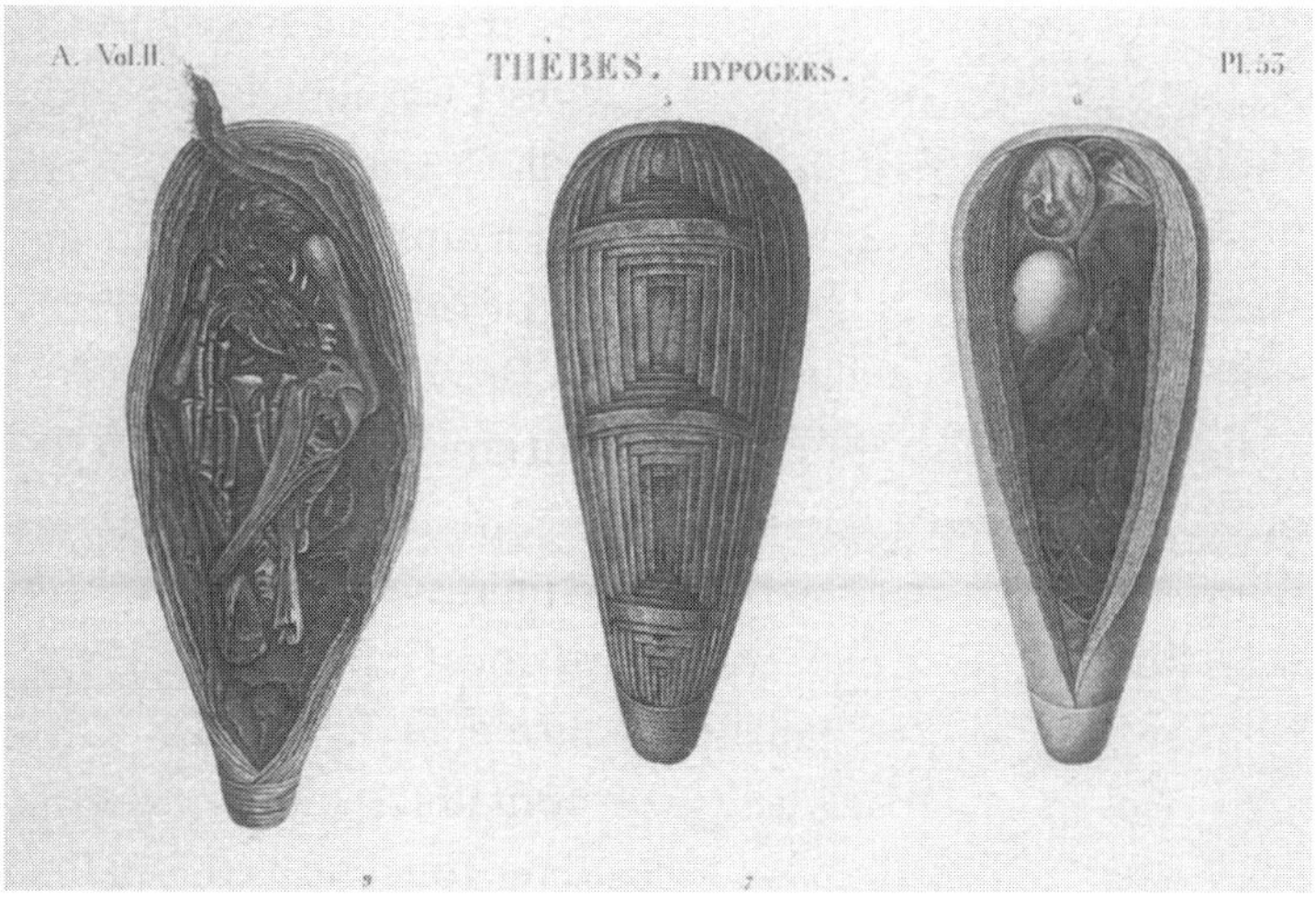

ナポレオンのエジプト遠征の時に発見されたトキのミイラ。

今日では、鳥のミイラが果たした役割は四つあると考えられている。すなわち、食料として、死者のペットとして、神として崇めるためや、神に対する捧げ物である。ツタンカーメンの葬送における「食物」としての備蓄食料であるミイラは、ガン四種類、カモ五種類、コキジバトが数羽だった。鳥はミイラ化するペットとしては一般的ではなく、猫、犬、ライオンの子、ガゼルやサルなどが多かった。手にヤツガシラを持った子どもたちが描かれた墓碑画があるが、それはおそらくペットだったのだろう。しかし、ヤツガシラのミイラは非常にまれである。(13)

トキはトト神を象徴する聖なる鳥とされていた。実際、鳥はみなある程度神聖なものとされていたが、トトは知恵と文字の神であり、特別な存在だった。長くて先端が黒っぽいトキのくちばしが羽ペンに似ていると考えられたようだ。また、トキはヘビを殺すと信じられていた。「リビアの砂漠から西風に乗ってやってくる空飛ぶヘビを殺して食べることで、エジプトから大疫病を追い払う」とも信じられていた。実際には、トキがヘビを食べ

ることはほとんどなく、この話を伝えたヘロドトスは、ヘビを食べるコウノトリとトキを混同していたのかもしれない。(14)

トキは穀物を荒らすバッタなどの害虫を食べるので、エジプト人はトキを敬っていたのかもしれない。タカなどの鳥は荒々しく勇敢でスピードを誇ることから崇敬されていたが、トキは腐肉などを漁る習性があるので不潔だと考えられ、食料には不適か有毒とされていたようだ。さもなければ、古代エジプト人の食卓メニューに登場していたはずだからだ。

この何百万ものトキはいったいどこから来たのだろうか？　野生の鳥を捕まえてきたのか？　それとも、ニワトリのように飼育して育てていたのだろうか？　または、野生個体と飼育個体の両方がいたのだろうか？　墓碑画にはダチョウ、ツル、ガンやカモなどの群れの世話をしたり、強制給餌する様子が描かれているが、トキは非常に少ないのが不思議である。これは、トキは野生の個体を捕まえてきたことを表わすのだろうか？　おそらくそうではないだろう。というのは、トキを狩るシーンや網罠で捕らえるシーンが見られないからだ。一つに、トキは神聖な鳥なので、墓碑画には表わさなかったという可能性がある。しかし、トキの「サンクチュアリ〔保護区〕」が存在したというよい証拠はある。湿地環境を利用するか、人工的につくり上げて、餌を入れ、トキを呼び込んだ場所だった可能性がある。十分に魅力があれば、野生の個体が自然に入ってくる貯蔵所の役割を果たしたかもしれない。そうなれば、そこから捕獲役の神官が欲しいだけ捕ってくることができる。

または、トキのサンクチュアリは卵を孵《ふ》化させて人が飼育した場所だった可能性もある。古代エジプト人は人工孵化技術を開発しており、早くは紀元前三〇〇〇年頃から、少なくとも紀元前二～三世紀頃のトキのミイラづくりが最盛期だった頃までには成功していた。一八世紀の学者で作家のルネ＝アントワーヌ・フェルショー・ド・レオミュールはニワトリの人工孵化システムを構築しようと試みて、古代エジプト人はピラミッドよりも孵化技術の成功の方を誇るべきだと述べた。確かに名言だ。卵を人工孵化させる技術を完成させるのに、ヨーロッパでも北米でも研究者が取り組んで一九世紀までかかったくらいなのだから。

長い間、エジプト人の人工孵化システムの起源は「古に失われた」と考えられていたが、その後、トキの孵化場の証拠が明るみに出てきた。サッカラでの発掘調査によって、「卵の孵化と幼鳥の飼育を目的とした」建物が発見されたのだ。この建物からは大量の卵が発見され、トキ（数は少ないがタカも）の繁殖が儀礼の一部だった可能性がある。[15]

直接の証拠はないものの、こんなことが起きたのではないかと私は推測している。サンクチュアリを経営する神官が湿地に赴いてトキの卵を探して持ち帰り、「オーブン」のような装置で人工的に孵化させたのではないか。ヒナが孵化しさえすれば、人手で育てるのは難しくない。飼育家に聞いた話では、トキのヒナは小さく切った生肉をやれば、比較的たやすく育てられるという。卵の人工孵化作業が記述として残っていないのは、熟練を要する作業であり、一子相伝の秘儀だったからだと考えれば無理もない。[16]

また、エジプト人がトキを家畜化していた可能性もある。これは、フランスの偉大な博物学者ジョルジュ・キュヴィエが、「左の上腕骨が折れて再び結合した」トキのミイラを観察したという、たった一つの薄弱な証拠に基づいている。キュヴィエは、その根拠として「野生個体ならば、翼が折れたら治癒する前に獲物を捕ったり、敵から逃げられずに死んでしまうだろうから[17]」と言う。飼育されていたかもしれないが……。とはいえ、家畜化していたという証拠とは言いがたい。

最近、古代エジプト人がトキを家畜化していたという考えを検証する研究が始まった。家畜化された動物の集団は通常、遺伝的ボトルネック（意図的または偶発的に選択交配をすると、子孫集団の遺伝的変異が減少すること）を示すという仮説のもとに、研究者は二五〇〇年前のアフリカクロトキのミイラ一四体のDNAからミトコンドリア遺伝子を丹念に抽出した。その結果、遺伝的ボトルネックの証拠は見当たらず、トキが家畜化された証拠は見られなかった[18]。検討するのは価値あることだと思うが、私は、野生のトキの卵を人工孵化させて、そのヒナを飼育したという方がありえると思う。

トキのミイラの数が圧倒的なほどあったことから、かつてアフリカクロトキはエジプトにたくさん棲んでいたことがわかる。しかし、今はそうではない。この種はエジプトでは繁殖鳥としては絶滅してしまった。世界中で人為的開発が進んだ結果、生息地が喪失して減少している鳥の一種である。

ギザの大ピラミッド、数百万体のトキのミイラ、ナイル川流域のいたる所にある美しく装飾された数多くの墓を生み出した驚異の文明は、紀元前七〇〇年頃から崩壊しはじめた。紀元前五二五年にペルシャ人、紀元前三三二年にアレキサンダー大王率いるギリシャ人、そして紀元前三〇年にローマ人と、相次ぐ外敵の侵入でエジプト文明は崩壊した。ギリシャ人、そしてローマ人は何世紀にもわたってエジプトに住み、現地の文化の多くの側面を喜々として取り入れたが、エジプト人の動物神への愛情をまったく理解できずに見下していた。こうして、エジプト人と鳥との密接な関係は終わりを告げたが、古代ギリシャやローマでは鳥に基づいた知識という新しい時代が始まった。

第3章　古代ギリシャ・ローマにおける科学の黎明

それらはすべて、仲間どうしの意思疎通にも舌を活用しており……ある鳥の場合には、互いに学習さえしていると考えられている。

——アリストテレス（紀元前四世紀）
「動物の諸部分について」濱岡剛訳『アリストテレス全集10』

生まれる子どもは誰の子か？

アリストテレスは鳥好きだった。生き物はすべて好んでいたが、鳥に特別な関心を払っていたのは、おそらく人間と似た点が多いからだろう。二足で体を起こして歩く、視力・聴力がよく、歌を歌う能力がある（場合によっては話もできる）ので、他の生き物とは一線を画しているからだ。

紀元前四世紀に、アリストテレスは、鳥を含め、自然界について知られるすべてのことを記録するという野心的な知的偉業を成し遂げた。

プラトンのアカデミーで教えを受けたアリストテレスは、物事の有様のわけを知ることをおもな目標とした。自ら観察したり（また、他人の観察を聞いたり）して、それを理解しようとした点で、本質的に最初の科学者だった。また、数多くの著作が現存するが、それは自分が学んだことを教えたかつての講義録である。その緻密で実用的な著作には教師としての能力が垣間見られ、その知識の豊富さに「一人大学」と言われるほどだった。関心の範囲は、哲学、倫理学、政治学、論理学、修辞学に加え、人間生物学、博物学にまで及んだ。アリストテレスの弟子には、ギリシャ系マケドニア王国のアレキリンダー大王がいる。

アリストテレスが残した鳥に関する情報のうち、抜きん出ているものが一つある。それは、有性生殖と密接な関係があり、私個人の研究対象でもある。ニワトリの自然な行動は簡単で明白に観察できる。他の種でも観察できるが、ふつうは一瞬見て終わりということが多い。庭先のニワトリは人に慣れているし、先祖のセキショクヤケイと同様の振る舞いをする。両者の社会組織は、最高位のオスが一羽と下位のオスが数羽、それにメスの群れがいるが、メスと交配するのは最高位のオスだけである。鳥類の行動を観察するのに便利なモデルを提供しているのだが、ニワトリは一夫多妻制なので、典型とは言いにくいのだ。つまり、最高位の若いオス一羽だけがハーレムをなす数羽のメスと交配できるからだ。アリストテレスも、他の鳥はほとんど社会的一夫一妻制で、人間と同じようにつがいで一緒に繁殖するということはよく知っていた。

ニワトリの家庭生活（少なくとも大規模な商業養鶏以前の様子）は、おとぎ話や民話を通じて、私たちの脳裏にしっかりしみついている。ある作家は「オンドリは嫉妬深い暴君で、メンドリは売春婦」とその本質を的確に捉えている。(1)

アリストテレスは、交尾と胚の発生、つまり実質的に生殖のあらゆる側面を含む「発生」に魅了された。アリストテレスの時代とその後何世紀もの間、発生は動物の生命にとって最も基本的な側面であるだけでなく、最も神秘的なものだった。したがって、アリストテレスがこのテーマについて大いに考え、一冊の本全体をこのテーマに費やしたことは、驚くには当たらない。しかし、生殖に関する事象は不確かであり、その記述は事実と虚構と推測が入り交じったものだった。

アリストテレスによれば、ニワトリ、イワシャコ類や小鳥などは盛んに交尾するが、猛禽類はあまり交尾しない。今日私たちが聞く説明とは異なっているが、現代の考えを予想するような部分もある。アリストテレスは、体の一部の大きさと交尾の頻度の間に二律背反するトレードオフの関係があると示唆している。たとえば、ある鳥の脚の細さや弱さで交尾しやすさが決まり、「人間にも当てはまる」とつけ加えている。その説によれば、脚にいくべき栄養を精液に流用するからであり、猛禽類は脚が短く太いので、あまり頻繁に交尾しないというわけだ。

この説は、これ以上間違えようがないくらい誤りである。

鳥の種は一羽のオスとメスがつがいになる、つまり社会的一夫一妻制が多いと一般的に信じられているのだが、実際には性的乱婚制だということを私は自分で発見してからというもの、鳥がどのくらい頻繁に交尾するのかということに興味をもっている。こうした乱婚制の結果、メスの卵管内では卵子を受精させようと異なるオスの精子が競争している。私と同僚はこの研究分野を「精子競争」と名づけ、つがい外の相手との交尾はEPC（つがい外交尾）とした。そして、何回つがい外交尾をすればつがい外の子が一羽以上生まれるかという疑問を解明するのに六万四〇〇〇ドルもかかった。

私たちは、その答えは少なくとも部分的には、つがい外オスが競争する必要性は、つがいオスが交尾する回数にかかってくると考えている。困ったことに一九七〇年代に私が研究を始めた頃には、鳥はどのくらいの頻度で交尾するのかという情報は、外飼いのニワトリについてさえもほとんどなかったのだ。どうやって知ることができるだろうか？　それは、繁殖サイクルの交尾期を通して継続的にモニタリングできるような鳥種を見つけることだった。もちろんニワトリは選択肢に入っていたが、一夫多妻なので、単婚制とその変形を理解するための手始めとしてあまり適していなかった。

それより数十年前に、当時は非常に希少なミサゴがスコットランドのガーテン湖で繁殖しており、その巣を守るために、ボランティアチームが四六時中観察していた。私はその観察記録に、交尾回数を数えたものがあったことを思い出した。そして、この情報の金鉱のようなノートを正式に見せてもらい、数週間かけて、何年にもわたって記録されたデータから必要な詳細データを抜き出した。その結果は驚くべきものだった。ミサゴは一腹で二、三個の卵を産むが、そのために一五〇回も交尾していたのだ。交尾したからといって、毎回、受精が成功するのに必要な総排泄腔《はいせつこう》の接触にいたるわけではないが、それでも、一腹につき平均で五九回も受精していたのだ。私たちは、別のオスと一度限りの交尾をしても、受精にいたる可能性はほとんどないのではないかと考えた。他の猛禽類でも、交尾頻度は非常に高かった。それはおそらくこれから育てようとしている子の父親であることを確保する父性の担保の仕方なのだろう(2)。アリストテレスはなぜ、これほど誤ったのだろうか？　それは簡単にわかる。ガーテン湖のボランティアたちと同じように、じっと座って攪乱〔かき乱すこと〕せずに猛禽類の巣を観察したような人は、アリストテレスやその同時代には誰もいなかったからだ。

一方で、アリストテレスはニワトリがたくさん交尾するという点については正しかった。その後、私は放し飼いのニワトリの交尾行動を研究する機会をもった。トム・ピザーリという優秀な博士課程の学院生が一緒に調査してくれたが、ニワトリの交尾の洗練レベルには、私たちだけでなく、アリストテレスも驚いただろう。おもにトムが行なった研究だが、それによれば、ニワトリの若いオスはハーレムにいるメスをそれぞれ識別しており、いつ誰と交尾したか覚えていた。さらに、最後に交尾した時からの時間と、そのメスが他のオスと交尾したかどうかということによって、それぞれのメスに渡す精子の数を調節していたのだ(3)。

アリストテレスは、生殖について多少の混乱があったかもしれないが、ここで並外れた洞察力の傑出した例を挙げてみよう。ニワトリの精子競争と、現在の生物学者に「交尾直後の精子優先」として知られている現象に関するものだ。

アリストテレスによれば、一羽のオスが群れから取り除かれ、別のオスに取り替えられた時、その後の子孫はほとんど、二番目のオスの子である。たいしたことではないと思うかもしれないし、本人も承知していたようだが、ここで重要なのは、たとえ二番目のオスと交尾しなくても、メスは繁殖力のある卵やヒナを産みつづけることができる点である。これは、メスが生きた精子を三週間にもわたって蓄えているからだ。最初のオスに取って代わった二番目のオスがメスと交尾して精子を渡しはじめると、二番目のオスの精子が優先的に使われるが、それが「精子優先」の意味である。アリストテレスは、メスの受胎可能期間が長くなるのは、精子が蓄えられているからだとは知らなかったが、一羽のオスを別のオスと取り替えると、予想外の結果が得られることは認識していたようだ。さもなければ、この点についてコメントをしたはずはないだろう？

さらに、アリストテレス（か、もしくは情報提供者）がこのことについて知っていたのは、件の二羽のオスが異なった遺伝子型をもっていて（つまり、異なった系統で）、羽の色が違う子どもを残したからだろう。そうでなければ、二羽目のオスがより多くの子を残したとわかるはずがないからだ(4)。

今日では、交尾直後の精子優先は、メスが一頭以上のオスと交尾するような動物では、ショウジョウバエからフィンチ類まで数多くの種類で生じることが知られている。そこで、オスはすでに交尾を終えているメスに対しても受精の可能性はあるので、試みる価値が出てくるのだ。私自身もそうだが、後世の生物学者にとっては、二番目のオスの精子の優先度が高いというのは、魅力的なテーマだ。アリストテレスと同様に、私もこの点を調べるのにニワトリを使ったが、父性を確定するために分子的手法としてＤＮＡ指紋法を利用した。ニワトリや、おそらくほとんどの鳥類で、二番目のオスの精子がメスの貯精嚢にある一番目のオスの精子を数的に圧倒するのだ。単純な話だって？ しかし、この現象を実証するのは、決して簡単なことではないのだ。

振り返ってみればあたりまえのことなのに、なぜ興奮するのだろうか。それは、他の動物では、最後のオスの精子が優先されるのに別の理由があるからだ。たとえばトンボでは、二番目のオスが最初のオスの精子を物理的にメスの身体から掻き出してから、自分の精子を投入するのである。

鳥類の精子競争に関する私の研究は、メスの乱婚が広く行なわれていることを発見し、異なるパートナー間で起こる精子の競争について疑問をもったのがきっかけだった。この研究は、アリストテレスのニワトリに関する観察がきっかけで始まったと言えればよかったのだが、悲しいかな、そうではない。アリストテレスが二番目のオスの精子が優先されることを観察したことの妥当性は、何千年もの間認識されることなく、一九六〇年代に家禽の生物学者によって「発見」された。進化生物学者の間で精子競争というテーマが流行する数十年前のことだ。それでも、私はこの過去と現在を結ぶ結びつきがとても気に入っている――アリストテレスよ、ありがとう。[5]

アリストテレスの方法

アリストテレスは紀元前三四六〜三四三年にレスボス島に住んでおり、初めて真にシステマチックな生物学的研究として、鳥を含めて自然界に知られていることを記述しはじめた。鳥の観察とそのメモは多岐にわたり、中でも鳥類の分類をしようとしたのは一番楽観的な試みだった。アリストテレスは、現代風に言えば、「機能型」とか生活スタイルといえるようなものに基づいて分類した。鳥に関しては、猛禽類、湿地の鳥、水禽類などなどと分けることになる。しかし、真の（進化上の）系統関係を反映する分類体系ではなかった。それが登場するまでは、一〇〇〇年以上待たねばならなかった。アリストテレスは動物界における総体的な「完成の段階」に気づいた。それは、人間を頂点に置き、植物と鉱物を一番下の層に、鳥類は頂上の近くで四足動物とクジラの下という位置づけをした(6)。

アリストテレスは、鳥の羽が爬虫《はちゅう》類の鱗と相似していることや、ダチョウの羽のように毛状の柔らかい羽もあって異なるタイプがあることを理解していた。また、鳥が一年の特定の時期になると羽を入れ換えて、見た目が変わることも多いのも知っていた。アリストテレスは、ハト、カモ、ガン、フクロウ、カワラバト、イワシャコ、ウズラやハクチョウなどを解剖したので、体の内部構造も知っていた。また、機能についてはともかく、主要な内臓は認めており、鳥の中には嗉嚢《そのう》と砂嚢をもつものがいることや、アリスイの舌が長いこと、さらに雌雄で生殖腺の外見が違うことなどについても言及していた。ほとんどの鳥は足指の三本が前を向いているのに対して、キツツキ類は二本の足指が前側と後ろ側にある対趾足《たいしそく》だとも記している。ヒナの発生を最初に記載したのもアリストテレスだとよくいわれている。彼は、鳥の卵は細い管を通り抜けるのが楽なように柔軟な殻に包まれた状態で産まれ、空気に触れて固まるという誤った考えをしていた。心打たれる話だが、真実ではない。

アリストテレスは、自らの観察と漁民、養蜂家や鳥猟師など、自然に近しい暮らしをしている者の観察を交えて情報を蓄積した。そして、こうした蓄えた「事実」の中に見られるパターンを探して、観察されたことを説明できる一般則を生み出した。自分が誤っている可能性を認めるだけの客観性と寛容さも備えていた。「しかし、事実は不完全であり、将来、その証拠が立証されれば、より信用がおけるようになる……」(7)

アリストテレスの方法は、歴史を通じて科学としての特徴をもつものだった。研究分野はすべて、アリストテレスが情報を蓄積したのに相当するような観察段階を経て、進んでいく。次に、その観察の意味を理解する期間が来る。つまり、一般則になるようなパターンを見出す試みだ。しかし、アリストテレスの信奉者は、それ以後の一五〇〇年間、その説明が完全だと考えていた。まるで、アリストテレスが理解への扉を開いた後は、もうそれ以上何も必要がないので、後ろ手でしっかり扉を閉じてしまったようなものだ。アリストテレスの「科学」と一六〇〇年代中盤に始まった科学との違いは、アリストテレスの「説明」は実際には単なる仮説であり、科学革命によって厳格に検証してそれを証明する必要があるという点が導入されたことだ。

とはいえ、アリストテレスの功績を否定することはない。他者から情報を得ることもあるそのアプローチは、いくつかの誤りを犯すことを意味していた。ノーベル賞受賞者の生物学者ピーター・メダワーとその妻ジーンなど、後世の作家の中には、アリストテレスを無能と見なす者もいる。彼らはアリストテレスの著作を「伝聞や不完全な観察、希望的観測を集めた、一般的に奇妙でかなり退屈な寄せ集め」と呼んだ。しかし、これは過剰反応であり、アリストテレスの誤りを強調しすぎている。ダーウィンはもっと積極的だった。「リンネとキユヴィエは私の神だったが、彼らは老アリストテレスと比べれば、単なる学童に過ぎない」。同様に、最近彼の伝記を著したアルマン・マリー・ルロワにとって、アリストテレスは科学の先駆者であり、「すべての自然物には何か驚くべきものがある」と認識した自然史の父であった(8)。

自然に対する考え方として、古代以後の西洋ではエジプトよりもギリシャ人の鳥との関係からより大きな影響を受けた。アリストテレスは、鳥をその歌、鳴き声、叫び声から特別視していた。つまり、鳥が「理性」をもっているか、換言すれば合理的に考え、自分の言っていることがわかる能力をもっているかどうかを問うたのだ。ギリシャ文化における鳥の道徳的地位は、鳥が痛みを感じるか、喜びを感じるか（アリストテレスはこの二つの特質をもつことを疑っていなかった）ではなく、鳥が合理的に行動するかどうかにかかっていた。アリストテレスをはじめとするギリシャの哲学者たちは、合理性は言語と密接に関係していると考えていた。教える能力も学ぶ能力も、理性的な存在の証だと考えたからだ。理性のないところに言葉はなく、言葉のないところに理性はない。鳥の発声は言語であり、鳥は人間以外の動物よりも理性的であり、尊敬に値するとアリストテレスは言う(9)。

こうした考え方は、おもに飼育下で鳥を観察したことに由来しており、人類の歴史上、いかに早くから鳥類学の基本的な洞察がなされていたかに、私はいつも驚かされる。裕福なギリシャ人は鳥をペットとして飼っており、甘美な歌声をもつサヨナキドリ（ナイチンゲール）が好まれていた。アリストテレスは、幼鳥が少なくとも部分的には親の鳴き声を聞いて歌を習得することを知っていた（現在ではしっかり検証されたことだ）。とはいえ、アリストテレスが、サヨナキドリの母親が歌を歌い、子どもに教えるのだと考えていたことは間違いだった。この俗説が払拭されるまで何世紀もかかったが、多くの鳥類と同様、歌うのはオスであり、幼鳥はオスから教わるのだ。しかし、この議論ではこのことは関係ない。アリストテレスが鳥を合理的だと考えたのは、サヨナキドリのような種が子どもに教える能力をもち、子どももまた教えられることを受け入れるという事実である。

鳥は親から歌を習うというのは、アリストテレスが「巣から取り出された幼鳥が他の鳥の歌を聞くと……親鳥とは違う声で歌うものもいる」という観察からきているのだろう(10)。アリストテレスがなぜこういう印象をもったのか、私も理解できる。かつてカナリアの里親に育てられたマヒワを飼っていたことがあるが、この小鳥は典型的なマヒワの鳴き声ではなく、純粋なカナリアの歌を口ずさんだので、その不釣り合いさに、それを聞くたびに足がすくむ思いだった。

他にも古代ギリシャ人が感嘆して好んだ鳥がおり、それはオウム、ムクドリ、カケス、カササギ、カラスなど、人間の言葉を教えられる鳥だった。鳥と子どもの言語習得の仕方に共通点があることは説得力があるので、人の言葉を真似ることができるのは合理性の極致であるとする考え方もある。

アリストテレスの死後、数世紀を経て、プルタルコスはこう書いている。

ムクドリ、カラスやオウムは、話すことを学び、教師の訓練と鍛錬に従って、柔軟で模倣的な発声をすることができる。彼らは、学習能力をもつことを他の動物に勝って主張しており、理性的な発語能力を備えていると、多少なりとも我々に教えてくれているように私には思われる(11)。

プルタルコスは、理髪店で飼われていたカケスが、人間の声や動物の鳴き声、機械の音などを真似ることができることにヒントを得たという。ある日、その店の前に葬列が止まり、その間、トランペット奏者が演奏を続けていた。行列が通り過ぎた後で、カケスはいつものような声を出さなくなり、その後、トランペット奏者の曲を完璧に歌い上げたという。プルタルコスは、この鳥が一時的に沈黙したのは、演奏者のメロディーを再現する方法を意識的に探っていたからだと考えた。

プルタルコスは、鳥が理性をもつという考えを支持する他の根拠として、カケスやムクドリなどの種が音をランダムに模倣するのではなく、特定の音を模倣していることを挙げて（この観察は最近の研究でも十分に検証されている）、少なくとも、鳥が意識的に思考できることを示唆すると考えた。[12] 同じように、テュロスのポルピュリオスは三世紀に、鳥はお互いの言葉を理解していると確信したと記した。しかし、人間が鳥の言葉を理解できないのは、外国語を聞いた時と何ら変わりはなく、「ツルの鳴き声」のようなものだからだと言う。[13]

プルタルコスとポルピュリオスは、アリストテレス以上に鳥の理性を確信していた。彼らは、鳥の理性は予言や占いの能力にも及ぶとし、鳥は人間よりも神に近い存在だという見方を強めていた。アリストテレスは彼らより慎重で合理的に考えており、ある種の鳥が人間の声を真似るのは単なる模倣に過ぎないと最終的に判断した。そして、鳥類は理性的だという考えを排して、人間とは異なる存在であるというキリスト教的な考えを打ち出したのである。

この区別があったからこそ、アリストテレスはこう書くにいたったのだ。

植物は動物のために存在し、動物は人類のために存在する。家畜は人類の利用と糧《かて》のため、野生動物はすべてではないにしても、そのほとんどが人類の糧となり、衣服やその他のものの供給源としてさまざまな種類の実用的な助けとなるため、自然はこれらすべてを……人間のためにつくった。[14]

これは、後に聖書に再び登場する便利なアイデアである。「神は言われた、我々に似せて人をつくり、彼らに海の魚と空の鳥を支配させよと……」[15]

これまでのすべての文化や将来の多くの文化と同様に、鳥は資源だったのだ。

自然誌家プリニウス

旧石器時代から新石器、古代エジプト時代、さらに古代ギリシャ・ローマ時代やその先まで通して、鳥に対する人間の考えや信条を結びつける一本の糸が通っている。古代ギリシャ人は旅と交易に長けており、少なくとも紀元前八世紀以来はエジプトに在住していた。後にギリシャ文明として栄えた芸術、技術、宗教、埋葬儀礼、建築や壮麗な彫刻に対する嗜好はエジプトで見たことや学んだことに由来するという議論もあるくらいだ。[16]

エジプト時代から始まった細々とした文化が、ギリシャにいたって大いに盛り上がってあまねく広まり、鳥類学の豊饒なアイデアがさまざまな思考様式にわたって、堆積したかのようである。紀元前五〇〇年頃までに、ギリシャ人の鳥に関する考え方や、少なくともその表現方法はますます洗練され、自然界をよりよく理解し、影響を与え、支配するために利用されるようになっていた。このような古代の思考過程を知ることができるのは、エジプト人と異なり、ギリシャ人は豊富な文字遺産を残したからだ。

古典時代は紀元前五〇〇～紀元後五〇〇年までおよそ一〇〇〇年間を擁し、広大な地理的帝国にわたっていた。自然界の研究については、ギリシャではアリストテレスがおもな担い手だったが、ローマ時代には大プリニウスだった。鳥類に対する理解の仕方や、人間との関係を考える上で、両者はまったく異なっていた。アリストテレスと大プリニウスはあたかも同時代人のように扱われ、専門知識も似ていると語られることが多いが、この二人は三世紀以上も時代の差がある。アリストテレスと大プリニウスは、知的で革新的だが慎重な科学者と、情熱的だが時に無頓着な普及家という今日でもよく見られるような組み合わせだった。

その後の何世紀にもわたって、鳥やその他の動物について我々が考えることは、両者の書物の影響を大いに受けていた。人々はアリストテレスの権威を尊敬しながらも、プリニウスの博物誌的な知識と幅広くとっつきやすいスタイルにヒントを得てきた。アリストテレスの伝記を書いたアルマン・Ｍ・ルロワが言うように「ルネサンス期の自然誌の中身を提供したのはアリストテレスだが、そのモデルを提供したのはアリストテレスではなくむしろプリニウスだった」。この点について、私は彼らに魅力を感じるのだ。アリストテレスの頭脳と自然界を理解するその知的努力に驚異を感じる一方で、先達がそうして得た貴重な知識を普及させたプリニウスの功績も大きいと思う。両者の関係は、科学雑誌に研究の結果を発表するプロの科学者と、科学者の努力を要約して一般大衆にも手が届く情報にする自然誌本のライターのような間柄にあたるようだ。

大プリニウスは、自然界に関する最もすばらしく、不朽の博物誌を著した。彼は、七九年にヴェスヴィオ山が噴火して、ポンペイとヘルクラネウムを焼き尽くした際、スタビアエにおり、船を出して友人を救出しようとして有毒ガスを吸い込み、死亡したと考えられている。当初は弁護士として訓練を受け、騎士身分のエリートにふさわしく士官として軍隊に入ったが、何よりもまず学者だった。フランス、スペイン、北アフリカなど帝国の各属州に住み、ネロの抑圧的な政権下では、当たり障りのない文法について書きながら身を潜めていた。そして友人のウェスパシアヌスが皇帝だった七〇年頃から膨大な博物誌の編纂を始め、約七年後に完成させた。これは鉱物学、地質学、天文学、植物学、動物学にまたがり、アリストテレスを含む膨大な資料から得た情報が記されている。

プリニウスの博物誌は一五〇〇年間も自然界についての思想を支配してきた。しかし、一六〇〇年代に科学革命が起こり、古代の知識が見直されると、人々はプリニウスの権威を疑問視しはじめた。それ以来、プリニウスの著作は、ますます次のように見なされるようになった。

旅人や船乗りから聞いた不思議な話や、農民や労働者の迷信の宝庫。しかし、科学としては、アリストテレスのような偉大な先達の基準で判断すれば……まったく笑止千万である。(17)

プリニウスによると、ワシは、

卵を三つ産み、ふつうは二羽のヒナを孵《かえ》すが、時には三羽のヒナが見られることもある。二羽ともに育てるのが大変な場合、巣から一羽を突き落とす。ちょうどその時、自然の摂理にかなった先見の明が、十分な食料を与えず、他のすべての動物の子どもが彼らの餌食にならないように、適切な予防措置を講じたからである。

この文には、二つの考え方が見られ、そのうちの一つは真だが、もう一つは間違いである。ワシは育てられるよりも多くの卵を産むことはよくあり、特に食物が不足している時には、兄弟間で殺し合いが起きて、一羽は死んでしまう。これは「ヒナ数の調節」といわれ、（不思議に思えるかもしれないが）ワシが生涯に残せる子孫の数はトータルで多くなるので、進化した行動だ。プリニウスは他の種を捕食する率が最小になるように進化したと考えたが、そういうわけではない(18)。

カッコウについて、プリニウスは、

いつも他の鳥の巣に卵を産む。特にモリバトの巣には、他の鳥とは異なり、たいてい一つの卵を産むが、ごくまれに二つ産むこともある。このようにしてヒナ鳥をすり替える理由は、他の鳥たちからいかに嫌われているかを自覚しているからだと思われる。他の鳥を欺《あざむ》かなければ自分の種族を存続させることができないと考え、自分の巣をつくらないのだ。

プリニウスのカッコウの知識は、最初に托卵の習性を記載したアリストテレスから拝借したものもある。しかし、プリニウスの説明は事実と虚構が混ざっている。カッコウは宿主の巣に一つの卵しか産まない、ただし、別のカッコウがさらにもう一つ産み込む場合もある。しかし、モリバトがカッコウから托卵を受けることはほとんどない。他の鳥がカッコウに托卵されないようにカッコウを攻撃するのは確かだが、カッコウが托卵する理由は他の鳥に嫌われているからではない。托卵という習性が進化したのは、それがうまくいくからである(19)。

プリニウスはさらに、こう述べる。

その間に、メス鳥（宿主）は巣の上に座って、だまされて偽の子孫を育てている。一方、若いカッコウは生来貪欲で、他のヒナから食物をすべて奪い取り、そうすることによって、ふっくらとつややかに成長し、養母の愛情を完全に得る。養母は彼の美しい外見を大いに楽しみ、自分がこんなに立派な子孫の母になったことに非常に驚いている。彼と我が子を見比べた母親は、自分の子どもを他人のように捨て、ついに若いカッコウが羽ばたくことができるようになった時、彼に貪り食われるのである。

確かに、里親は招かれざる客を自分の子のように大切にするが、我が子を捨てたり、見捨てたりはしない。アリストテレスは、孵化したばかりのカッコウのヒナが宿主のヒナを押し出すという正確な観察をしているが、その結果（一七八〇年代にエドワード・ジェンナーが詳細に記録しているが、それでも一般には受け入れられていない）をプリニウスは見落としている。また、カッコウの若鳥は育ての親を貪り食うとプリニウスは言ったが、そういうこともない。これは、巨大なヒナに餌を与える時、育ての親がしばしばその口の中に頭全体を入れるという事実に基づく連想である。[20]

インドクジャクについてプリニウスは、オスが「褒め称えられるのを聞いたり、特にその時たまたま陽が照っていれば華麗な色の羽を広げる。その輝きをすべて見ることができて、より効果的だからだ」と語っている。クジャクのディスプレイ志向が称賛と無関係なのは明らかだ。しかし、二〇一三年の研究では、太陽の光が重要であり、特にオスは太陽の方位に対して約四五度右を向き、メスを真正面の位置に据えることが明らかにされた。オスはこのような向きに立つことで、尾にある玉虫色の目玉を最も効果的に見せることができるのだ。[21]

プリニウスは、クジャクは見栄っ張りで唾棄すべき存在だという考えは、「ガンが〝はにかみ屋〟と考えるのと同様に、私にはまったく根拠がないようにみえる」と述べている。同様に、「ハクチョウは死ぬ瞬間に哀しい歌を口ずさむ」という考えも否定している。彼は言う、「これは誤りだと私は思う、少なくとも私はこの話の真偽を何度か検証してみた[22]」。

プリニウスはサヨナキドリの歌について、「その歌にはある程度の芸術性があることに疑いの余地はなく、ここで、それぞれの鳥が特有の音をいくつももっていることを指摘できる。というのは鳥がもつメロディーはすべて同じというわけではなく、それぞれの鳥が独得なものをもっているからだ」と述べている。まったくその通りである。また、「その音を正確に真似ることができる人がいても、その違いを聞き分けることは不可能だろう」と興味深いコメントを残している。サヨナキドリのさえずりは実に高品質なので、それを寸分違わず物真似するのは非常に難しいと思われるが、一九二四年にラジオの生演奏でそういう事態になった。イギリスのサリー州の庭でベアトリス・ハリソンというチェリストがサヨナキドリと共演する予定があり、その鳥は前の晩にはハリソンの伴奏を務めていたが、録音機器の前では歌うことを拒否したのだ。BBCのリスナーには知らされていなかったが、最後の瞬間、〝シフラー〟(口笛による鳥の鳴き真似)(おそらくモード・グールド夫人、別名マダム・サベロン)が、装飾的で華やかなコロラトゥーラ〔すばやい高音のトリルなどを含むおもにソプラノの技巧法〕のパフォーマンスを始めて、その場をしのいだ[23]。

イワシャコについては、

これほど性的感情に高い感受性をもつ動物は他にいない。メスがオスの向かい側に立つと、その方向から風が吹くだけで受胎する。この間、メスはくちばしを大きく開け、舌を突き出して最高に興奮した状態になる。また、オスが上空を飛ぶ時の空気の動きでも妊娠する。また、オスの声を聞くだけでも妊娠することが非常に多い。

残念ながら、真実ではない。

ヨーロッパヨタカは、大きな黒い鳥に見える。昼には目が見えないので、夜に悪さを働く。羊飼いの囲いに入るとまっすぐに雌ヤギの乳房に向かい、乳を飲む。こうして傷を負った乳房はやがて小さく萎み、乳を飲まれたヤギは失明してしまう。

今日でもヨタカは、よく「ゴートサッカー〔ヤギ吸い〕」と呼ばれることは鳥好きなら知っていることだが、その伝説の源である。

古代ローマ人の珍味好き

プリニウスが述べた通り、古代ローマ人はどんな種類の鳥も食べていた。しかし、それ以前の人々と違って、珍鳥のはらわたや脳、精巣、砂嚢や舌などの珍味を貴していたのだ。今日でも世界にはそういうところがあるが、古代ローマにおいては変わった食物を食べることには排他性があり、ステータスの証だった。今日の我々にとっては、一種の悪食とも思えるのだが。

古代ローマ人はおそらく越冬していた渡り鳥のツグミ類を捕獲して、特製のケージに入れて太らせて食していた。中には、ローストしたイノシシをテーブルでカットする際に、その腹の中から飛び出させることもあった。「パイに入れて焼いた二四羽のクロウタドリ」という童謡があるが、その先駆けである。鳥の舌はローマの美食家たちの間で人気があったが、中でも最も珍重されたのはサヨナキドリの舌だった。しかし、本当に舌を食べたとは思えない。サヨナキドリの舌は、他の小鳥と同様に、ほとんど消化できない舌骨《ぜっこつ》二本とわずかな筋肉だけだからだ。その後、一九世紀に出版されたビートン夫人の有名な料理本で明らかになったように、一般にヒバリの「舌」と呼ばれているものは、実は胸の筋肉で、もっと充実していておいしかった。古代ローマのエリートたちが、ヒバリの舌と胸の筋肉の違いを知っていたとは思えないし、気にも留めていなかっただろう。オウムの舌もローマ時代には好んで食された。この鳥は大きな肉厚の舌をもっていて、私たちと同じように食べ物を扱ったり、声を出したりするのに使うからだ。

しかし、ローマにおける究極の舌料理は、フラミンゴの舌だった。イタリアにはフラミンゴがいなかったので、スペイン、南フランス、北アフリカなどから輸入したのだろう。ヒゲクジラは「クジラひげ」という薄板を使って海水からオキアミを濾《ろ》過するが、フラミンゴの大きな勃起性の舌も、水から珪藻や種子、小さなアルテミア属のブラインシュリンプなどの食物粒子を「ラメラ」という薄版で漉《こ》し取るように進化したことが後世の解剖学者によって解明されている(24)。

フラミンゴは実に奇妙で見栄えのする鳥なので、『不思議の国のアリス』で大役を務めている。英名のフラミンゴと同様に属名を「*Phoenicopterus*（真紅の翼）」という。その赤い色は食べ物に含まれているカロテノイドから得られるものだ。きれいな色の羽衣、長い頸《くび》と脚、面白い構造の頭をしたフラミンゴが、古代ローマ時代の食卓に本剝製のような形で登場しただろうことは想像に難くない。ちょうど、クジャクやハクチョウが中世の宴会に登場したのと同じだ。フラミンゴとは別の水鳥のペリカンには、胸を突き刺して出た血を自分の子に与えるという神話があるが、それはアルテミアがたっぷり入った真っ赤な液を口から滴らせながらヒナに給餌するフラミンゴの習性から生じたと考えて間違いないだろう。フランスの偉大な博物学者のジョルジュ＝ルイ・ルクレール・ド・ビュフォン伯爵は、一七〇〇年代後半に記した膨大な動物百科全書の中で、古代ローマ人がいかにフラミンゴを高く評価していたかに触れている。

カリグラ〔ローマ帝国第三代皇帝〕が自身を神格化するという愚行に及んだ時、彼はフラミンゴを……自分の神格化に捧げるべき最も美しい犠牲者として選んだ。スエトニウス〔ローマ皇帝伝を記した歴史家〕によれば、彼は虐殺される前日、生け贄のフラミンゴの血を振りかけられたという。[25]

プリニウスが「数多の大食漢の中でも最も飽くなき人物」と評した一世紀のアピキウスの料理書には、フラミンゴのレシピが載っており、フラミンゴの舌がローマの美食の極致であるという考えを定着させることになった。残忍で大食漢として知られるウィテッリウス皇帝（在位わずか八カ月で六九年に暗殺された）は、魚二〇〇〇匹と鳥七〇〇〇羽のごちそうを出されたことがある。ウィテッリウスは、ある晩餐会で、カワカマスの肝臓、クジャクやキジの脳みそ、ヤツメウナギの白子、フラミンゴの舌を盛り合わせた皿を客に振る舞った。また、別の皇帝ヘリオガバルス（二〇四～二二二年）は、「フラミンゴの舌でいっぱいの料理」を出したといわれている。[26]

私は昔からタンを食べるのに嫌悪感を抱いていた。子どもの頃、クリスマスのごちそうに牛タンの缶詰が出てきたことがあった。タンは単なる筋肉であり、日常的に食べられている動物の他の部位と同じなので、理屈に合わないが私はわざと避けていた。同じ理由で、ブタの陰茎や雄ウシの睾丸など、昔はよく食べられていた内臓の誘惑に負けたこともない。フラミンゴの舌も同様に魅力的には思えないが、解剖学者の同僚によれば、筋肉質で脂肪が多く、反り返った棘を取り除けば、おそらくおいしく食べられるとのことだ。ビュフォンは、「古代に由来する偏見からか、あるいは彼ら自身の経験からか、その食べ物の繊細さを称賛する先人もいる」と記している。ビュフォンの言う先人とは、一六〇〇年代半ばにカリブ海を訪れた自然史家のジャン・バティスト・デュ・テルトルのことで、彼はベニイロフラミンゴについて「その舌は非常に大きく、根の近くには脂肪の塊があり、これはすばらしい食べ物になる」と述べている。海賊で博物学者のウィリアム・ダンピアは、一六八三年にケープ・ベルデ諸島でオオフラミンゴを撃って食べ、その肉は「赤身で黒く香ばしく、舌は特に美味で王の食卓に上る料理」と報告している。一九世紀には、キュヴィエの弟子でダーウィンの多くの文通相手のひとりであるアルシド・シャルル・ドルビニが、エジプトの湖で「フラミンゴ狩りに出かける小舟で埋め尽くされているのを見た」とコメントしている。「舟は鳥を満載して帰ってくるのだが、アラブ人はその鳥から舌を取り、圧力をかけて油脂として使う脂肪分の多い物質を取り出す」。一九一〇年に出版された『*Unexplored Spain*〔未踏のスペイン〕』の著者で射撃好きのアベル・チャップマンは、古代ローマ人の舌に対する熱意を誰もが共有したわけではなく、次のように評価している。「まったく食べるに値しない。ゴムみたいに固くて、うちの犬でさえこの珍味を拒否した」[27]

私はすっかり魅せられて、自分でもその珍味を一目見て、味見もしたいと思った。問い合わせてみたところ、

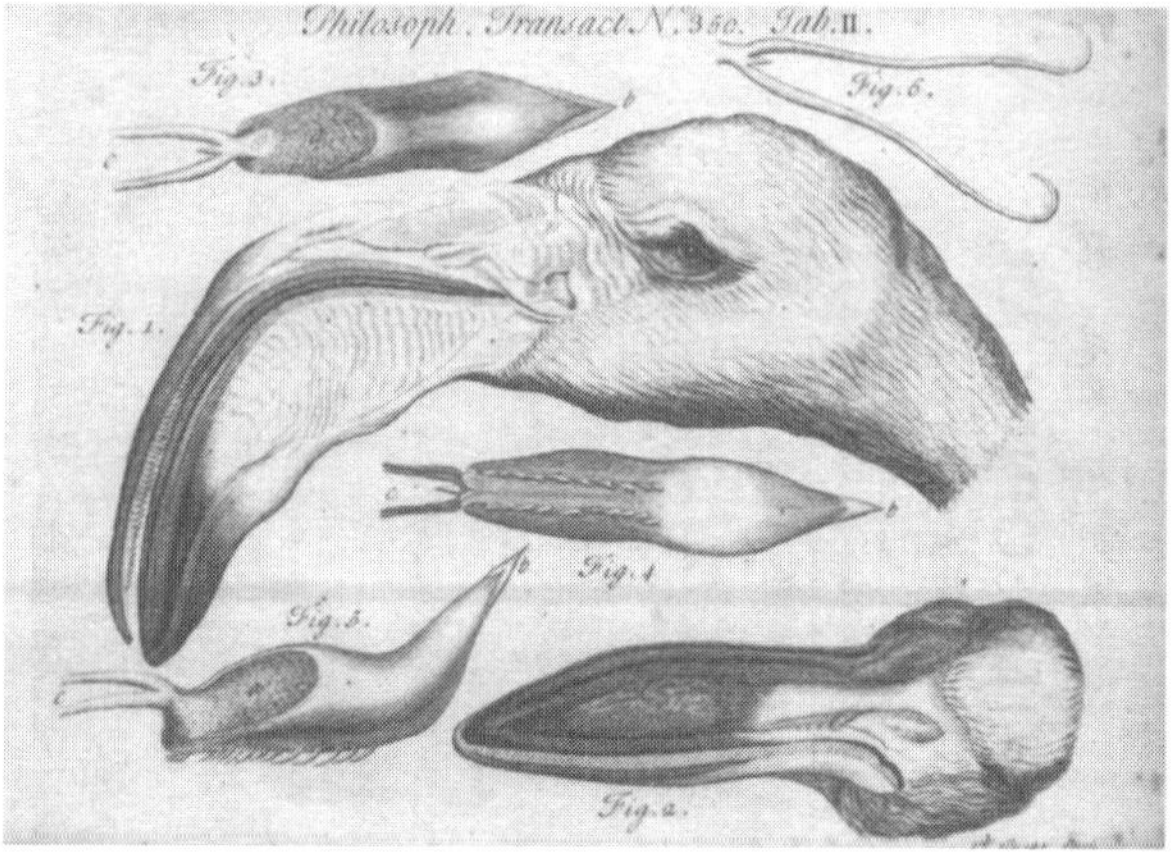

オオフラミンゴの頭部と舌。ジェイムズ・ダグラスが王認学会の『フィロソフィカル・トランザクションズ』に寄せた記載論文に載せた図。

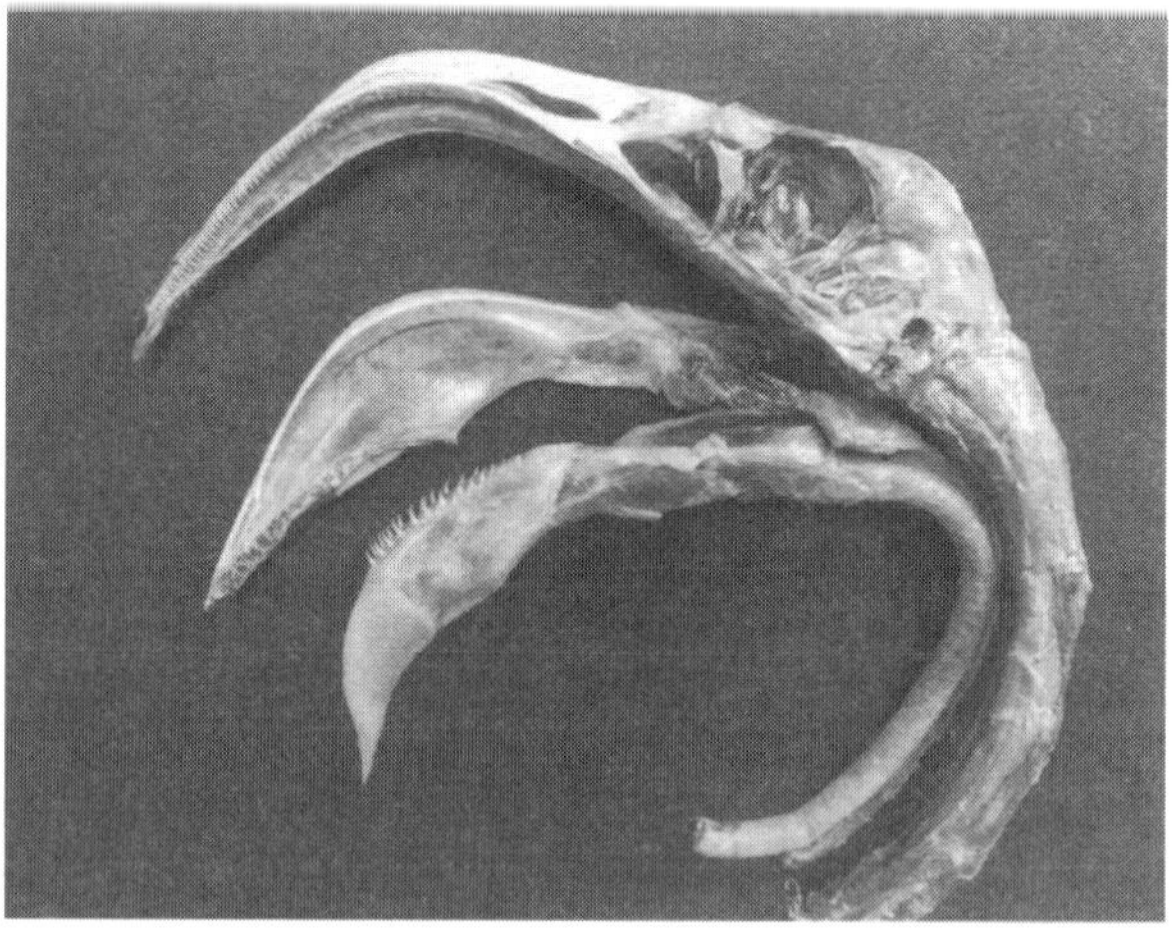
オオフラミンゴの頭部を解剖したところ。上から上顎、下顎、舌。舌は本来は下顎の中に収まっている。

オオフラミンゴの頭部を送ってもらうことができたが、産業用アルコール漬けになっていたので食べることはできなかった。しかし、解剖してみると実に興味深かった。舌は驚くほど肉厚で、たいそう脂肪が多かったのだ。その中には、舌骨の延長である長く伸びた軟骨組織があり、美食家たちはそこから脂肪を吸い取ったに違いない。その後、イタリアの鳥類学者から、アピキウスのレシピを現代風にアレンジしてフラミンゴを料理したことがある、という手紙をもらった。そして、「もし、北イタリアに赴くことがあれば、アピキウスのレシピに従って、舌を調理してご一緒に味わえますよ。事前に連絡を下さい。電線に衝突した死体が出た時に舌を捨てないようにと剝製師の同僚に注意させますから」。実にそそられる申し出だ[28]。

プリニウスの鳥に関する著作によって、古代の神話や多くの誤った情報が長く続いたことは事実だが、私がここで行なったような方法でアリストテレスと対立させるのは少し不公平かもしれない。アリストテレスの鳥に関する情報は、本人や弟子が書いた講義ノートから得たもので、それ故に辛口で簡潔なものとなっている。しかし、アリストテレスが一般読者向けに書いた文章は、何世紀も前に失われてしまった。もし、講義録ではなく、そのような文書が残っていたらどうだろう。アリストテレスに対する評価は、プリニウスに対する評価と同じようなものになるのだろうか。おそらくそうではないだろう。なぜなら、彼が真実だと思うことに妥協はしなかっただろうから。ローマの文豪キケロが言うように、アリストテレスの一般向けの記述は、「黄金の流れる川」のように美しく書かれていたのである[29]。

鳥を通して見る世界

アリストテレスやプリニウスの著作には鳥に関する神話が登場するが、それは過去に起源があり、特に紀元前五世紀のアリストパネスの喜劇「鳥」に源泉が認められる。ここに鳥の真価が見出される。

> あなた方（人間）は、何事もまず鳥に相談しないと始まらない／仕事でも、暮らしをたてるにも、結婚のことでも／決断を伴う予言はすべて鳥に分類している／あなたにとって、大事な発言は鳥、くしゃみは鳥、偶然の出会いは鳥、声音、召使いやロバ、すべては鳥である／だから、私たちは明らかにあなた方にとって予言の神々なのだ[30]。

この不可解な箇所を理解する鍵は、原語のギリシャ語で鳥を意味する言葉「ορνις〔オルニス〕」が、「前兆」を意味する言葉でもあることだ。つまり、鳥は予言者なので 何か決断を下す時には鳥に相談することになっていた。

ツバメやシュバシコウなどの渡り鳥がギリシャに現われるのは春の訪れと関係していたので、作物を植えつけるのによい季節だと考えられた。キツツキが木を叩いて出すドラミングの音は遠雷や屋根に当たる雨の音に似て聞こえるので、雨模様の天気を予測できるとされた。ハシボソガラスとワタリガラスは、通年つがいで行動しているので、貞節さ（忠誠）を思わせた。つがいの絆が長続きするだけでなく、性的にも貞節なので、これは真実である。別の連想は、ワタリガラスと死の関係だ。カラス類やハゲワシ類は戦争後によく死体を漁っているところが見られるので、これらの鳥は死と結びつけやすいだろう。ギリシャ人もワタリガラスが賢いことは、ペットの飼い鳥や、戦いが起きたことをどこからか嗅ぎつけて死者を貪りに現われるという事実から知っていた。鳥はかつてあまり嗅覚が優れていないと考えられていたが、今では優れた嗅覚をもつものもいることがわかってきた。新しい食物源を見つけるのに利用しているからかもしれない。しかし、ワタリガラスは、自信ありげな個体や腹いっぱい食べて満足げな個体など他の個体からヒントを得て後を追っていき、見つけるのかもしれない。

文字記録の歴史のはじめから、人と鳥の似た点は比較されてきた。「カツオドリのように食いしん坊、オオバンのように間抜け、カッコウのように不貞、ウミガラスのように間抜け」などの表現がある。こうした連想は何世紀も前からのもので、これほど長く言い伝えられているということは、けっこう的を射ているからかもしれない。

プリニウスは『博物誌』の中で、ワシは鳥類の中で最強で、高潔な鳥であると、他の鳥のグループよりも多くのページを割いている。ご想像の通り、誤った情報もたくさんあり、ワシの巣の中に偉大な薬効のある石を孕《はら》む石があるという話もその一つだ。プリニウスはアリストテレスの正確な観察をくり返して、「狩りを行なうための広い地域を必要とし、朝方は何もせずにとどまっており」、おもに午後になると飛ぶと書いた。また、紀元前一〇四年に、強さと名誉で評判高いワシ（*aquila*、イヌワシ属）がローマ軍の徽章《きしょう》とされて、戦闘にあたり持っていく習慣ができたと記している[31]。

多くの文化で、猛々しい動物はその見た目から象徴に使われることが多いが、ワシは大きさ、見た目、悠然と飛ぶ姿などとともに、大きな足と爪で獲物を仕留める力から、誰が見ても群を抜いている。ワシのモチーフを飾るエンブレムをもつ国は数多い。古代エジプト人がハヤブサを崇拝したのは、同じ伝統だが、やや謙虚なものだった。猛禽類は非常に長い間、優位性の象徴とされており、次の章で見ていくように、やがては一つの社会階級を定義するようにさえなっていく。

第4章　男らしさの追求——鷹狩り

紳士ならば、鷹狩りと狩猟を好まないはずはない。

——ジェイムズ・クリーランド（一六〇七年）

バイユー・タペストリー

アングロサクソン系最後のイングランド王だったハロルド・ゴドウィンソンは、一〇六六年にヘイスティングスの戦いで目に矢を受けて死亡したとされるが、無類の鷹狩り好きで、タカを拳から下ろしたのは、食事のために両手が必要な時だけだったといわれている。[1]

バイユー・タペストリー〔織物の意味だが、実際は刺繡《ししゅう》画〕は、一〇六四年、ハロルドがノルマンディー公ウィリアム（庶子王）に会うために、外交使節団として、馬に乗り左拳にタカを据えて、出発する場面から始まる（口絵⑧）。ハロルドは英仏海峡に向かって南下し、ウェスト・サセックス海岸のボシャムからフランスへ向けて出発しようとする。しかし、海上に出たところで強風で航路を外れ、ポンテューに上陸したところで彼の地のギイ（別名ウィド）に捕まり、監視の下でタカを手にしたままボーランのギイの宮殿に連行される。ギイもまた手にタカを据えて、そこからルーアンにあるウィリアムの居城まで彼を護衛する。到着すると、ハロルドのタカはウィリアムに渡されるが、それは奪われたか、あるいは贈り物として持参したことを示唆している。結局、ハロルドは解放された後、イングランドに戻った。さて、一〇六六年一月五日、エドワード懺悔王が子を持たずに死去し、翌日、王の義兄であるハロルドがイングランド王に即位する。エドワードの従兄弟であるノルマンディー公ウィリアムは、自分が正当な後継者であると考え、軍隊を集めてイングランドに侵攻し、一〇月一四日にヘイスティングスでハロルドを殺害したのである。

バイユー・タペストリーに描かれている鳥の研究は、ウィリアム・ブランズドン・ヤップという動物・鳥類学者が行なった一九八〇年代の分析が最初だった。ヤップはケンブリッジ大学の学部生として入学する際に、姓に格式を添えるために母方の家系のブランズドンを追加し、友人にはブラニーというあだ名で呼ばれていた。ヤップはバーミンガム大学で気難しい講師時代を送った後、退職してから中世の図像学の一環として鳥類を研究しはじめた。中世の鳥に興味をもった学者は他にもいるが、中世における人と鳥の関係を知る上で大きな寄与をしたのは、ヤップである。ヤップはバイユー・タペストリーを詳細に研究した他にも、ミゼリコード〔教会の折り畳み座席を支える構造物で慈悲の支えと呼ばれ、動物などの彫刻が施されていることが多い〕、ミサ典書、詩篇、聖書や、神聖ローマ帝国のフリードリヒ二世が一三世紀初頭に記した『鷹狩りの書』などに登場する鳥を識別して報告した(2)。

ヤップや他の学者たちはその後、バイユー・タペストリーに隠された意図を少しずつほぐすようにして探っていった。実際に起きたことをよりよく表わしているのではないかと期待して、ヤップは特に登場するタカの種に注意を払った。飼育されているタカの種は社会的地位を反映すると考えられたので、識別は重要だった。最初、ハロルドのタカは、鷹狩りに使われるタカのうちでは最小のハイタカだろうとされた。それは、すなわちハロルドの地位が低いことを示すことになる。しかし、ヤップが指摘するように、タペストリーをよく見てみれば、ハロルドとギイのタカはいずれもハイタカよりもずっと大きいので、オオタカの可能性の方が高い。ならず者にはチョウゲンボウ云々と言われるようにタカと社会的地位に結びつきがあるというのには根拠がないとはいうものの、小さなハイタカやコチョウゲンボウなどに比べてオオタカやシロハヤブサのような大きくて優秀な猛禽類の方がより威光があるのは明らかだ(3)。

ハロルドもギイも伝統に従って、左手にタカを、右手に馬の手綱を持っている。このやり方はイギリスで乗馬（後に自動車の運転）の際に道路の左側を通る基礎になったと考えられている。謎なこともある。ハロルドとギイはそれぞれ手袋をはめずに素手でタカを据えているが、これは現在の鷹匠には思いもよらないことなのだ(4)。

一〇七〇年代に完成したバイユー・タペストリーは、ノルマン人によるイングランド征服を含めた出来事を物語っている。ウィリアム一世の異父弟にあたるバイユー司教のオドン（オド）がつくらせた。詳細に観察した出来事を、幅五〇センチメートルで長さ七〇メートルもある布に、イングランド南部の女性たちに入念に刺繡させたものである。ある意味では、私にとってこのタペストリーは、エル・タホ洞の壁画を上等にしたもののように思える。中央に主要な物語があり、その上下の縁に二〇〇にも及ぶ小さな鳥が描かれているのも似ている。ヤップが指摘するように、バイユー・タペストリーに描かれている鳥の数は群を抜いているのだ。装飾写本に鳥がたくさん描かれた作品が登場するのは、それから二世紀以上後になってのことである。ヤップはその絵のイメージがどこから来たのか推察している。手本があったのか、実物を見て描いたのか、または作者の想像によるのだろうか？　絵具で描いたのでなく、布への刺繍という制限がありながらも、ツルやクジャクなどの種類の特徴がよく表わされている[5]。

タペストリーの縁に描かれた小さな絵は、中世の生活や動物との関わりについて、何か新しい洞察を与えてくれるのではないか、と歴史家たちは考えている。たしかに、農作業の様子や、パチンコ〔スリングショット〕で鳥を狙う男、走るノウサギを追う猛禽類などが描かれている。しかし、縁取りに描かれた鳥は、物語の本筋を補強するための場合もある。たとえば、ノルマン軍の侵攻の場面では、進軍と同じ方向に鳥たちが飛んでいたり、一〇六四年にハロルドがギイに捕まる場面では、縁取りの鳥は首を縛られており、ハロルドの野望を締め殺す象徴である。カラスとキツネはお世辞の危険性を、ツルとオオカミは悪人に仕えたら報いを期待するなという教え、トビとカエルは裏切り者が自らの行為によって破滅することを教えている。

鷹狩りとステータス

鷹狩りの起源は遠く離れた「オリエント〔東洋〕」にあり、最終氷期以降、おそらく紀元前一二〇〇〇〜七五〇〇年の間に起こったと考えられている。紀元前一三〇〇年頃の古代アナトリアの岩絵には、猛禽類とその世話人が描かれているし、中国にはもっと以前に鷹狩りが行なわれていたという記述があるが、みながこれに納得しているわけではない。

古代ギリシャ人が現在知られるような鷹狩りを行なっていた証拠はなく、アリストテレスが『異聞集』の中で述べている「鷹狩り」は、このようなものである。

見たことがない人々には信じがたい、ある驚くべきことが起こるという。すなわちそれは、小鳥の狩りをするため、村々や近隣の地域から出て来る少年たちが、鷹と協力し合って小鳥を捕らえることである。それは次のようなやり方でなされる。彼らは狩りに適した場所に来ると、名前を甲高く叫んで鷹たちを呼び寄せる。鷹たちは少年たちの声を聞くと、近くに飛んできて小鳥たちを脅して追い立てる。小鳥が鷹を恐れて茂みのなかに逃げこむと、少年たちは棒切れでそのなかにいる小鳥を叩き落して捕まえるのである。しかし、何にもまして人が最も驚くのは次のことであろう。それは鷹が自分で小鳥を捕らえた場合にも、狩りをする少年たちにそれを投げてよこすことであり、少年たちは、全獲物のなかから鷹たちに分け前を与えて帰る。

「異聞集」瀬口昌久訳　『アリストテレス全集12』

ジェレミー・マイノットが『*Birds in the Ancient World*〔古代世界の鳥〕』という著書の中で指摘しているように、この記述とは逆に、タカが捕らえるべき鳥を少年たちが飛ばしたのならより理にかなっている。ともあれ、このような双方の取り決めやタカが捕らえた獲物を人間が盗むというやり方が、鷹狩りの始まりだったかもしれない(6)。

ある鷹狩り研究者はこう述べている。

猛禽類を狩猟用の武器にしようと考えた人は、人が矢をつがえたり、槍を投げたりするよりも速く獲物を捕らえる鳥を見たに違いない。この鳥は、猟師の武器が届く距離よりもはるかに遠くで獲物を捕らえることができた。また、猛禽類は狩人の視力をはるかに超えて獲物を発見できた。このようなすばらしい才能を自分のために利用できると想像した人は、先見の明があったに違いない。(7)

ローマ人が鷹狩りをしていた可能性を示す証拠はわずかながらある。ポルトガルの西ゴート時代中期(五〇〇年頃)につくられた興味深いモザイクの断片に、タカ(ハイタカまたはオオタカ)を据えた人物が描かれているのだ。(8) ローマ人が鷹狩りをしていたとは限らず、それは異国からの訪問者で、その珍しい装身具が描くに値したからという可能性もある(口絵④)。イギリスでは、ローマ人が四一〇年に退去した後にサクソン人が侵入して鷹狩りを持ち込み、その情熱は一〇〇〇年以上衰えずに当地で燃えつづけている。

鷹狩りをしたサクソン人には二通りあり、訓練された猛禽類を使って食卓の食料を捕る、通常は裕福な主に雇われた鷹匠と、趣味でタカを飛ばすサクソン王を中心とした貴族がいた。

いずれの場合も、タカはヒナの時に捕らえて人の手で育てたり、野生の成鳥を捕らえて訓練したりした。訓練は残忍なもので、食事を制限したり、人に慣れるまで視覚による攪乱を受けないようにまぶたを閉じ合わせてしまうことも行なわれた。飼われることに慣れてくると、さらに馬や犬、多くの人などに出合わせて、まぶたを開けてやる。

猛禽類には二つの区分があり、長く尖《とが》った翼をもつハヤブサ類は空中高くから獲物を襲って、高速で当たる時に獲物を殺す。タカ類は短い翼で地上や森の中を低く飛び、獲物をわしづかみにして殺す。オオタカや、やや小型のハイタカのような種は足指が特別に大きく、スローモーション映像で見ると、獲物を捕らえた瞬間に、すばやく足の爪を獲物に突き刺したり引いたりをくり返す。当時も（今でも）オオタカを飛ばして、カモ、キジ、ミヤマガラスやノウサギを捕った。これらは二種類の違うグループの猛禽類だが、「hawking（鷹狩り）」と「falconry（隼狩り）」は同じ意味合いで使われた。

当時、ハヤブサを使った鷹狩りは王族のスポーツであり、貴族に仕える鷹匠は特別な資質が必要とされた。一〇八〇年頃に生まれたイギリスの都市バースのアデラードという学者は、鷹匠に必要とされる特質をこのように述べている。

しらふで忍耐強く、貞淑で香りがよく、先入観にも、忘却の母である酔いにもとらわれないことが必要だ……また、鳥は訪れる売春婦に触られると寄生虫に感染するし、口臭がひどいと人を嫌うようになり、空気が悪くなるのでリウマチを患う(9)。

アメリカ人の研究者で鷹匠のトム・ケイドは、鷹狩りを「鷹匠の高度な技術と献身」を必要とし、「かつて考案された狩猟の中で最も知的要求が高く、教育的な方式」だと述べている。また、鷹狩りは「自然に対する理解を深め、自然史の実践的研究をしたり、さらに猛禽類に関する本格的な科学的研究につながることも多い」という。ケイドがコーネル大学の鳥類学研究所の所長になったのは、一九六〇年代のことである。ケイドはハヤブサの飼育繁殖法を研究して、ヨーロッパの多地域で猛禽類の個体数が減少していた一九六〇年代のことである。ケイドはハヤブサの飼育繁殖法を研究して、ハヤブサ回復計画を成功させた。二〇一九年に九一歳で亡くなった時、作家のヘレン・マクドナルドは科学者としてのケイドの哲学の本質をこう捉えている。「二〇〇〇年代初頭に彼と長いこと会話したが……その人生の中心には、奇跡的で美しく、驚くべきほど強い、猛禽との絆があったことをくり返し私に教えてくれた[10]」

鷹匠は野生で捕獲した鳥を狩猟のために訓練し、時には野生に戻すこともあるが、飼い主とタカの関係ほど親密なものはないだろう。鷹匠の鳥が「飼い慣らされる」ことはほとんどなく、むしろ飼い主に寛容なだけで、オウムやカラスなど他の多くの飼育鳥とは異なり、飼い主に対して愛情を示すことはほとんどない。それでも鷹匠は鳥を愛しており、狩りの際に鳥が生み出す興奮がおもな動機となっていた（今でもそうである）。ある学者が指摘している。「鷹狩りに含まれる要素は、すばらしい飛行だけでなく、獲物を仕留める時の爽快感、獲物を回収する時に費やすエネルギー、成功した時の勢い、そして狩りの後の十分な休息である[11]」

ニック・フォックスという鷹匠が、タカと飼い主の絆について一九九五年に語った言葉は言い得て妙である。

鷹匠がタカを飛ばす時、その心の一部はタカとともに飛んでいる。これが鷹匠と銃を持った人間との違いだ。賢明な鷹匠は、タカの魂をオーラのように感じることができる。……馬や犬の心には喜ばせたいという欲求があるのでタカとは異なるが、タカの心は自立しており、たいてい人間の心より強い。このような心と日々触れ合うと、私たち自身の心を高め、奮い立たせ、強くしてくれる[12]。

中世のイギリスでは、上流階級の生活において、タカの所有を見せびらかすことが重要になり、鷹狩りは他の狩猟と並んで、過酷で攻撃的な時代に軍隊生活を送るための主要な準備と考えられていた。タカやハヤブサはステータスを高める鳥の宝飾品であり、狩猟の予定がない時でも日常的に持ち歩かれ、所有者の延長された表現型になっていた。タカを拳に据えた好色な青年が、たった一人で若い女性に言い寄る姿は数多く残されている。また、騎士は捕虜になった時、自分の自由と引き換えにでもタカを手放さなかったといわれている[13]。狩猟は今日でも社会的ステータスの指標だが、タカよりも銃を使うことが多い。皮肉なことに、スポーツで鳥のハンティングをする人の中には、楽しみを邪魔されるのでタカを嫌い、迫害する人もたくさんいる。

中世の時代には、猛禽類を手に入れ、訓練して所有するのは維持費と時間もかかるため、階級格差を助長することになった。人を派遣して巣の場所を見つけ出し、ヒナを捕ってきて、人手で丹念に育て上げた。また、有名なオランダのファルケンスワールトやアイスランド、スカンジナビアの繁殖地で捕獲された成鳥を、訓練済みでも未訓練でも、かなりの費用をかけて購入し、輸入する方法もあった。騎士の年収が二〇ポンド程度だった一一世紀当時の典型的な価格で、ハヤブサ一羽が一ポンド、シロハヤブサ一羽が二ポンドだった。貴族は家来を雇って鳥の飼育、訓練、世話をさせたが、それでも若い貴族にとってタカを飛ばすことは教育の一環であった。男性だけでなく、貴族の女性もハヤブサを飛ばすことを学び、その姿がしばしば描かれている。そのため、ハヤブサは王室への贈り物としてよく使われ、その最高峰は白色型のシロハヤブサだった（口絵⑤）。

貴族たちが鷹狩りを正当化する必要性は特になかったが、何でも手に入れられる身だと怠惰になってよくないので、健康的な娯楽と考えていた。もっと控えめに言えば、神聖ローマ皇帝フリードリヒ二世は、鷹狩りのおもな利点は「国家の心配事に悩まされた貴族や支配者たちが、狩りの快楽に救いを見出せる」ことだと示唆した。さらに、「富める者も貧しい者も、この生業（鷹狩り）に就くことによって、生活必需品の一部を得ることができ、階級を問わず、鳥の生態に自然の営みの魅力的な姿を見出すだろう」とも述べている。このような洞察力がフリードリヒの特徴であることは、後述する。[14]

装飾写本と鳥

ブランズドン・ヤップの中世の鳥への関心は、鷹狩りや有名なタペストリーに刺繍された鳥だけにとどまらなかった。彼は、中世の人々にとって鳥がどのような存在だったのかを知る手がかりを求めて、イギリス国内はもとより、ヨーロッパ各地の図書館や大聖堂、個人のコレクションを熱心に訪れ、装飾写本に目を通した。

一六〇〇年代にサミュエル・ピープスが入手した、一四〇〇年頃のスケッチブックもその一つだった。当時のカタログには「教会で利用するために僧侶がデザインし描いた古本」と書かれており、その後「ピープス写本」として知られるようになった。天使、使徒、預言者のページに混じって、鳥の絵が八枚あり、そのうちの四枚はカラーだった。[15]

このスケッチブックは、ミサ典書、刺繍や窓のステンドグラスなどのような他の用途にも使えるような画像を提供する残存する「モデルブック」として、非常に貴重なものと考えられている。描かれている種の中には、白色型シロハヤブサなど、すぐに見分けがつくものもある。また、ウソ、ゴシキヒワ、クロヅル、カケスなど、イギリスやヨーロッパでよく知られた鳥も描かれているが、大陸の鳥であるズアオホオジロとアカアシイワシャコ（当時イギリスにはいなかった）も含まれており、このスケッチが大陸のものだと示唆しているとヤップは考えた。[16]

これまで何世代もの鳥類学者が、ピープス写本に描かれたすべての鳥に名前をつけようと挑戦しているが、その始まりは一四〇〇年代にこのスケッチブックに注釈をつけた無名の人物だった。ヴィクトリア朝時代には、鳥類学の第一人者であるアルフレッド・ニュートンも注釈をつけたが、そのノートは現在では失われている。一九二五年、中世研究者で怪談作家のM・R・ジェイムズは、プロの鳥類学者二人の協力を得て鳥の名前をつけたが、カラー原画ではなく、やや泥臭い白黒写真に基づいていたようだ。一九五九年、『*Illustrated London News*〔イラストレイテッド・ロンドン・ニュース〕』紙が四ページにわたるカラー写真を掲載し、イギリス最高の鳥類学者であるデイヴィッド・ラックに同定を依頼した。

原画を実際に見たヤップは、ラックの同定だけでなく、ジェイムズの以前の記述の同定も問題にしている。彼はラックの同定について「タカが数羽いる……そして、彼がカッコウと呼んだ、かなり似た鳥もいる」と訝《いぶか》しんでいる。

これは少し不公平で、二例ではラックは「カッコウ（?）」と言っていて、疑問符は明らかに彼の不確かさを示しているし、画像の中にはとても粗末で確信がもてないものもあったからだ。私は他の四人の野鳥愛好家とともに、ジェイムズ、ラック、ヤップの三人がアカアシイワシャコと同定した二羽について、特にこれらの画像に注目して考察した。私たちは、この鳥がいくつかの重要な識別特性を欠いているため、この同定はありえないと感じたが、代替案を提示することはできなかった[17]。

また私たちは、六五羽を猛禽類、その獲物、飼育用の鳥、「その他」に分類してみた。四分の一は猛禽類、約半分はその獲物となりうる鳥（狩猟鳥やヨーロッパアオゲラを含む）、一〇分の一は飼育鳥となりうる鳥（ウソ、ゴシキヒワ、サヨナキドリなど）、その他はカワセミ、若いオンドリ、クジャク、カッコウ、コブハクチョウなどの多様なグループである。全体として、三分の二は鷹狩りに何らかの形で関連する鳥類である。

もちろん、ピープス写本以前から、鳥の絵は人気があった。六九〇年代のアングロサクソンの写本には、鳥の絵が描かれている。ただし写実的というよりは、むしろ模式的に描かれているのがふつうだ。一一世紀と一二世紀には、教会にある巨大な聖書のページを鳥が飾っていたが、後にもっと手軽なサイズの聖書に取って代わられた。[18] 一三〇〇年前後の数十年間には、私家版の詩篇が大量につくられた。エドワード一世の息子、アルフォンソとホラント〔オランダ〕のマーガレットとの結婚記念につくられたと思われる、いわゆる「アルフォンソ詩篇」のように、裕福なパトロンから依頼され、結婚の贈り物として贈られることが多かった。結婚式は一二八四年末に行なわれる予定だったが、不幸にもアルフォンソは幸せな催しの前に亡くなってしまい、詩篇は未完に終わった。姉妹版の「鳥の詩篇」は、おそらく幸運なマーガレットのためにつくられたもので、少なくとも二三種の鳥の写実的な絵が描かれている。[19]

　これらのイラストレーションは、鳥に対する新しい認識を示すものだ。鳥は本文の周囲にとまっていたり、飛んでいたりして、単に装飾的な場合もあれば、イワシャコの網猟や、囮のフクロウを使って小鳥を鳥もち〔鳥を捕獲するために用いる粘着剤〕の棒に誘い込む猟など、現実の風景を描いた場合もある。また、ハトは聖霊を意味し、クジャクは肉が腐らないこと（という迷信）から復活を意味するとされるなど、鳥に象徴的な意味をもたせているものもある。とまっている鳥と飛んでいる鳥の違いは興味深い。とまっている鳥の絵は、イギリスで鳥かごで鳥を飼うことが流行した時期と重なり、芸術家は鳥の姿をきちんと見ることができた。一方、飛ぶ鳥は、大陸の支配者が大きな鳥小屋を所有し、鳥が飛んでいる姿を見ることができるようになったもう少し後の時代に描かれたものだ。[20]

　一三〇〇年代半ば、イギリスでは個人用詩篇の人気が衰えつつあったが、フランスでは鳥をモチーフにした新しいタイプの装飾写本が登場した。時禱書《じとう》といい、修道士に倣《なら》い、一日のうちで時間帯に応じた礼拝を行なうためのマニュアルである。

その中の一つであるカトリーヌ・ド・クレーヴの時禱書は、一四三〇年にオランダのゲルダー公アーノルドにわずか一三歳で嫁いだ際に依頼されたもので、貴族がかごで飼育する鳥に熱中していたことを明確に示している。あるページには、さまざまな種類のかごや、糸を引くゴシキヒワ、意味ありげな円筒形の鳥かごを回している男などが描かれている。鳥は単なる装飾だったようだが、この鳥かごは子宮か、ひいてはカトリーヌの妻として、また女性としての生殖責任を象徴しているのかもしれない(21)。

時禱書には、「天地創造」と「黙示録」という二つの主要な宗教的テーマが大きく取り上げられている。天地創造とは、聖書の創世記に描かれる世界の始まりのことで、神によって創造されたすべての動物にアダムが名前をつけるというものだ。中世には、アダムと哺乳類（大型のネコ科動物、シカ、家畜など）、鳥類が多く描かれ、爬虫類、魚類などはあまり描かれていない。中世で鳥が多く描かれている場合、その種類を特定して、名前をつけることは大きな混乱のもとだった。おそらく、アダムは自分が何を扱っているのか知っていたのだろうが、いくつかの鳥の正体は神の偉大な謎の一つとして残り、その後の数世紀にわたって鳥類学者を悩ませる永遠の課題となった。

黙示録は啓示書とも呼ばれ、一般に世界の終わりにあたり、審判の日の前日と解釈されている。「私は陽の中に天使が立っているのを見た。天使は大声で、天の中を飛ぶすべての鳥に向かって叫んだ。王と馬と……すべての人の肉を食べるために、来て集まれ(22)」

聖書にはさまざまな解釈がなされる箇所が多いが、この部分も同様で、中世の黙示録に見られるさまざまなイメージもまた、異なる意味をもっているのだろう。一つは、広い歴史観の反映である。もう一つは、特定の歴史上の出来事に言及するという考えで、たとえば、ローマ帝国が滅亡したのは、円形闘技場で娯楽として動物や人間を虐殺したローマ人の堕落に起因すると考えられている。また、寓意的な意味もあり、善と悪の間で絶え間なくくり広げられる戦いを表わすとも考えられる。そして、おそらく最も重要なのは、現在の解釈であり、私たちの地球への扱いの結果として、何が起こるかを警告しているというものだ。

このような中世の絵は見る者に取り憑くようにデザインされているが、新しい病気に侵され、それに伴う世界的な経済不況を予測し、気候変動が急速に進み、世界の最後の天然資源が強欲な開発者の懐に消えていくのを目の当たりにしている今日では、かつてないほどの効力を発揮している。

中世の黙示録における鳥の描写は、聖フランチェスコが鳥に説教する場面と、「鳥の呼び声」と呼ばれる黙示録の場面に続いて、人間の死体が鳥に食われている場面という、まったく異なる二種類のイメージで構成されている。

終末論的絵画には多くの動物が登場するが、鳥が最も多く描かれているのは、鳥がそれまでの数千年と同様に中世の人々の心の中でも特別な位置を占めていたからに他ならない。天と地の間を漂い、半分天使、半分動物である鳥は、現世と来世をつなぐ究極のメッセンジャーだった。鳥の特異な地位は、審判の日に人間を断罪するのにうってつけだった。

アッシジの聖フランチェスコは、こうした終末論的なシナリオにどのようにして引き込まれたのだろうか。どうやら、奇術のようだ。聖フランチェスコは、スポレート渓谷の鳥たちに、神の愛を説いたといわれている。この話は事実かもしれないし、単なる寓話かもしれない。いずれにせよ、自然界へ敬意をもち、人間だけでなくすべての生き物が神の計画の一部であるという型破りな考えをもつ聖人は、強力なシンボルとなり、また、その信者（フランシスコ会）が彼を大天使と同等とした理由がこれである。一九七九年、ローマ教皇ヨハネ・パウロ二世によって生態学の守護聖人に指定されたり、多くの絵画に登場するのも、このような理由による。聖フランチェスコが鳥に説教している終末論的絵画では、効果的に「彼らは地球に何をしたのか？」と問いかけている。本当に、私たちは地球に何をしたのだろうか？

フリードリヒの『鷹狩りの書』

ヤップはそのキャリアを通じて、イギリスの生物学的生産力、高齢化、長距離歩行、国立公園など、多彩な興味対象について著述し、愛車のベントレーを駆ってイギリスの美しい湖水地方をドライブしていた。鳥類学の観点からは、特定の鳥種やテーマを専門としていなかったことが、よろずやであり、鳥類学のエリートの一人ではないと見なされた理由かもしれない。ヤップが最初に中世の写本に興味をもったきっかけはわからないが、一度興味をもつと、やがて中世の写本の中でも最も注目されているフリードリヒ二世の『鷹狩りの書』に登場する鳥に目を向けることは必然だっただろう（口絵⑥⑦）。

フリードリヒは、表向きはハインリヒ六世とシチリア王国の王妃コンスタンスとの間の子とされていたが、本当の親子関係については疑問がもたれていた。コンスタンスは彼が生まれた時四〇歳だったので、彼女が妊娠を偽装し、生まれたばかりのフリードリヒを王宮に密かに持ち込んだのではないかと噂されたのだ。フリードリヒは、父親と同様にドイツ王、神聖ローマ皇帝、シチリア王となった。その並外れた才能を数多く発揮して、「世界の驚異」と呼ばれるようになった。また、宗教的信条にとらわれなかったので、教皇グレゴリウス九世から反キリストの先駆けとして破門されている。知的好奇心が強く、洞察力に優れ、異端児だったフリードリヒは熱心な鷹匠だったが、当時としてはユニークなことに、猛禽類を理解するには鳥類全般を理解しなければならないと考えていた。その優れた手記は、鳥の解剖学、生態学、渡りについて網羅しており、後に鳥類学の父であると言われる所以《ゆえん》を十分に物語っている。

『鷹狩りの書』は、一二四四～五〇年にかけて制作された。評判が高いにもかかわらず、一五九六年まで刊行されなかったため、不思議なことに鳥に興味のある人には手が届かない本だったようで、それ以降も入手は容易でなかったと思われる。英語版は、ボローニャ写本と呼ばれる最古の写本（おそらくフリードリヒの存命中に作成されたもの）と、非常に美しい一連の象徴的な挿絵が入ったバチカン版という二つの写本から翻訳された。

一九三〇～四〇年代にかけて、アメリカの眼科医ケイシー・ウッドがこの英訳を手がけた。眼科医と中世の写本にどのような関係があるのか、訝しがる人もいるかもしれないので、説明しておこう。ウッドの専門は、人間の目の病気の治療である。しかし、ウッドは鳥類、特に猛禽類の視力が人間よりはるかに優れていることを知って鳥類の視力に興味をもちはじめ、鷹狩りをするようになった。実際、ウッドの関心は多岐にわたり、多忙を極める仲間の開業医たちの健康にも気を配って、「人類で最も優れた人々と接触できる」と述べて、息抜きに読書をするよう勧めていた。ウッドは実にたくさん本を読んだ。一九三〇年代には、モントリオールのマギル大学に図書館を設立し、合計二万点余りにも及ぶ動物学の全著作物の注釈つきリスト「動物学文献目録」を作成した。フリードリヒの写本をよく知っていたウッドは、出版された版をいくつか購入していたが、一九三〇年にローマを訪れた際、バチカン版の写本に描かれた六〇〇点もの精巧な鳥の細密画を目にすることができたのだ[23]。

ウッドの訳文は、姪のフローレンス・マージョリー・ファイフが出版社のために書き起こし、編集したものだが、ラテン語を英語に翻訳するという膨大な作業を引き受けたのはウッドである。ウッドとファイフの手による六一七ページの堂々たる分厚い本が出版されたのは一九四三年だった。北米では鷹狩りは長年にわたり見放されていたが、幸運なことにちょうどこの頃、エリート層の趣味として再び盛んになりつつあったので、この本は絶賛を浴びた[24]。

フリードリヒの写本を見た人の多くは、その挿絵に驚嘆する。フリードリヒ自身のスケッチに基づいたと思われる独特のスタイルで、その素朴さには不思議な魅力があり、「驚くほど正確」「きわめてリアル」「初めて鳥をリアルに表現した」と熱狂的に評価されている[25]。しかし、この小さな鳥の絵に賛辞を贈った人たちは鳥類学者ではなく、ヤップのように中世の鳥の絵にくわしくもなかった。ヤップには、フリードリヒの鳥類学の業績から何かを得ようという思いがなかったので、そうは思わなかった。ヤップによれば、描かれた七〇種ほどの鳥のうち、明確に識別できるほど正確に描かれているのはわずか一〇パーセントだという。猛禽類が最もあいまいだ。その理由は、フリードリヒの死後、少なくとも三人の異なる画家によって描かれたためであり、どの画家も鳥にくわしくはなかったはずだ、と彼は推測している。鳥類学的な正確さには欠けるが、フリードリヒの文章に添えられた画像は、その原稿の魅力を増すのに一役買っている[26]。

鷹匠が口に含んだ水を鳥に吹きかけて落ち着かせ、まるで水浴びをしたかのような気分にさせる様子。『鷹狩りの書』（フリードリヒ２世の写本）のフランス版の絵。

アリストテレスの復活

　フリードリヒの鳥類学は、アリストテレスの著作の知識と世俗的なアプローチを合わせて構築されたものだが、その意義を理解するためには、紀元頃から後一〇〇〇年までの博物学の流れまで遡る必要があるだろう。

　キリスト教が伝来すると、世俗的な知識の追求は神に背くものと見なされた。中東では、かつてアリストテレスの著作への関心が盛んだったが、それに代わって、当時の「オリエント」やギリシャそのものから引き出された神秘主義や象徴主義が台頭した。このため、宗教的なドグマ〔教義〕と一致しないものはすべて象徴的な役割を担うという文化が生まれた。このような背景から、二〇〇年頃、キリスト教の学者たちが聖書の教訓を一般人にも理解できるようにまとめた『*Physiologus*

〔フィシオロゴス〕』という動物百科事典を作成した。不死鳥は炎の中からよみがえるという復活の象徴になり、ペリカンは自分の胸を刺してその血で子どもを養うという自己犠牲の行為になるなど、鳥類には神秘性や道徳性が付与された。こうした物語は一度人々に真実として受け入れられると、超自然的な物事への抵抗感を薄れさせて、聖典の多くの教義を疑うことなく受け入れる素地となった(27)。これは、宗教に仕えたフェイクニュースの初期の例といえる。

キリスト教の支配下にもかかわらず、世俗的な抵抗もあった。たとえば、ローマ皇帝アニキウス・オリュブリウスの娘アニキア・ユリアナは、六世紀に四〇〇以上の動植物の画像を含む写本を委嘱している。本文は、一世紀の医師ディオスコリデスの著作とディオニシウス（ペリエジェテスか？）の著作に一部由来し、鳥については、おもに捕獲方法に焦点が当てられている。これはヤップが研究した「ウィーン写本」であり、ムナグロシャコ、ニシコウライウグイス、イソヒヨドリ、オオバン、アカツクシガモ、ダチョウなどの印象深い彩色図が含まれており、その正確さには目を見張るものがある。

古代最後の学者といわれたセビリアの大司教、聖イシドールスは、七世紀に学生を指導するための百科事典『*Etymologies*〔語源〕』を作成したが、その中に鳥に関する一編が含まれていた。イシドールスは善意で記したと思われるものの、この時代までに世俗の鳥類学に関する知識がいかに堕落していたかを示している。ハクチョウが甘美に鳴くのは長い頸の曲線のためだとか、カッコウはトビの肩に乗って渡りをする、またカッコウの唾液はバッタを生み出すと書いている。一方、カッコウが他の鳥の巣に卵を産むことについては、アリストテレスの著作から純粋な情報を得て正しく述べている。

アリストテレスが復活する源となったのはスペインだった。スペイン南部は、八世紀に北アフリカのイスラム教徒の侵攻を受けて、その後アラビア文化が花開いた。一二世紀に、アンダルシアの博学者アヴェロエス〔イブン・ルシュド〕は、「人間は真理を発見するためにつくられた」という斬新な哲学を展開し、自然界への関心を新たにするきっかけをつくった。アヴェロエスはアリストテレスの著作のシリア語訳を入手し、その思想を広めることで、スコットランドの学者マイケル　スコットの関心を引いた。スコットは後にフリードリヒ二世のもとでアリストテレスの著作のラテン語訳を担当することになる。

フリードリヒと同時代で、中世最大の哲学者といわれるドイツのカトリック司教アルベルトゥス・マグヌスも、スコットの翻訳の恩恵を受けた一人である。その著書『*De animalibus*〔動物について〕』は、アリストテレスの動物研究に、著者自身の観察によるコメントなどの注釈を加えたものだ。アルベルトゥスは鳥に関する知識が深く、二〇一四年に鳥類学の歴史家ユルゲン　ハッファーが彼を鳥類学の父の一人と宣言したほどだった[28]。

鷹狩りに対する逆風

鷹狩りは高価で時間もかかり、何といっても役に立たない無駄遣いだったので、最終的に鷹狩りをする人たちに民衆の怒りが向けられたのも無理はない。中世ヨーロッパの貴族たちは、シロハヤブサやハヤブサを使って獲物を追い込んでいたが、やがて自分たちも格好の標的となることになった[29]。

下層階級は、従僕として参加する以外には鷹狩りから明らかに除外されており、鷹使いの貴族が狩猟鳥を追って畑の中を馬や犬に走り回らせる権利をもつのを嫌っていた。中世の鷹匠は傲慢なことが多く、哲学者ソールズベリのジョンは一一五九年に次のように不平を述べている。「猟師が控えめで威厳があることはまれで、自制心があることもなく、私には節度があるとは決して思えない」[30]

鷹匠に向けられた最大の愚弄は、一二二〇〜一四〇〇年代にかけてパリで制作された道徳的な聖書の中に見られる。ページごとに小さな画像が四枚ずつ二列に計八枚並べてあり、聖書と道徳の文章と絵が対になっており、ハヤブサは「罪、世俗、聖職者の不適切な行動」の象徴とされている。ハヤブサと並んで描かれている像は、「偶像崇拝、不品行、軽率、貪欲、高慢」を表わす場面で、両替商や大食漢、欲望の像だった。その他にも、高慢はライオンに乗ってワシを持ち、嫉妬はハイタカを持ち、貪欲はオオタカを持つと描写されている部分もある。[31]ヒエロニムス・ボスは、木製のテーブルの天板に描かれた七つの大罪の中で、「嫉妬」をタカを持つ男を恋しげに見やる商人の姿として描いている。また、ステンドグラスやタペストリーにも、猛禽類に関連する似たような道徳的イメージが描かれている。

中世は人間にとっても、タカにとっても、特に獲物に対して冷酷な時代だった。鷹匠は鳥を愛し、その訓練にあたっては「優しさのすべて」をもって行なったが、少なくとも一部の鷹匠の訓練は残酷で、鳥を飼い慣らすために眠らせないようなこともあった。小説家のＴ・Ｈ・ホワイトは一九三〇年代に自分のオオタカを訓練するのに、一六一九年に出版されたエドマンド・バートの『*Treatise of Hawks and Hawking*〔タカと鷹狩りに関する論説〕』でこの方法を見つけ、最適な方法だと思い込んだ。

ホワイトは、次のように述べている。

タカを調教するのに、殴りつけて服従させるのは無駄である。昔の鷹匠は、目に見えるような残酷なことはせず、鳥だけでなく調教師も負担しなければならないような、ひそかな残酷性をもつ手懐け方を発明した。彼らはタカを二晩、三晩、あるいは九晩も寝かせないでおいた……。その間中、調教師は囚われの鳥に対して、あらゆる礼儀を尽くし、あらゆる優しさと配慮をもって接していた。

互いに不眠の夜が何日か続いた後、ホワイトが鷹小屋に入ると、オオタカが「私の方を寛容な軽蔑をもって見ていた。滑稽にも立ち尽くして待っている従順な下僕を見て、誰が奴隷なのか、タカは何の疑問ももたなかった」。鳥がついに下僕の手の上に飛び乗って食べてくださる気になった時、それは「歓喜だった！ 感謝と勝ち誇った気持ちで胸がはじけそうになった……それからの一日は喜びでいっぱいだった」。しかし、人と鳥の戦いはまだ終わっていなかった。

ホワイトのオオタカは、人慣れさせる時にまぶたを閉じられなかったのは運がよかったのだろう。しかし、幸いなことにアラブ人は目隠しのフード〔頭巾〕を発明しており、一六一九年当時でさえも、この不快な習慣はとうの昔に取って代わられていた。しかし、それはタカの不快感を取り除くためではなく、人間にとって便利だからだった。(32)

イギリスから中央ヨーロッパにかけての貴族たちは、ハヤブサや大型のシロハヤブサを使って狩りをしたが、通常狙うよりはるかに大きなクロヅルやアオサギを襲うよう訓練する必要があった（口絵⑩）。訓練は容赦なく行なわれ、まず最初はくちばしを縛られて歩くツルを攻撃させる。その後、より強い歩くツル、走るツル、目隠しをされて飛ぶツルと段階を踏んでいき、最終的に自信がつくと、自由に飛んでいる鳥を捕らえるようにした。(33)

ハヤブサが翼が広く頸の長い不格好なツルにすばやく飛びかかる光景は、狩猟隊を興奮させるものだった。一度攻撃されると、ツルは追っ手を振り切ろうとし、時には足で攻撃してくることもあった。[34] 一方、アオサギは通常、ハヤブサが近づくと相手の方を向いてくちばしで追い払おうとし、空中で体をくねらせながら、逃げようと必死になる。ツルやサギはハヤブサに反撃できるので、鷹匠の興奮をさらにかき立てた。

ツルは中世の祝宴で日常的に食されていたが、同じように残忍な手段で捕まえることもあった。鳥猟師は、紙に鳥もちを塗ってコーン形〔円錐形〕に丸め、その先端に餌を入れて畑の小さな穴の中に置いた。ツルが餌に誘われて中に頭を入れるとコーンが貼りついてしまい、「目隠し」されることになる。ツルは何とか逃げようとして空へ飛び出し、上へ上へと飛びつづけ、やがて疲れ果てて地上に落下し、簡単に回収された。[35]

アオサギの鷹狩りについて、ジョン・ショーは一六三五年にこう述べている。

　アオサギなどは……タカを見事に嫌がるが、それに対してタカはしかるべき方法をとる。彼らが空中で戦う時、特に努めることが一つある――それは相手より高い位置につくことだ。さて、タカ（ハヤブサ）が上手《うわて》に立つと、真剣で驚異的な飛行でサギを打ち負かして征服する。[36]

つまり、ハヤブサは（タカでアオサギやツルを狩ることはほとんどなかった）アオサギよりも高い位置に上がり、十分なスピードをつけて襲いかかり、無力化するか殺す必要があったからだ。もし、サギが傷ついて地上にいたら、短剣のようなくちばしで目を狙って電光石火のすばやさで攻撃してくるので、ハヤブサにとっても鷹匠にとっても実に危険なのだ。

ヒュー！と鳥が舞い降りてくる。二羽のハヤブサとアオサギが一羽、三羽が同時に降りてくるが、地面に着く直前に、二羽の老いたタカ（ハヤブサ）は獲物を放し、獲物は音を立てて地面に落ちる。獲物が立ち直る間もなく、タカが獲物に襲いかかる……。一羽は頸に、一羽は胴体に。勇敢なタカたちに万歳(37)！

鷹匠はアオサギの命を救うのに間に合うように到着し、ハヤブサにハトを与えるが、「アオサギを膝の間に挟んで、くちばしでハヤブサや自分を突けないような位置におく」。アオサギは二本の長く黒い羽を「名誉の証」のトロフィーとして抜かれ、捕獲者を識別するために足環をはめられて、その後、別の日に飛ぶために放される(38)。

これは、高貴なスポーツだろうか？

とはいえ、驚くべきことに、一五七五年に出版された古典的な狩猟書の一つ、ジョージ・ガスコイン著『*The Noble Art of Venerie or Hunting*〔犬と馬による高貴な狩猟方法〕』には、残酷さを懸念する詩がいくつか含まれていた。鳥ではなく、カワウソ、キツネ、雄ジカ、ノウサギに対してである。彼は、「人の心は、無害なものを傷つけて喜ぶほど、分別をなくしてしまったのだろうか」と問いかけている。狩猟の手引書のようなものに、このようなことが書かれているのは実に奇妙なことだ。ガスコインは、狩猟（および鷹狩り）が男らしさと血への渇望を称賛するものという深く根づいた考え方に異議を唱えたのかもしれない。歴史家のキャサリン・ベイツが「古典的ヒューマニズムとは相反して、狩人が野蛮で狂暴な野獣のようであり、追われる側の獣の方が優しく見えるという状態」を的確に表現している、と述べている。私の知る限り、鷹狩りの犠牲者に対する同情を表わしていると言えそうなものは、犠牲者の象徴として不思議にも絶望したボーイフレンドを挙げている例くらいである。[39]

プルタルコスやポルピュリオスといった古典的なモラリストも動物虐待に対する懸念を表明していたが、ほとんど無視されていた。一二世紀にはソールズベリのジョンが、狩猟は人格を残酷にするものだと主張した。実際、ハヤブサの獲物や猟犬が追うノウサギが経験する苦しみよりも、鷹狩りや狩猟が鷹匠自身にどのような悪影響を及ぼすかが重視された。動物虐待について考える少数の人々の間では、人間の視点が支配的となった。全体として、ディックス・ハーウッドがその著書『*Love for Animals and How It Developed in Great Britain*〔イギリスにおける動物愛とその発展〕』で述べているように、「一七〇〇年以前に動物に対する同情的な関心があったという証拠は非常にわずかである」[40]。

動物に対する敬意

何が変わったのだろうか？　その後、思いやりをもてる立場へ移行したのは、知識や「決定的な理性」が増したからではなく、「道徳的基準が徐々に高まり……人間の感情が作用できる領域が拡大した」結果だと考えられたのだ。[41]その始まりは、これまで見てきたように、動物への虐待が加害者にどのような影響を与えるかという懸念だった。この議論に大きく貢献したのが、一五世紀に書かれた『*Dives and Pauper*〔金持ちと貧民〕』という十戒の解説書で、金持ちが貧民と対話し、十戒に関する教えを請うたものである。第六戒の「汝《なんじ》、殺すなかれ」は、食用の動物や「人間にとって有害な」動物は除いて、残酷な行為や虚栄心から動物を殺すことを禁じている。「人は鳥獣に対して哀れみをもつべきで、理由もなく傷つけてはならない」……とキース・トマスが言うように、「これは注目すべき一節であり、動物虐待に関するイギリスの思想の発展をたどろうとする人にとっては非常に困る一節である。なぜなら、このテーマに関して一八世紀の作家はほとんどこうした立場をとったが、それと何ら違いのない立場をすでに、一五世紀の初頭に明確に表明しているからだ」。

実にゆっくりとだが、事態は変化しはじめた。ヘンリー八世の宰相、トマス・モア卿は狩猟を「屠殺の中でも最低で卑劣で忌まわしいもの」と考え、一六〇三年にはある牧師が「天国には鷹狩りは存在しない」と会衆に説いた。一七〇〇年代半ばからは、動物虐待に反対する文学が次々と生まれ、さらに詩人や一九世紀の作家ジョン・クレアなどの作品によって、一八〇〇年代後半には、動物に対する配慮がイギリスの中流階級の文化として定着するようになった。それでも、「(残酷さに対する意見のうち)すべての決め手になるのは貴族の意見だが、それが変化するには時間がかかった[42]」。

鷹狩りの人気は一五〇〇年代にピークに達したが、マスケット銃(鳥撃ち銃とも呼ばれた)が発明され、より効率的なことがわかると、鷹狩りは衰退していった。一六〇〇年代半ば、チャールズ二世が鷹狩りの復活に尽力したといわれるが、その理由は(おそらく下心があって)「女性にもてるので有利」と考えたからだ[43]。チャールズの努力にもかかわらず、鷹狩りは衰退しつづけ、ジャイルズ・ジェイコブは一七一八年の『*The Compleat Sportsman*〔狩猟家大全〕』で、「鷹狩りの娯楽は、タカの飼育と繁殖の手間と費用がかかるため、大いに廃れている。特に射撃好きは腕前が完璧になったので」とコメントしている[44]。

一八〇〇～一九〇〇年代にかけて、鷹狩りは少数の個人が続けていたが、イギリスやヨーロッパの一部、中東、北米で猛禽類の狩猟が本格的に復活したのは一九七〇年代だった。一九五〇～六〇年代にかけて、小型のアメリカチョウゲンボウが飼育下で繁殖に成功し、ＤＤＴなどの有毒化学物質がその繁殖に及ぼす深刻な影響について、研究者たちがより深く理解できるようになった。その結果、猛禽類の飼育が盛んになり、ハヤブサ、シロハヤブサ、オオタカなどが鷹狩りに利用され、アラブ世界ではハヤブサのレースも行なわれるようになった。それに伴い、猛禽類の飼育、訓練、維持の倫理についてかなりの検討がなされるようになった。現在、「プロ」の鷹匠、つまり鷹狩りを生きがいとする鷹匠の水準は非常に高くなっている。獲物が受ける残酷さについては、鷹匠のおもな論拠は、野生の鳥と同じことをさせているだけだ、獲物には逃げる機会がいくらでもあるので狩りの成功率は低い、鷹狩りは成功するかしないかなので、射撃と違って獲物が致命傷を負うことは少なく、長く苦しんで死ぬことはないということである。また、鷹匠は、自分たちのタカは飛んでいる時は、いつでも自由に飛び去ることができると強調している。(45)

中世の鷹狩りは、人間が動物を支配し、動物は人間と同じ身体感覚をもつことができないとするキリスト教会の信仰によって、残虐行為に対する無頓着な姿勢を育んだ。キリスト教の動物に対するこの考え方は、仏教やジャイナ教などの古代インドの信仰で動物にも感覚を認めて敬意をもって扱うのと対照的である。しかし、キリスト教圏なら誰もが同じ考えをもっていたというわけではない。中世にはごく少数の人々が鷹匠に反抗し、残虐行為そのものだけでなく、その腐敗を懸念し、動物への残虐行為が道徳的に間違っているかもしれないということをはるかな地平線の雲の中にかすかに示唆したのである。次の章では、この特別な地平線がどのように明るみはじめ、私たちと鳥との関係に根本的な変化をもたらすことになったかを見ていくことにしよう。少なくとも特定の社会では、慈愛と道徳の変化は非常に緩やかだった。しかし、始まりはここからだった。

私はブランズドン・ヤップには一度だけ会ったことがあるが、非常に印象に残っている。一九七〇年代に開催されたある学会で、ヤップが著名な鳥類学者と口論になり、農薬がハヤブサに壊滅的な影響を与えていることをヤップが否定したのだ。残念なことに、ヤップは農薬メーカーから給与をもらっていたことが後に明らかになった。反骨精神にあふれ、無愛想で知られたヤップは、一九九〇年三月一二日、八一歳で無名のままケンブリッジで死去した。訃報もなかった。彼の不幸と気難しさの原因は、一九四五年に結婚して五年も経たないうちに、妻のブリジットが三七歳で亡くなったことだろう。妻が病気になった時から、ヤップは二歳の娘を養子に出し、「家政婦たちと口げんかしながら」暮らし、ベンーレーと高級ワインと中世の写本に慰めを見出していたのだろう。(46)

ヤップの鳥類学的関心が、かつて暗黒時代と呼ばれた中世に向けられたのは、偶然ではないかもしれない。ヤップがこの時代の鳥類学に貢献したことは明らかだが、これから述べるように、ルネサンスの時代にも目を向けていれば、彼にとってどれほどよかったことだろう。

第5章 ルネサンスの思想

私は結婚すべきか、研究に人生を捧げるべきか？

――アレッサンドラ・スカラ[1]（一四九一年）

キツツキの驚異の舌

レオナルド・ダ・ヴィンチは未発表のメモやデッサンをたくさん残したが、Todoリストに何気なく書いた「キツツキの舌を記載すること」というコメントがある。

他にも、空はなぜ青いのか、ガンの足の水かきの働きは、また鳥はどのように飛ぶのかなどの項目があったが、キツツキの舌の件は中でも一番興味を引く課題である。

最近、ダ・ヴィンチの伝記を研究しているウォルター・アイザックソンは、「私が最初にキツツキについてのメモを見た時、たいていの学者と同様に、私も（それを奇妙な面白いもの）つまりレオナルドの果てしない好奇心の風変わりな性質を示す証拠と見なした。……しかし……レオナルドはそこから学ぶべきものがあると知っていた」と考えて、興味を惹かれた[2]。

ダ・ヴィンチはキツツキの舌の解剖図を残してはいないし　それ以上、メモにも言及はされていなかったが、くちばしから長い舌が飛び出している死んだキツツキかその絵を目にしたに違いない。

イタリアに分布していてダ・ヴィンチが出合った可能性がある種として、ヨーロッパアオゲラ、コアカゲラ、アカゲラ、アリスイ（これもキツツキの仲間）がいるが、みな長い舌をもっている。特に、ヨーロッパアオゲラとアリスイの舌は、くちばしの長さの三〜四倍もある。

私は、ダ・ヴィンチが見た可能性があるようなキツツキの古の絵を見つけることができなかった。ルネサンス以前には、外見以外に鳥の画が描かれたことはなかったので、驚くにはあたらないかもしれない。ダ・ヴィンチは鷹匠のハヤブサが捕らえたり、あるいは、鳥屋の屋台で売っていたキツツキを見たことがあったのかもしれない。カラヴァッジョの作（誤認）とされた一六〇〇年代半ばの作品に、鳥の死体をたくさん売っている鳥屋の屋台の絵がある（口絵⑪）。その絵には、ヨーロッパアオゲラ、コアカゲラ、アカゲラとアリスイの四種のキツツキが描かれており、他の資料から、少なくともたまには、キツツキも食されていたことがわかっている[3]。

ダ・ヴィンチがキツツキの舌に興味をもったのは、彼が技術者であり、物事の仕組みに執着していたからだ。ウォルター・アイザックソンが言うように、「好奇心と鋭敏さに満ちあふれていた」のである。アイザックソンはダ・ヴィンチがこの驚くべき鳥の構造に魅せられたことに困惑しているが、それは科学と人文科学の間に今なお隔たりがあることを反映していると思う。科学者なら、ダ・ヴィンチのコメントに対してそのように反応することはないだろう。動物の中には、驚くほど魅惑的な解剖構造をもつものがあることを認めたはずだ。

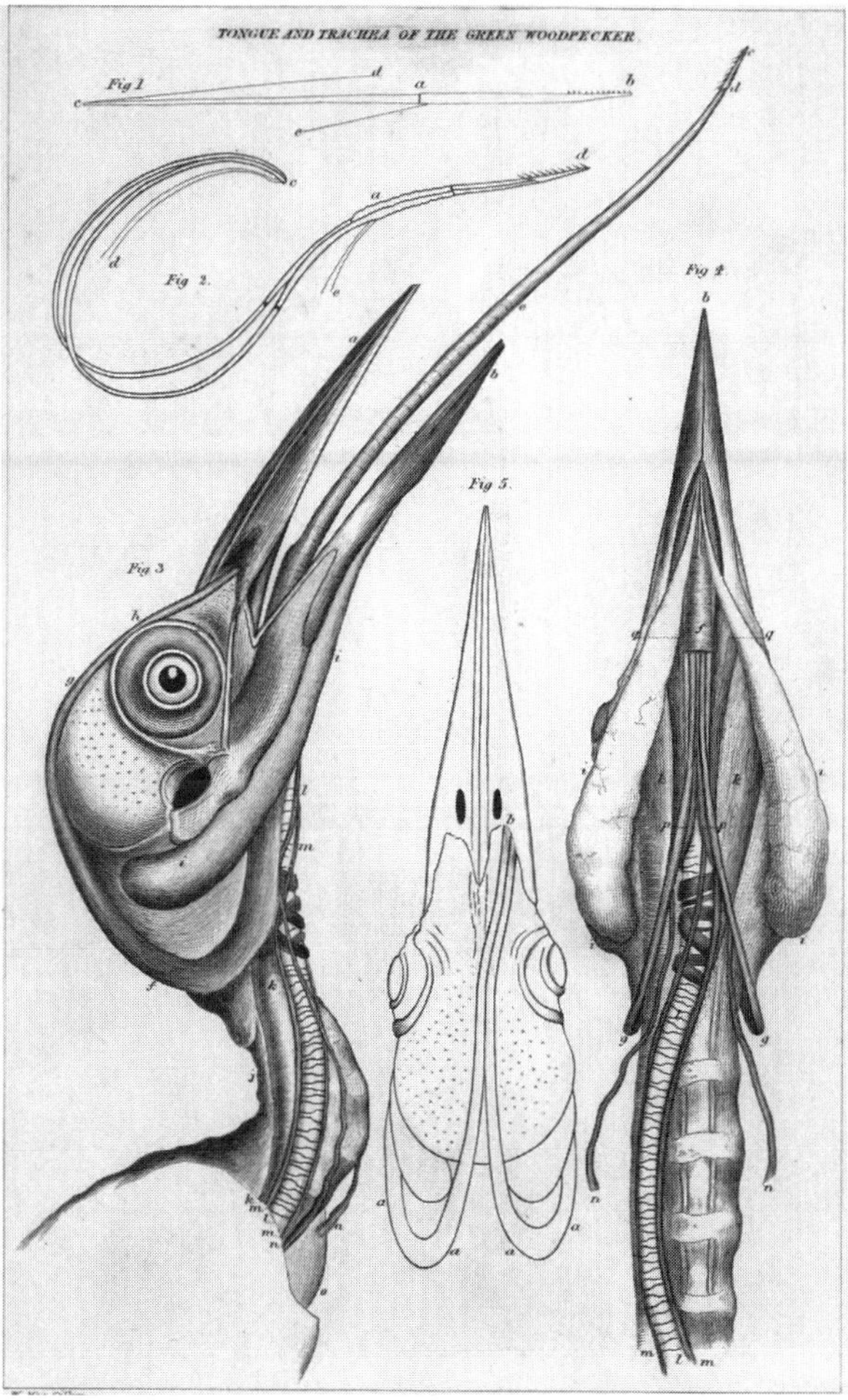

ヨーロッパアオゲラの驚くほど長い舌。

それに対して、科学者（あるいは鳥類学者）でない者にとっては、鳥の舌に興味をもつ人がいるというのは奇異に映るかもしれない。アイザックソンも、空を飛びたいという願望は誰でももっているとわかるのでダ・ヴィンチが鳥の飛翔に興味をもったことに抵抗はないだろうが、舌についてはどうだろうか？

そして、アイザックソンはようやく理解する。「もっとダ・ヴィンチのようになろうと頑張ったところ、自分でも舌の筋肉が好きになっていることに気づいた。彼が研究した他の筋肉はすべて、体の一部を押すのではなく、引っ張ることで作用するのだが、舌は例外のようだった」。これは人間や他の哺乳類の舌にも言えることだが、キツツキが舌を押し出す姿はまさに驚異的である。

かつて私は、ダ・ヴィンチに関する公開講座の一環でキツツキの解剖を行ない、そのすばらしい舌を披露したことがある。その標本はヨーロッパアオゲラで、何年も前に公園で死んでいるのが見つかってから、博物館の冷凍庫に眠っていたものだった。先端の細いメスを使って頭皮を剥がすと、まず巨大な唾液腺が現われた。その分泌液は舌の潤滑油となり、昆虫の幼虫を固定する舌先の「接着剤」になっている。頭骨の上部の皮膚をめくると、舌骨という非常に細長い二つの骨が現われ、その先端は右の鼻孔の中に入っている。この二本の細長い骨は、鼻の穴から頭骨の上まで丈夫なチューブの中を並んで走っており、そこで分かれて、それぞれ頭骨の下側を回って喉と口の中に入っていく。私は鳥のくちばしを開け、舌の先端をつかみ、そっと引っ張った。出てきた舌の長さに、観衆は息をのんだ。私も感激した。ちなみに、他の多くの鳥の舌は小さく、口の中にしっかりと根を張っているので、頭骨に巻きついてはいない。

キツツキの舌はあまりにも極端なので、創造論者は、「偶然」に、あるいは「少しずつ」進化することはできなかったと言う。したがって、神によって創造されたに違いないと主張するわけだ。彼らは、キツツキは世界中に存在しており、それぞれ多様な長さの舌をもっていることを知らずに、舌が半分しかないことに何の意味があるのか、と問うのだ。(4)

解剖学的研究の発展

それ以前の独断的なスコラ学の時代には、アリストテレスやプリニウスなどの先達によって書かれた文書が究極の権威だったが、ルネサンスの時代になると新しい技術や思考法、自然現象を観察するなどという自由の気風が生まれ、ダ・ヴィンチはその両方にまたがる時代にいた。活版が発明されて印刷された書籍が生産されるようになって、知識革命と民主化がもたらされた。ギリシャの哲学者が再発見されると、芸術、建築、科学にも同様の影響が及び、教義よりも観察が重視され、解剖に対する態度も寛容になった。異国の地が発見されて探検が進むと、視野が広がり、新しい知識の蓄積が加速した。ヨーロッパでは、人口の増加に伴って、農業の効率向上と食料の増産が求められた。

これらの変化はすべて、私たちと鳥との関係を一変させた。人間や鳥類を含む脊椎動物、無脊椎動物を解剖してみたことで、異なる種類の生物間の関係に関心が高まったのだ。一五五五年にピエール・ブロンが描いた鳥と人間の骨格の類似性は、この比較という方法を見事に捉えている。(5)

古代ギリシャでは人体を解剖して内部構造を記述しており、アリストテレスは九種の鳥類の内部構造を調べていた。(6)アリストテレスは、「嗉嚢」と「砂嚢」を区別していたが、どちらも食物を貯蔵するためのもので、消化は別の場所で行なわれると誤って考えていた。アリストテレスはまた、鳥類の気嚢を特定した可能性もあ

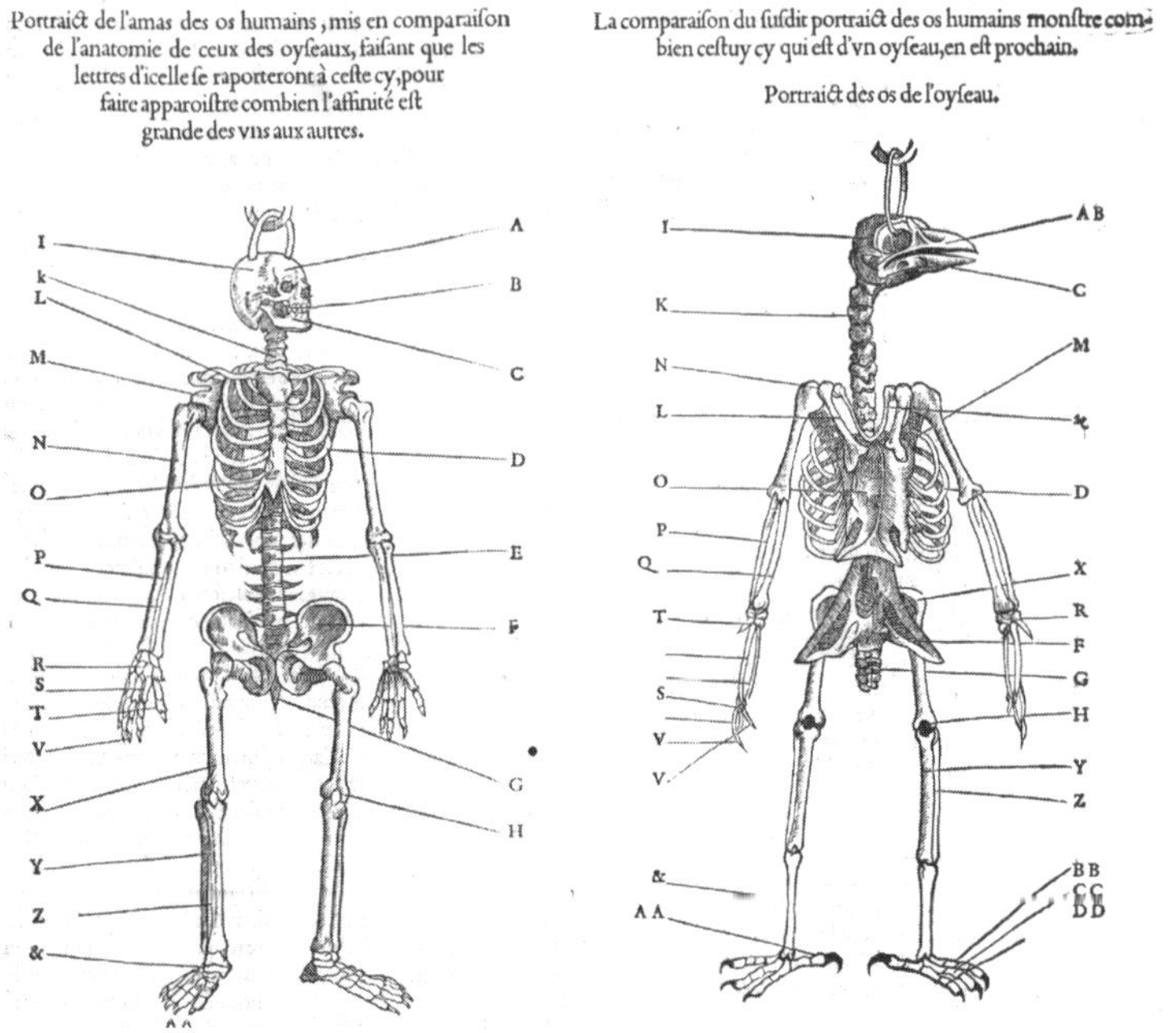
Portraict de l'amas des os humains, mis en comparaison de l'anatomie de ceux des oyseaux, faisant que les lettres d'icelle se raporteront à ceste cy, pour faire apparoistre combien l'affinité est grande des vns aux autres.
La comparaison du susdit portraict des os humains monstre combien cestuy cy qui est d'vn oyseau, en est prochain.
Portraict des os de l'oyseau.

ピエール・ブロンによる人間と鳥類骨格の比較図。左：ヒト、右：鳥類。

る。現在では、気嚢は鳥類がもつきわめて効率のよい呼吸器系の一部をなしていることがわかっている。一二世紀には人体解剖は好まれなくなり、ヨーロッパにキリスト教が出現すると「合理的な思考や研究の発展が麻痺《まひ》」し、人体解剖は禁止された。しかし、一三世紀にフリードリヒ二世が「解剖学的研究のために、少なくとも五年に一回は人体を解剖すること、医学や外科学を実践しようとする者はすべて出席を義務づける」という法令を発布した。[7] その結果、一三一五年にボローニャ大学で、初めて合法的な人体解剖が行なわれた。しかし、この初期のデモンストレーションは、想像するほど啓発的なものではなかった。教授が離れた演壇に座り、解剖学の教科書を読み上げながら解剖の指示をした。実際の解剖を行なったのは理髪師兼外科医であり、さらに「指示者」が観客に関連箇所を指し示した。そのため、解剖で実際に現われたものとは関係なく、テキストから読み上げられたものを全員が見るという制限があったのだ[8]。

教会による規制が緩和されたので、解剖学的な研究が盛んになった。フィレンツェはその中心地であり、ダ・ヴィンチを筆頭に、人間を空へ飛び立たせる方法を発見しようと、鳥が飛ぶために使う筋肉を解剖したのである。しかし、ダ・ヴィンチはこの解剖学的研究を発表しなかったため、人づてにその成果が伝わっただけで、ほとんど影響を及ぼさなかった。アイザックソンが言うように、ダ・ヴィンチは「知識に対する情熱は強かったが、広めることへの情熱はさほどでもなかった」のだ。しかし、他の人々は、生命（あるいは死）をより徹底して観察する新しい方法を熱烈に採用した。ブロンの予想通り、こうした解剖学的研究で、私たち人間がいかに鳥類と似ているかが示された[9]。

従来、動物と人間は別物だという主張があり、ルネサンス期の有力な哲学者ルネ・デカルトは、人間と動物の類似性に人々が振り回されないように、中世の説を説得力をもって示した。デカルトは、動物には魂がない、したがって痛みを感じたり、恐怖や不安といった感情を抱くことはできない、と述べた。デカルトにとって動物は単なる機械であり、教会もこの考えを喜んで奨励しつづけた。ルネサンス期以降も、動物の虐待や悪用は続き、生体解剖やその残酷な行為は、発見の過程の一部として続いた。

人間と他の生物は、解剖学的には似ているが精神的には異なっている、というのは現代人には矛盾した奇妙な考えに思える。しかし、ルネサンス期の人々にとっては、それは矛盾ではなく、神の偉大な計画の一部であり、その計画を人々が解読できるようなパズルとして提起したに過ぎなかった。ここにも皮肉がある。二〇〇年頃に没したローマの医師ガレノスは、ルネサンス期まで人体解剖学の権威だった。しかし、一五四一年、フランドル地方の医師アンドレアス・ヴェサリウスが彼の著書を精読したところ、ガレノスの研究はすべて人間以外の動物に基づくものだということが判明した。ローマでは人間の解剖が禁止されていたため、人間ではなくバーバリーマカクというサルを解剖しており、彼は人間も同じだと思い込んでいたのだ。その結果、ガレノスの著作にはいくつかの誤りが含まれている。

ヴェサリウスはパドヴァ大学で外科学と解剖学を教えていたが、その一環として、人体解剖を理髪師兼外科医の助手に任せるのではなく、自分で行なった。この実体験から、彼はガレノスの誤りを見抜き、ガレノスの著作の新版を準備していたにもかかわらず、あるいはしていたからこそ、一五四三年に自著『*De humani corporis fabrica libri septem*〔人体の構造（ファブリカ）〕』を出版することにしたのだろう。このヴェサリウスの『ファブリカ』には、ルネサンス期を代表する斬新な視覚表現である壮大で鮮明なオリジナル木版画が載っており、その名はヨーロッパ中に轟《とどろ》いた。ヴェサリウスはガレノスの誤りを数多く正したがそのまま残した誤りも多かったので、その優れた点にもかかわらず、本文はガレノスの書いたものにほぼ基づいている。ある解説者が言ったように、ヴェサリウスが「これほど多くを開示しながら、これ以上の発見をしなかった」のは不思議である。その理由の一つは、ヴェサリウスが人間と他の動物との比較をする気がなかったことにある――彼は比較解剖学者ではなかったのだ。(10)

ヴォルヒャー・コイターは、ヴェサリウスから三〇年後にパドヴァに移り住んだフリジア人の学者だが、このような制約は受けなかった。彼は、ルネサンス期の医学界の大物たちの下で修行を積んだ。ガブリエーレ・ファロッピオ〔ファロピウス〕、バルトロメオ・エウスタキ、ウリッセ・アルドロヴァンディ、ギヨーム・ロンドレといったルネサンス期の偉大な医学者たちに師事していた。アルドロヴァンディは、後にルネサンス期に

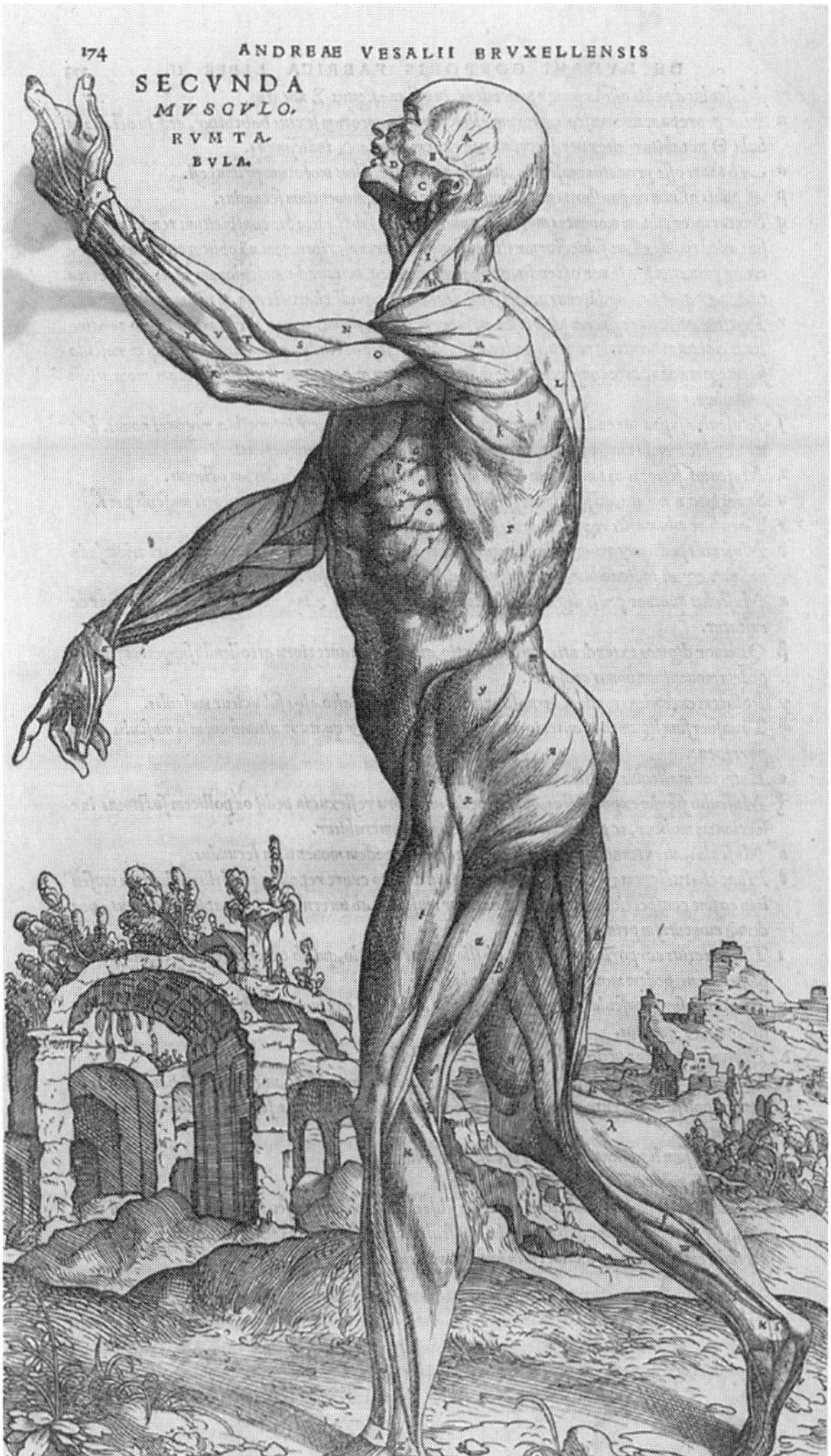

アンドレアス・ヴェサリウス著『人体の構造（ファブリカ）』（1543年）に掲載された優れた解剖図の一つ。

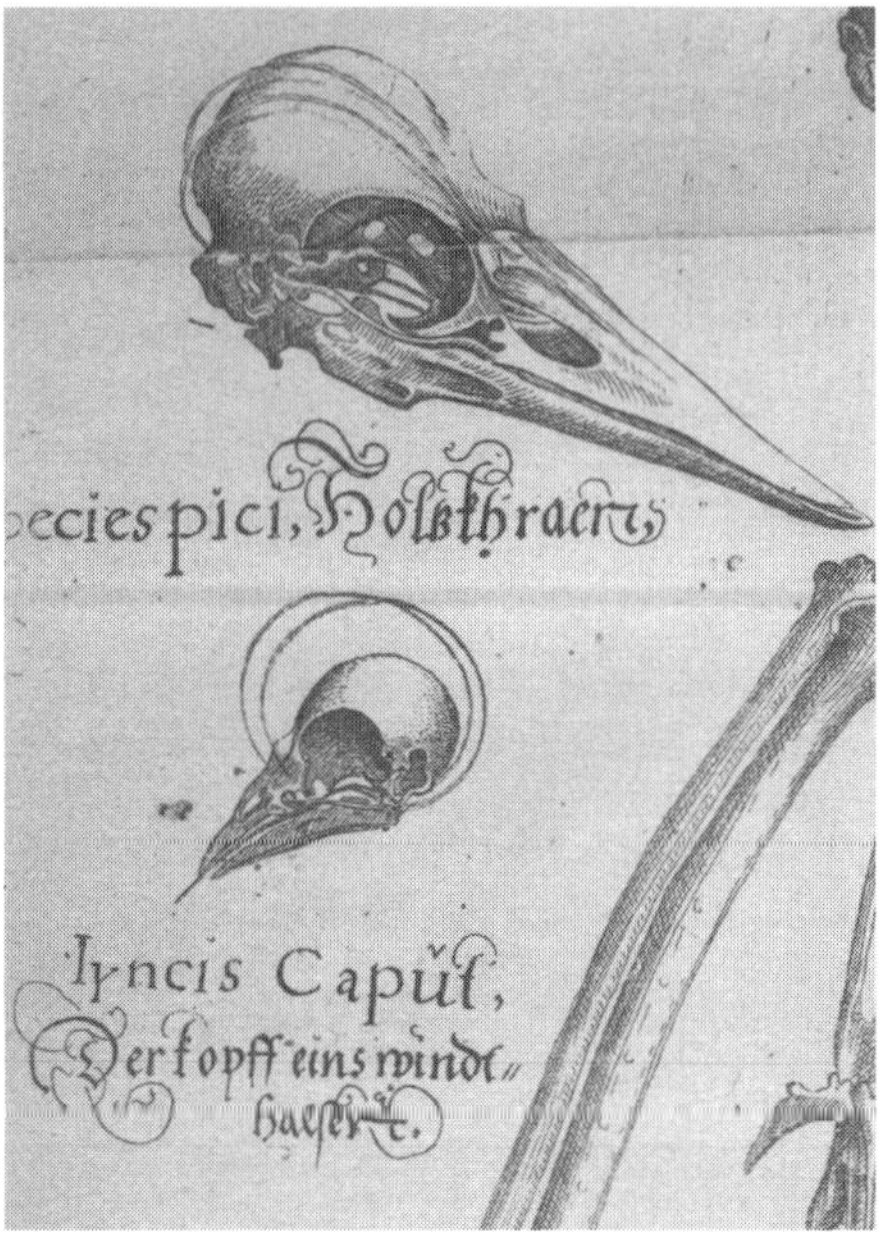

キツツキとアリスイの舌、および特に長い舌骨が口や頭骨の後ろを通って、片側の鼻孔に付着していることを示したヴォルヒャー・コイターによる図。

おける鳥類学の偉大な作品の一つを制作している（口絵⑨）。コイターは、カメ、ワニ、トカゲ、ヘビから、ブタ、ヤギ、馬、オオカミ、キツネ、ハリネズミ、コウモリ、そして、ハシグロアビ、カワウ、クロヅル、ニワトリ、ホシムクドリ、アリスイ、アカゲラなどの興味深い鳥類まで、実にさまざまな動物の解剖を行なった。

一五六四年、コイターは三〇歳の時にボローニャの外科教授に任命されたが、生活は決して楽なものではなかった。理髪師兼外科医の不適切な行為を公然と批判したために敵をつくることになり、その成功を嫉妬した同僚からも陥れられることになったのだ。さらにプロテスタントに改宗したことでとりわけ立場が弱くなり、「学生たちが街で喧嘩をした後（コイターが）逮捕され、拘束されてローマに送られた」。一年後、氏名不詳のある人物の協力で彼は釈放された。一五六九年、彼はニュルンベルクの町医者に任命され、「残酷な経験によって屈辱を受けて不幸になった」にもかかわらず、ここで重要な医学書と鳥類の画期的な解剖学的研究を発表した。まさに、コイターは一五七五年にキツツキの長い舌とそれを伸縮する筋肉の説明を初めて図解したことで、ダ・ヴィンチが残した空白を埋めた人物になったのである。[11]

オオハシの真実を求めて

先ほど紹介したピエール・ブロンは、一五五〇年代に鳥類事典を執筆する際に、オニオオハシの乾燥した頭部を手に入れた。彼はその頭骨が軽いことと、ギザギザのくちばしには鼻孔がないように見える点を正しく指摘した。ブロンは、この鳥を自分の分類に当てはめるために、他の部分の形を想像しなければならなかった。くちばしの縁が鋸状になっている鳥はアイサ（鋸嘴鴨と呼ばれていた）くらいしか知らなかったので、ブロンは不本意ながら（と期待するが）オオハシを水禽の仲間に分類してしまった。

オオハシの頭部が初めてヨーロッパに現われたのは、ペドロ・アルヴァレス・カブラルがブラジルを領有した直後の一五〇〇年代初頭のことである。一五二六年、スペインの博物学者ゴンサロ・フェルナンデス・オビエド・デ・バルデスがオオハシについて「ウズラよりわずかに大きいが、『美しく、厚く、多彩な色の羽』のため、はるかに大きく見える」と記述したのが最初とされる。また、くちばしは体全体よりも重いと言っているが、これは誤りである。[12]

Portraict d'vn bec d'oyseau apporté des terres neufues.

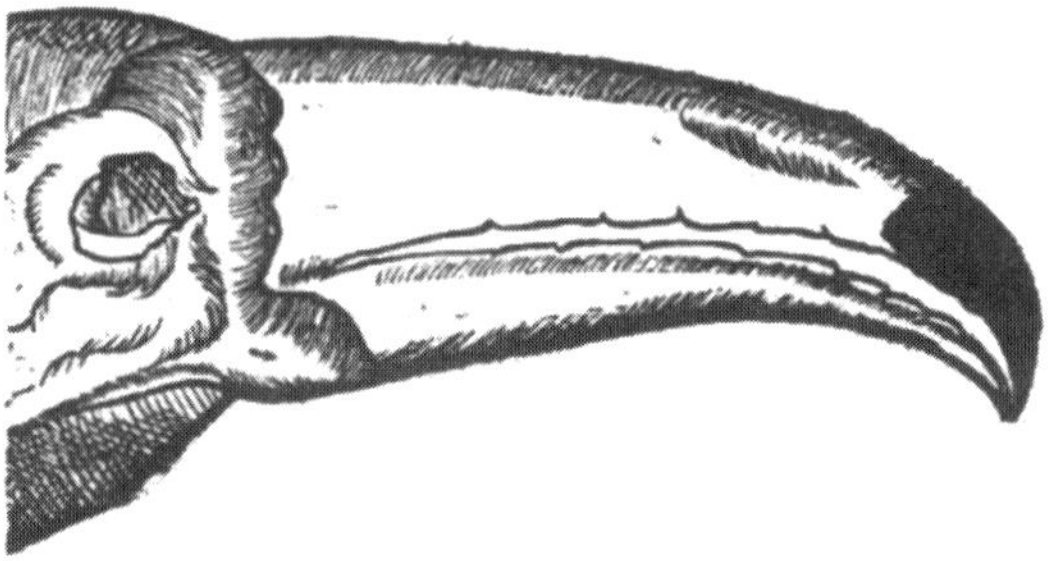

新大陸で発見された未知の鳥のくちばし。ピエール・ブロンが1555年に描いて、論じた。これは、もちろん、オオハシである。

後世の作家は、オオハシに鼻孔がないのは、嘴縁《しえん》のギザギザのためにくちばしを完全に閉じることができず、口で呼吸しているために不要か、あるいは、くちばしで呼吸していたのか、どちらかであると説明した[13]。

一五五五年と一五五六年に一〇週間にわたって「南極フランス」(ブラジルのこと)を旅したフランスのフランシスコ会司祭アンドレ・テヴェは、オオハシについて書かれたブロンの本を読んだ後、一騎打ちのチャンスと考えた。自著『*Les singularitez de la France antarctique*〔南極フランスの特異点〕』では、オオハシの羽が帽子などの衣服に使われたことを紹介し、オオハシが水生であるというブロンの説を「私の経験にはない」と嘲笑している。テヴェは、ブロンが見つけられなかった鼻の穴を描き加えてようやくイラストを完成させた。テヴェが、「してやったり」と思っているのがよくわかる。しかし、鼻の穴の位置を間違った場所に描くという失態を犯した上、オオハシの足指は本来は前後に二本ずつなのに、前三本、後ろ一本と間違って描いてしまい、自らの首を絞めることになってしまった。もちろん、当時はテヴェの図版が誤りだとわかる者はいなかったが、標本が増えるにつれて自分で間違いに気づき、一五七五年の図版の焼き直しで、誤った鼻孔は消え、足指もより正確に描かれるようになった。それでも、くちばしは不釣り合いなほど大きく、鳥は上半身が恐ろしく重そうに見えるなど、どちらの絵もお粗末なものだった[14]。

鳥類学者が新天地で新発見をする際には多くの問題に直面するが、オニオオハシの物語はそれを集約している。未知の鳥や外来の野生動物に関する不正確な記述や図版は、文献の中に潜り込み、そこにとどまって誤った情報を発信するものなのだ。

このオオハシの問題は、ブロンと同時代のライバルであるスイスの学者コンラート・ゲスナーが、同年に自著の鳥類百科事典を出版したことで、さらに混乱した。ゲスナーはオオハシという鳥を知らなかったためこの本ではオオハシについてまったく触れていないが、その落ち度を正そうと、後の一五六〇年に出版した『*Icones avium omnium*〔鳥類図鑑〕』にオオハシの図を掲載することにした。しかし、ゲスナー自身が認めるように、その図は鳥類学上のごった煮だった。くちばしはオニオオハシのものだが、体はテヴェの記述に基づく別種のオオハシだった。また、三本の指が前方に向いていて、ゲスナーは存在しない鳥をつくり上げてしまった。しかし、この架空のオオハシはその後二〇〇年近くも生きつづけ、一七〇〇年代に絶滅するまで、次々と作家によって模倣されつづけた[15]。

しかし、ブロンは、このようなあまり知られていない鳥も無視せずに、よりよい情報が得られるまでは、少数だが成長を続ける科学者たちの間で議論と討論を促すために、特別に取り上げたのだ。つまり、ブロンは、この分野の発展を願って、仲間に正体や類似性に関する提案を求めたのである。それは、鳥と人間との新しい関係を築くという、開放的で仲間思いの行為だった。

「有害鳥獣」の指定と駆除

一五〇〇年代は、大変革の時代だった。一方では、イギリス、フランス、スペイン、ポルトガルなどの国々が遠く離れた土地に船を派遣し、大航海をくり広げていた。他方、一五三三年にヘンリー八世がローマのカトリック教会と決別し、イギリスの宗教改革を行なった結果、修道院の財産が没収され、王室とその寵臣の財産が大幅に増加した。

特権階級にとっては、テューダー朝時代(一四八五〜一六〇三年)は黄金の時代だった。しかし、田舎に住む多くの大衆にとっては、「飢え、窮乏、病気、失業、死との絶望的な日々の戦い」だった。一三〇〇年代を通してペストが流行り、ヨーロッパと北アフリカが荒廃して人口の半分ほどが死亡したが、ペストの発生はその後二世紀にわたって続いた。一五二五年までには人口が回復しはじめた。その結果、農村の貧困層が抱える問題はさらに大きくなった。人口の増加に伴ってさらに多くの食料が必要となり、地主は自分たちの家畜の放牧地を増やすために、貧民が依存している共有地を取り上げた。長く厳しい冬と夏の天候不順で収穫が不安定になり、一五〇〇年代半ばには相次ぐ不作により、農村の貧困層は深刻な苦境に追い込まれた[16]。

農耕が始まって以来、ある種の鳥は農民の悩みの種だったが、一五〇〇年代になると、人と鳥の間で食物資源をめぐる競争が激しくなった。鳥や野生動物が大切な農作物を蝕《むしば》むのを目の当たりにして、土地で生計を立てていた人たちが絶望したのは想像に難くない。この絶望の結果、一連の有害鳥獣駆除法が生まれたが、これは貧しい人々を保護するためというよりも、社会の一体感を生み出して以前のような社会不安を回避しようとするものだった。カトリック教会と決別したヘンリー八世は、イングランド再結成のため政治的、宗教的変革を始めようとしており、国民の支持を必要としていた。国民に十分な食料を確保することも計画の一部であり、一五三三年、彼は貧しい人々を害鳥から守ることを目的とした最初の議会法を成立させた[17]。

我が国では、無数のミヤマガラス、カラス、ベニハシガラスが日々繁殖しては増えており、毎年、驚くべき量のトウモロコシやあらゆる種類の穀物をダメにしたり食い荒らしたりして、消費している[18]。

これが、イギリスのすべての教区にカラス捕獲用の網を設置し、カラスやベニハシガラスを一羽捕獲するか、殺すごとに報奨金を支払うことを定めた法律の正当な根拠とされた。教会管理者は、網を用意し、必要な記録を取り、報奨金を支払うことになっていた。

ヘンリー八世の娘であるエリザベス一世の時代には、動物との競争が激化し、一五六六年の「穀物保存法」では、一九種類以上の鳥と一三種類の動物を「有害鳥獣」として認定している。実際、穀物、家禽、果物、魚など、人々の利益を害すると考えられるものはすべて正当な標的となり、人々は「網、エンジンなどの道具」を使う自由はあったが、「拳銃や石弓」を使うことは認められなかった。特に、「ベニハシガラス」（ニシコクマルガラスを含むと思われる）を含むカラス類が標的にされた。また、果樹の芽を摘むウソや、刈り入れ前の穀物を食べるイエスズメやスズメも同様だった。池や川は魚の重要な供給源なので、教会で肉食が禁止されていた時代には貧富の差にかかわらず重要なものだった。したがって、カワウ、ヨーロッパヒメウ、ミサゴ、カワセミなどの魚食性の鳥が迫害されたことは予想できることだった。教会管理者が支払う報奨金は、その動物がもたらすと思われる被害によって異なり、カラス、猛禽類、ヨーロッパアオゲラ、フィンチ類、カワセミの首一二個につき一ペンス、キツネ、アナグマ、ヨーロッパケリガイタチ、イタチ、オコジョの首はそれぞれ一二ペンス、カワウソやハリネズミはそれぞれ二ペンスだった。

この法律では、タカ、アオサギ、ウサギ、ハトなどの繁殖を妨げてはならないと注意書きされており、これらは紳士なハンターたちの楽しみのためにとっておかれた。

これらの法律がイギリスの野生動物に与えた影響は、決して侮れない。この法律は、イギリス貴族のゲノムに害獣駆除の遺伝子を挿入する（あるいは、すでにある遺伝子を倍加させる）ようなものだった。その後、イギリスやヨーロッパの田園地帯では、三世紀にわたって、何十何万という鳥類や哺乳類（爬虫類や両生類も含む）の無差別殺戮が絶え間なく続けられたのだ。それ以来、この遺伝子（正確にはミーム）の効力をなくそう、あるいは弱めようという努力は、今のところ報いられていない。

このように無慈悲な迫害と殺戮によって個体群が大幅に減少した種もいるし、さらに悪い影響は、多くの人々に、ある鳥や哺乳類は「有害鳥獣」なので殺してもよいという概念を植えつけてしまったことである。これは、人とそれ以外の生き物には「我々と彼ら」という区別があり、人間はすべてを支配しているという観念が持続し、さらに誇張されたということである。しかも、法的にも正当化されたわけだ。

イギリスのテューダー朝時代に、野生動物が広く、ほとんど無思慮に迫害されたことは、同じように無知な勅令を思い起こさせる。一九五〇年代後半から一九六〇年代初頭にかけて、中国の毛沢東が大躍進政策の一環として、穀物を好むスズメ類（おもにスズメ）を殺すように指示した。もちろん、人民は従ったが、その結果生態系が破壊された。スズメは穀物を食べるだけでなく、作物を食べる昆虫も大量に食べていたが、何百万羽ものスズメが死ぬとイナゴの大群が現われて稲作を壊滅させた。このように生態系のバランスが崩れた結果、一五〇〇万～四五〇〇万人が死亡するという、史上最悪の人為的な大飢饉が発生したのだ[19]。

イギリスではテューダー朝時代から、中国ほどではないが、スズメ類の特にイエスズメが迫害された。その理由の一つは、スズメ類が穀物を食べることと、あまりにも数が多いことだった。数が多ければ多いほど、有害動物として指定されやすい。スズメ類は極端な虐待の対象になっていた。一八〇〇～一九〇〇年代初頭にかけて、イギリスや大陸には「スパロー・クラブ」という、捕獲して射撃クラブに売られた鳥を単に撃ち落として楽しむ娯楽の場ができていた。現在、イギリスではイエスズメとスズメの個体数は大幅に減少している（そして、大いに惜しまれてもいる）。

鳥の薬効

ヘイスティングスの戦い（一〇六六年）の四年後、フランスからイギリスに到着し、ノーフォーク北部の海岸にあるハンスタントンに居を構え、一九四〇年代までそこに住んでいたレストレンジという一家がいた。トマス・レストレンジ卿は一五二〇年にフランスで行なわれた「金襴《きんらん》の陣（イギリスとフランスの王による会談）」で、「ヘンリー八世の着衣係」（王の着衣と脱衣の担当者）を務めた人物である。一五一九～四五年にかけてトマス卿と妻のアン夫人が作成したハンスタントン家計簿は、この時期の鳥との関わりについて独自の洞察を提供しており、領地の管理人や地元の鳥猟師が調達して、一家が食用にした鳥が記されていた。この記録には、野鳥調達者の名前、納品日、鳥の入手方法（その生死、通常は死んでいたが）、レストレンジ家が鳥に対して支払った代金も含まれていた[20]。

このような記録を今見ると、鳥の名前に目を見張るものがあるし、中には、さらに調べなければ理解できないものもある。

「ポペラー」とはくちばしの形状にちなんだ中世の名前で、ヘラサギを指す。この種がハンスタントン領地やその周辺で繁殖していたことはほぼ確実で、食卓にはアオサギと同じように巣から釣り上げられた幼鳥が登場する。一五二一年、ヘンリー八世の大法官だったウルジー枢機卿がこの地を訪れた際、ハンスタントン領地からヘラサギ三羽、サンカノゴイ三羽、ハクチョウのヒナ一〇羽、食用オンドリ一二羽、チドリ一三羽、および魚ではカワカマス八尾、テンチ三尾が贈られたようで、まさにごちそうだった。(21)

一五三八年一〇月二〇日、ジョン・シフは「woodcock, a spowe and a cokell doke」に対して三ペンスを受け取った。ヤマシギはとてもおいしい鳥だが、サクソン人が命名(wuu-coc または wudecocc)した後、他の地方名をつけなかった数少ない種の一つのようだ。他の二種のうち cokell doke は、潜水性のカモを示唆する cockle duck から推測でき、この地域に多く生息していたヨーロッパクロガモと推測される。(22)

アイスランドやスカンジナビアで知られている名前(*spoi, spou, spof, spove*)と表面的に似ていることから、spowe はチュウシャクシギのことだと思われた。しかし問題があり、現在ではノーフォークの海岸でチュウシャクシギが見られるのは四月下旬から五月にかけて北上し、七〜一〇月にかけて再び南下する際に現われる時だけである。家計簿の日付を見ると、spowe が入手できたのは九〜一二月にかけてのみであり、明らかに越冬鳥だということがわかる。他の水鳥をすべて検討した結果、同僚のフレッド・クックと私は、この種はオオソリハシシギしかありえないと判断した。(23)

当家に持ち込まれた鳥はその他にも、ダイシャクシギ、タシギ、コオバシギ、タゲリ、ヨーロッパムナグロ、コバシチドリ、アカアシシギ、小型シギ類、コガモ、ヒドリガモ、コクガン、ツクシガモ、コウライキジ、ヨーロッパヤマウズラ、ノガン、クロヅル、アオサギ、ヨーロッパウズラ、クロウタドリ、ヒバリ、ホオジロ類がいた。一家のメニューにはさらに、ネズミイルカやカワカマス、ニシン、若いタラ、ヤツメウナギ、ヨーロッパツノガレイ、ホウボウ、ヨーロッパスズキ、ガンギエイ、スプラット、シタビラメ、サケなどの海水魚もあり、多様なタンパク質に富んだ食事を楽しんでいたことがわかる。鳥は網か、馬の毛でつくった縄で捕まえるか、石弓で仕留めた。水鳥は犬（スパニエル種）を使って回収され、一五三三年にハンスタントン領内で初めて銃で仕留められた鳥はバンだった。ハンスタントンの部屋住み鷹匠は、見世物用ではなく純粋に実用的な方法でオオタカを使ってウサギやヨーロッパヤマウズラなどを仕留め、一五三三年六月には鷹匠のチゴハヤブサがヒバリを一四羽捕ってきた(24)。

このようなすばらしい家庭の記録は、ダニエル・ガーニーの言う「上流階級の人々」の生活を垣間見ることができる貴重なものだ。その人たちは、さまざまな鳥の品質や風味と支払うべき価格を強く意識していただろう。しかし、味だけではないのだ。レストレンジ家は、一六世紀初頭に出版されたアンドリュー・ボードの医学書『*Dyetary of Helth*〔健康的な食事〕』を所蔵していたかもしれない。そこには、多様な鳥類の良し悪しが記載されていた。「野鳥の中でもキジは最も優れている」「ツルは消化しにくく、悪血を生じやすい」など、これもまた貴族の間では常識だったのではないだろうか(25)。

その後、多様な鳥類を含むさまざまな食物の効能について、より包括的に書かれたのが、一五九五年頃に書かれたトマス・マフェットの『*Health's Improvement*〔健康増進〕』である。ヨーロッパヤマウズラは「持続力を強化し、体を太らせ、性欲を高める」、ノガンは「珍しい栄養を与え、血と子種を回復させる」、ウズラは

「最も繊細な肉」、タゲリは「非常に甘く繊細な肉」、コガモは「甘い味」、タシギは「とても消化が軽い」といわれている。このような料理は、ほとんどの人の胃袋に合う。若いオスのスズメの肉は「ストーン（睾丸）や脳と同様に」、「生来冷え性で夜の楽しみができないような人々に」、つまりインポテンツの治療薬として提供されるべきだとした。欲望、淫乱、「子種」の補充は、鳥を食べることの利点の上位に挙げられていたようである。[26] 仮にそれが真実ならば、現在でもそう言われるだろうけれど。

ボードやマフェットの著書から判断すると、人々（まあ、おもに男性）は、鳥（や他の動物）を食べることで消化器系や性欲に及ぶ影響に夢中になっていたようである。腸の緩みやその逆は常に悩みの種だった。ヒバリのスープを飲むと下痢をするが、ヒバリの肉を食べると便秘になる。また、アオサギを「青焼き」、つまり下茹でせずに食べると、「痔《じ》になって、痛む」可能性があった。もっと積極的にいえば、カモ、シチメンチョウ、ヨーロッパヤマウズラ、ノガン、スズメは、性欲と「子種」を増やすと考えられていた。さまざまな動物の睾丸は「腐った体に奇跡を起こす」といわれ、「豊富な子種によって欲望をかき立てる」のだという。実際、マフェットは続けて、「雄ジカは老若を問わず、発情期を迎える時、その睾丸やピゼル（陰茎）が同じような目的で採取され、ニワトリ、キジ、カモ、ヨーロッパヤマウズラ、スズメの若いオスの睾丸については、いかに高く評価されているか書いても追いつかないほどだ」と述べている。[27]

ルネサンス期の人々が、特定の鳥の消化の良し悪しや性欲への影響について考えることから、その薬効成分について想像することは、ほんの一歩に過ぎなかった。一五〇〇〜一六〇〇年代にかけて、病気や不健康が蔓延したが、有効な治療薬や鎮痛剤がほとんどない時代だったので、当然である。便秘で引き起こされたり悪化したりする「痛い痔」は、その名の通りに生活を耐えがたいものにする可能性があった。ペスト、ハンセン病、梅毒、あるいは「結石」のような病気が、人々の生活を脅かしていたことは明らかだ。治療薬はたいがい多様な植物から調合される薬草で、植物の外観（兆候）を見て、（神が）治癒を意図した病気との関連性を「兆候の教義」とし、それに基づいたものが多かった。たとえば、Lungwortと呼ばれるプルモナリアは、その葉に肺炎を起こした肺に似た斑点があることから、肺炎の治療に使われた。また、その逆もあり、たとえば、セキレイが尾を震わせていることから、震えを伴う麻痺（パーキンソン病）を連想して、セキレイを食べるのを避けたという話もある。この「教義」の考え方は、一世紀のギリシャの医師ディオスコリデスに端を発し、ボードとマフェットの著作が出版される直前の数十年間に、より優れた知識をもつパラケルススによって広められた。

そうなると、鳥類やその一部が特定の症状の治療に使われていたとしても、驚くにはあたらない。翼の下から血を抜いたドバトの肉は、「殺してすぐに炙《あぶ》ると」「大いに血を増やし、弱った人に熱を与え、腎臓を清め、衰えた精神をすばやく回復させる」といわれている。いかにもおいしそうな料理なので、この話には信憑性がある。

さらに、ニワトリの肉は消耗（結核）に、キジは「結核の熱」に、ツルの脳は「痔核」に効くと真剣に考えられていたのだ。

少なくとも私には、ルネサンス期のヨーロッパで、一五〇〇年以上も前に処方された治療薬を使って病気を治療していたことが、驚異的に思える。これは、人々が古代の知識を信頼し、逸話的な証拠やプラシーボ効果を信じていたことの証である。そして、信頼することで進歩が妨げられることが証明される事例でもある（そんな証明の必要があるとすれば）。カッコウの灰を食べると本当に「結石」の症状が緩和されるのか、誰も確かめようとはしなかったようだ。

ホメオパシー薬〔同種療法〕や二〇〇〇年以上も変わらない治療法が他の地域で使われつづけていることに、西洋人は驚き、時には呆れることもある。たとえばアフリカでは、三〇〇種以上の鳥類が伝統薬として地元の市場で販売されているという記録がある。タンザニアのマサイ族に関する最近の研究では、ダチョウ、アフリカオオノガン、キタベニハチクイ、ミドリオナガタイヨウチョウ、ミツオシエ、タカ、サギなど、一五〇種以上に及ぶ鳥の体の一部（骨、血、くちばしなど）を伝統薬として使っていることが明らかになった。

マサイ族の治療法の中には、古代やルネサンス期のヨーロッパの治療法と似ているものがあるのが興味深い。マサイ族は、フラミンゴ、ダチョウ、ニワトリなどさまざまな鳥の脂肪を耳の中に入れて、耳の感染症を治療する。ヨーロッパでは、サギやツルの脂肪が使われていた。マサイ族はてんかんに、オオヤマセミのくちばしの灰や、キンランチョウ属の羽を投与する。ヨーロッパでは、トビだった。中世・ルネサンス期のヨーロッパでは、鳥や植物を燃やして灰にすればそのエッセンスを得られると考えられていたが、それはマサイでも同じなのかもしれない。

ヨーロッパからタンザニアに医学的知識が流れたのか、それとも生物学でいうところの「収斂進化《しゅうれん》」、つまり同じような生態的条件に置かれた異なる集団の中で同じ特徴が独立して発生したのか、判断が難しいところだ。

ルネサンス期のヨーロッパで広まったと思われる「結石」は、マサイ族が罹患する病気として記録されていない。少なくとも、報告された研究の中にはない。しかし、マラリア、腸チフス、結核、梅毒、白癬《はくせん》、睡眠病、パーキンソン病、象皮病などにはかかりやすく、これらはすべて鳥の部位を使って治療されている。西洋人は伝統医学の有効性を疑うが、マサイ族はほとんどの伝統医学が「ある程度に有効」だと考えている。[28]

西洋では、瀉血《しゃけつ》、カッピング〔吸い玉〕、鳥を焼いた催吐剤などが、一六五〇年代の科学革命の頃にはまだ広く使われていた。このような医学的に役に立たない治療法は、証拠に基づく医学に取って代わられるまで、何世紀にもわたって使われてきた。しかし、ホメオパシー療法は現在でも人気があり、フランスやロシアでは、インフルエンザ様の症状を和らげるためにオシロコシナムと呼ばれる、効能が不明な治療薬も飲まれている。これは、カモの内臓の一部を一〇の四〇〇乗の水に溶かし、元の成分がまったく残らないほど極端に希釈されたものである。

自然史の研究は、文字通り薬草療法に根ざしている。一七世紀の医学研究は惰性的だったが、博物学は飛躍的な進歩を遂げて科学革命のきっかけとなり、これらを対比することは注目に値する。

第6章 科学の新世界

王認学会の会合に初めて出席した女性は、一六六七年五月のニューカッスル公爵夫人マーガレット・キャベンディッシュだった。マーガレットはその後、長年の懸案となった問題を提起した。彼女は、研究者たちのドライで経験的なアプローチを冷笑し、生体解剖を激しく非難し、女性が学問の世界から排除されていることにどんな合理的な説明がつくのかと疑問を投げかけた。

――リチャード・ホームズ（二〇一〇年）

ターナーの鳥の絵

私が一〇代の頃は、自分が見た鳥をただ羅列するのではなく、「果てしなき探究心」とでも呼べるような、自然史や鳥類学の分野で何か創造的なことをしたいという欲望でいっぱいだった。

鳥類学とはどのようなことをする学問なのかよくわからないまま、私は何かしらのプロジェクトや焦点を当てるべきものを探していた。結局、大きく堂々としてカリスマ性があり、一九六〇年代には農薬中毒の犠牲者になっていたアオサギに対象を絞ることになった。

私の調査地は、ウォッシュバーン川の谷間にあるファーンリー・ホールという私有地にある、森に囲まれた小さな富栄養湖だった。サギは夜明けと夕暮れ時に餌を求めてここに集まるが、それ以外の時間には隣接する野原に一〇羽ほどの集団でいるのが見られた。いわゆる「スタンディング・グラウンド」と呼ばれる場所だ。風に向かって背中を丸めているその姿は、まるで灰色の僧侶の集まりのようだった(1)。

何時間も、どんな天候でも、私はサギのスタンディング・グラウンドを観察していたが、時間をかけさえすれば、他の誰も見たことのない何かが見えてきて、サギの行動の真の機能が明らかになるだろうと、素朴な期待を抱いていた。実際のところ、アオサギはスタンディング・グラウンドで何もしないのだから、これほど退屈なプロジェクトはないだろう。ごくたまに、一羽が他の鳥に近づきすぎて、羽を逆立てたり、鳴き声をあげたりして争うのを目撃したが、たいていはただ立っているだけで終わった。もちろん、何もしないことが重要なのだ。鳥たちは休息していたのであって、スタンディング・グラウンドは日中のねぐらだったのだ。

しかし、サギを観察することで忍耐力がつき、観察力が磨かれたので、この時間は決して無駄ではなかった。何かを極めるには、一万時間の努力が必要だという説がある（賛否両論あるが）。一〇代の頃、ファーンリーでサギを観察していた時間は、私の一万時間のうちのかなりの割合を占めた。

アオサギを観察していると、時々、猟場の番人に立ち入りを咎《とが》められることがあったが、それでも、なんとかうまく避けられるようになりたいと思っていた。やがて、鳥にくわしい家庭医が家にやってきて、「もし、このままファーンリーに行きたいのなら、所有者のニコラス・ホートン゠フォークス（悪名高いガイ・フォークスの子孫）の許可を得るべきだ」と、やんわりとした口調で忠告をした。先生は私が美術に興味があることを知っていたので、館の奥には窓を閉じた暗い部屋があり、そこには世界的に有名な画家Ｊ・Ｍ・Ｗ・ターナーの鳥の水彩画コレクションがあることも話してくれた。とても見てみたいと思ったが、当時はまだ複製画もなく、一般には公開されていなかったので、どのような絵なのか想像するしかなかった。しかし、私はフォークス氏に気に入ってもらうことができず、サギの観察も、絵を拝む許可を求めることもできずにいた。しかし当時は、ターナーがファーンリーに滞在していたことと、鳥と美術に対して私と共通の情熱があったことがわかっただけで十分だった。

その後、美術史家のデイヴィッド・ヒルの働きかけで、一九八八年にターナーの鳥の絵が出版されることになった。その出来栄えについては、さまざまな意見があった。私の母親はそれを見て、「もっとうまく描けるけどね」と嘲笑した。一方、ジョン・ラスキンは、ターナーの絵を非凡だと考え、特に精巧に描かれたカワセミに魅了されたという(2)。

あの頃から五〇年近く経った二〇一八年に、私は再びファーンリー領地の前を車で通り過ぎることになった。好奇心に駆られてまた不法侵入して湖まで歩いてみると、湖はかなり生い茂っていたが、湖畔にはまだアオサギがいて漁をしていた。インターネットで調べると、ニコラス・ホートン＝フォークスの息子、ガイ・フォークスが経営するこの屋敷を見学できることがわかった。数週間後、ガイの案内で、ついにターナーの絵を見ることができた。フォークス家の「鳥類学コレクション」も見せてもらった。このアルバムは三冊の大きな本からなり、ターナーはそのために多くの鳥の絵を描いた。このアルバムは、少年時代に『*The Ornithology of Francis Willughby*〔フランシス・ウィラビーの鳥類学〕』を読んで鳥を好きになったウォルター・フォークスの発案で一八〇〇年代初頭に作成されたものだ(3)。

ターナーといえば、鳥よりも雄大な風景画の画家としてよく知られている。ファーンリーの客人として鳥のアルバムに貢献するように勧められたと想像できる。小鳥などはあまりうまくいかないこともあった。しかし、ラスキンが称賛したカワセミだけでなく、目を輝かせ、くちばしに小魚をくわえたアオサギの生き生きした姿のように、時には成功させたこともあったようだ。私は、これはターナーの鳥類学の最高傑作だと思う。

ファーンリーのような領地では、かつて裕福な地主がアオサギを精力的に保護した。中世には鷹狩り用の獲物を確保するためだったが、後には食卓に上るサギの幼鳥を確保するためだった。この話を聞いた時、私は幼鳥を養殖していたとは信じがたかった。以前読んだウィリアム・ヘンリー・ハドソンの「アオサギを食べる」という話も、実に不快だと思ったからだ。しかし、若いアオサギを「シチュー」、つまりケージの中で雄ウシのレバーと凝乳を食べさせて太らせ、「ブタの脂で焼いてショウガとコショウで味つけすると、ノウサギとガチョウの中間的な味になる」そうだ(4)。

ウォルター・フォークスが感銘を受けた鳥の本は、ルネサンス期の画期的な鳥類学者二人によって書かれたもので、二人は初期の研究体験として、アオサギ幼鳥の収穫を目撃していた。フランシス・ウィラビーとジョン・レイの二人は、ヨーロッパ大旅行の途中で、一六六三年六月五日の夜にオランダのセブンハウス村に到着した。そこには「驚くべき木立」があり、アオサギ、ヘラサギ、カワウ、ゴイサギの巨大なコロニー〔集団繁殖地〕となっていた。翌日、彼らはボートで収穫を見に行き、「長い棒に固定されたフックで幼鳥を揺さぶり落とす」と記した。一四〇〇年代から毎年、セブンハウスの地主は「アオサギの森」で生まれる数千羽の幼鳥を管理・保護・収穫していたのだ。ウィラビーとレイは、この機会にサギの卵を採集したり、標本をいくつか解剖して、鳥類学のあり方を永久に塗り替えるような研究に着手していた。[5]

新しい科学の手法――観察と分類

ルネサンス期の科学革命は、コペルニクス、ガリレオ、アイザック・ニュートンが切り開いた天文学や数学の豊かな糸と、ウィラビーやレイが築いた博物学の繊細な糸という二本の糸で構成されていた。

私は、フランシス・ウィラビーとジョン・レイを一〇年以上研究していた時、比喩的には二人と共同生活をしてその脳内を覗き、彼らの鳥研究がもたらした重大な変化をよりよく理解しようとした。[6] ウィラビーは、貴族の地主の家に生まれ、一七歳の誕生日を前にケンブリッジ大学に上がり、レイに個人指導を受けることになった。レイは村の鍛冶屋と薬草師の母の間に生まれた息子でウィラビーより八歳年上だった。二人はそれぞれ違った意味で優秀で、自然史の科学的研究を熱烈に支持していた。二人は一緒にケンブリッジシャーの田園地帯で植物を探し、後には馬に乗ってさらに遠くまで旅をするようになった。一六六二年六月、ウェールズ旅行から戻ったウィラビーは、レイに、自然史全体を見直して自分たちの関心を集約しようと提案した。自立した富裕層で学問一筋のウィラビーは、自然界に関する既存の記述に不満を抱いていた。自然史の知識を全面的に再編成するというのは実に大いなる野望だったが、二人とも「新しい哲学」への情熱に突き動かされていた。後にケンブリッジで彼らが推進した「科学革命」と呼ばれるものである。レイの関心はおもに植物だったので、二人は仕事を分担することにした。ウィラビーが動物、レイが「ベジタブル〔植物〕」を担当した。ウィラビーの明敏な頭脳とレイの安定した影響力が見事に調和し、他にはない知的な共同作業が実現した。[7]

彼らはまず鳥類から始めることにして、その後数年間、鳥類学の百科事典をつくるためにメモや標本を蓄積していった。それまでの鳥類百科事典は、事実と空想、本物の自然史と神話が入り混じっていた上に、反論の余地なしとされる古典的な知識で覆われていた。これに対して、ウィラビーとレイが支持していたのは、直接手に入れた客観的な知識を重視する「新しい哲学」であり、二人が初期の会員だった英国王認学会の「*Nullius in verba*（誰の言葉も借りない）」というモットーによく表現されている。

彼らのおもな目的は、鳥類を客観的に「配列」すること——つまり分類だった。彼らは直接的には言わなかったが、神の計画、つまり、生物種はランダムに創造されたのではなく、神が何らかの壮大な計画を抱いていたという古くからの考え方に興味をもっていた。神の思し召しを理解すれば、鳥の研究を発展させる確固たる土台ができるはずだからだ。

そうなると既知の鳥類をすべて記載する必要があった。これは大変な作業で、今では既知の種だけでも一万一〇〇〇種近くいることがわかっているのでそれを知っていたら、さらに大変になっただろう。一六〇〇年代の半ば頃には、世界の大部分はまだ探検されていなかったため、ウィラビーとレイは、扱うべき鳥の種類は五〇〇種類程度で、そのくらいなら手に負えるだろうと考えていた[8]。

一六六三～六四年にかけてヨーロッパを大旅行した二人は、鳥類を丹念に探し、標本を入手し、その内部と外部を描写し、ウィラビーが「特徴的な目印」と呼ぶ、類似点と相違点を見極める訓練をした。たとえば、ヨーロッパノスリとヨーロッパハチクマはよく似ているが、それを区別するものは何なのか。ウィラビーが得意としたこのアプローチは、過去の著者が書いたものを鵜呑みにするのではなく、鳥を実際に観察することだった。それは実利的で飛躍的な前進だった。所定の方法論を自ら編み出し、それに従って体系的に情報を収集するというのは、概念的にも飛躍だったのだ。彼らは鳥を撃ったり、イタリアやスペインの食品市場で購入したり、友人から送ってもらったり、さらに友人や同僚の個人コレクションにある標本や図版を調べたりもした。
その結果、かつてアリストテレスが提案した分類をより洗練させ、生息環境と解剖学に基づいた実用的かつ道理に基づく分類が実現した。二人は鳥類を水生と陸生に分類し、さらにくちばしや足の構造で分類した。くちばしをかぎ状、長いもの、細いもの、幅広いもの、足を水かきの有無、足指の融合の有無でも分類した。これは、それまでのあらゆる試みを凌駕しただけでなく、時の試練にも耐えるものだった。一世紀後に、カール・リンネが自らの分類を行なった際には、ウィラビーとレイの研究にかなり頼っていた。

彼らの努力は画期的な本として実ったが、そのタイトルは夭折《ようせつ》したウィラビーに捧げられた。ウィラビーはこの事業の資金をすべて負担していたが、一六七二年にわずか三六歳で亡くなったのだ。ウィラビーの死後も、レイはウィラビーの未亡人エマとその子どもたちと一緒にその家に住み、彼らの膨大なメモを整理して本の執筆に取りかかった。この『ウィラビーの鳥類学』は、まず一六七六年にラテン語で、その二年後に英語で出版され、その後二世紀にわたって鳥類学の標準的な教科書として使われつづけた[9]。

『ウィラビーの鳥類学』にはイギリスの鳥がよく取り上げられているが、大陸の鳥はウィラビーとレイが見る機会が少なかったので、やや少なめである。しかし、最大の難関は世界の他の地域の鳥類だった。ウィラビーとレイは包括的な記述を心がけたものの、南北アメリカ大陸、アフリカ、極東の鳥については、出版された他人による観察を参考にした。しかし、その記述は不正確だったり、イラストも貧相だったりしたため、事実とフィクションを切り離すのに悪戦苦闘した。

ウィラビーとレイが鳥と親しく関わったのは、鳥の特徴的な目印を見つけるために鳥を手に取って観察したことがおもな要因だった。双眼鏡もなければフィールドガイドもない時代だったので、目印を見分けるためには、羽衣、くちばし、足、ましてや内臓や生殖腺までよく見なければならない。しかし、それが愛情に満ちた関係だったかというと、そうとも言えない気がする。植物に関心のあったレイは、ケンブリッジ近郊の散歩で出会った花々について叙情的に語ったことがあるが、ウィラビーの作品を読んでも（ほとんどが失われてしまったのであまり多くはないが）、鳥に対する愛情のようなものを感じることはできなかった。ウィラビーは私生活や他人との関係では温厚で思いやり深い人物で、恵まれた地位にいた割には戸を叩いた物乞いの貧民にも思いやりを見せる人だったが、研究対象に接する点では典型的な客観的科学者だったといえるだろう(10)。

レイにとって、包括的というのは、鳥に関してかつて記述されたことをすべて知るということだった。ウィラビーの死後、『ウィラビーの鳥類学』の準備に際しては、体系的に幅広く、しかも注意深く読み込みを行なった。現存する鳥類百科事典の中で最も有用と思われるのが、一五九九～一六〇三年にかけて出版されたウリッセ・アルドロヴァンディの『*Ornithologiae*〔鳥類学〕』全三巻だった。当時はページ数が内容よりも重視された時代だったので、この本は完全さを誇っている。アルドロヴァンディの本は無批判かつ冗長ではあるとはいえ、ウィラビーやレイが見たことのない鳥が載っていたので、二人はそれを載せたいと思った。ある意味で、アルドロヴァンディの記念碑的な取り組みで最も有益だったのは、その画像である。アルドロヴァンディは裕福で、芸術の本場であるイタリアに住んでいたため、優れた芸術家と知り合うことができ、本の木版画の元として鳥の彩色画を制作するよう依頼することができた。一六六四年にウィラビーとレイがボローニャで見た絵画の方が、白黒の木版画よりはるかに優れていたのは言うまでもない。

アルドロヴァンディの本に登場するエキゾチックな鳥の多くは、ウィラビーとレイが生死にかかわらず見たことがないものだったが、その中には一五〇〇年代初頭からヨーロッパとの交易が行なわれていた南アフリカの喜望峰の鳥も含まれていた。それには、小さなテンニンチョウやホウオウジャクが含まれており、長い尾をもつオスはメディチ家の鳥小屋で人気を博していた[11]。このような小鳥がヨーロッパへの長い船旅に耐えることができたのは、渡航者の責任というよりも、彼らの体質を物語っている。輸入に成功した鳥の多くは、昆虫や果実を主食とするくちばしの柔らかい鳥ではなく、くちばしの硬い鳥、つまり種子食の鳥であり、野生では比較的乾燥した環境に生息していた鳥だった。キンカチョウはその典型で、一八〇〇年代初頭にオーストラリアからヨーロッパに輸入されたが、水をまったく飲まずに何カ月も生き延びられる（乾燥した種子から代謝水を抽出し、間接的に得ている）。オオハシのようなくちばしの柔らかい鳥が長期の船旅を生き延びられるようになったのは、飼育技術が向上してからのことだ[12]。

ドードーの真の姿

赤道直下からヨーロッパへの長い航海に耐え、『ウィラビーの鳥類学』に掲載された外来種の中にドードーがいる。インド洋のモーリシャス島の固有種で、一六〇〇年代末に絶滅した。しかし、これほど知られていないのに、これほど多くのことが書かれている鳥はない。レイの情報は、おもにカロルス・クルシウスが一六〇五年に出版した世界の外来動植物に関する概説書『*Exoticorum libri decem*〔一〇冊のエキゾチック生物の本〕』から得たものだ。しかし、レイが『ウィラビーの鳥類学』で使用した図版は、クルシウスのやや荒っぽい図ではなく、オランダの医師で博物学者のヤコブ・ボンティウス人が一六三一年に『*Historia naturalis et Medicae*

Indiae orientalis〔東インドの医学と自然史〕』のために作成した画像の複製だが、その画像は他の人物から盗用された可能性もある。むしろレイとしては、コルネリウス・ファン・ネックが一五九八年にモーリシャスへ航海中に生きたドードーを見ているので、そのスケッチを写したクルシウスの画像を使った方がよかったのではないかとも思われる。現在最もよく出版されているのは、一六一一〜二六年にかけてルーラント・サーフェリーが描いた、ずんぐりむっくりしたドードーの姿だが、これは憶測に過ぎない。このような誤った認識は、一八六五年にジョン・テニエル卿が『不思議の国のアリス』の中で描いたドードーのイラスト（サーフェリーのイラストに基づく）によって、さらに強まった。ファン・ネックやクルシウスが示したように、生きているドードーは、多くのイメージから想像されるよりもずっと流線型で機敏な鳥だった(13)。

一八六五年に初めて本物のドードーの化石が発見されるまでは、ドードーを神話上、あるいは空想の種だと考える人が多かった。しかし、ジョン・レイは違っていた。『ウィラビーの鳥類学』にドードーに関する記述をした直後、彼はこう言ったのだ。「ライデン大学の物理学教授ペーター・パウィウスの家で、偶然にも最近モーリシャスから持ち出された膝を切り落としたドードーの脚を見ることができた」。彼とウィラビーは、「この鳥、あるいはロンドンのトラデスカントのキャビネットで作成されたその剝製を見たこと」もあった。このドードーは、一六三八年にイギリスの神学者・歴史家であるハモン・レストレンジ卿（第5章のノーフォークのレストレンジ家の一員）がロンドンで観察したのと同じ鳥かもしれない。彼はこう書いている。

それは部屋の中で飼われていて……最大のシチメンチョウのオスよりもやや大きく、脚も足もそうだが、よりがっしりと太く、もっと直立した姿勢をしていた……。飼育員はこれをドードーと呼んだ。部屋の暖

ドードーを描いた図３点。上はカロルス・クルシウス（1605年）、中はアドリアン・ファン・デ・フェンネ（1626年）、下はレイが複製画を掲載した、ヤコブ・ボンティウスによる1631年の絵。

炉の端には大きな小石の山があり、彼はそれを私たちの目の前でたくさん与えた。中にはナツメグほどの大きさのものもあり、飼育員は、この子はそれを食べる（つまり消化する）と言った。飼育員とそこでどれだけ問答したか覚えていないが、私はその後、その鳥がそれらをすべて再び吐き出したと確信する。[14]

ハモン卿の記述は、ドードーが生きたままヨーロッパに到着したことを示す唯一の「反論の余地のない証拠」である。この個体は死んだ後、チャールズ一世の庭師だったジョン・トラデスカント（息子）が入手し、ロンドンに「方舟《アーク》」と呼ばれる博物館を設立し、その収蔵品は最終的にエリアス・アシュモールがオックスフォードに建設した博物館に移されたに違いない。一八〇〇年代半ばまで、鳥の標本の保存は非常に難しかったので、一七〇〇年代後半にはアシュモールのドードーは劣化が進み、現在は頭部と片足だけになってしまったが、オックスフォード大学自然史博物館に安全に保存されている。[15]

ドードーは飛べない鳥なので、レイはロンドンのセント・ジェームズ・パークにあるチャールズ二世の動物園で見たダチョウやヒクイドリなどと一緒に並べた。このように、レイはドードーを「体が大きく、翼が小さいために飛ぶことができず、歩くことしかできない、特異な種類の最大の陸生鳥」と位置づけた。ハモン卿やドードーを殺して食べた人たちが、ドードーの特徴として、胃袋（砂嚢）の中に大きな石があることを挙げている。クルシウスが描いた鳥の図には、そのような石が描かれている（知らずに見ると、妙な形の卵だと思うかもしれない）。レイが言うように、これらの石は「一般人や船乗りは体の中で育つ（生成される）と空想するが、そうではなく鳥が飲み込むのだ。まるでこの目印によって、これらの鳥が、硬くて消化しないものを飲み込むという点で、ダチョウの一種であることを、自然も明らかにしようとしているようだ」。これは専門用

1602年のモーリシャスにおけるドードー狩り。

語でガストロリス〔胃石〕と呼ばれ、砂嚢で食物をすり潰すすべての鳥類にみられるが、恐竜を含む爬虫類や一部の魚類にもみられるものだ。レイの時代には、胃石には魔法の力や薬効があると考えられていた。しかし、その後の研究によって、ドードーはダチョウの仲間ではなく、巨大なハトの一種であることが判明した[16]。

魅惑の新大陸

レイはドードーについてはわずかな情報しか入手できなかったが、一方、メキシコ、中米、南米東岸などの新大陸の鳥類については豊富な情報があった。一四九二年にコロンブスがカリブ海に到着した後、金の発見を契機に、一五〇〇年代にはアメリカ大陸への大規模な侵攻が始まった。一五一九年、エルナン・コルテスと少数の征服者たちがメキシコのユカタン半島に上陸し、二年のうちにアステカ帝国を滅亡させた。一五五〇年までにスペインはメキシコ、西インド諸島、中米を支配し、一五七〇年代にはペルーも支配下においた。スペインは新大陸から金銀や木材、タバコ、カカオ、砂糖を手に入れて、一五八〇〜一六八〇年にかけての「黄金時代」の幕開けとなった。

鳥類やその一部は、征服者たちがスペインに持ち帰った物品の中に数多く含まれていた。メキシコに侵入した最初の征服者たちは、枢機卿がかぶる帽子のような赤い冠羽《かんう》のある小鳥を見て、その魅力に取り憑かれた。その鳥は冠羽にちなんで「カルディナリトゥス〔小さな枢機卿〕」（現在のショウジョウコウカンチョウ）と呼ばれた。スペインの侵略者が到着する以前にアステカには歓楽街があり、その鳥小屋で多くの鳥が飼われていたが、この鳥はそうした中の一種だったかもしれない。ウィラビーとレイが『ウィラビーの鳥類学』を執筆する頃には、この鳥は後にアメリカとなるバージニア植民地からヨーロッパに出荷されており、「その場所と珍しい歌声から、バージニアン・ナイチンゲールと呼ばれている」。ショウジョウコウカンチョウは「美しい緋色」をしていて、よく動く「冠羽」をもっていたため、理想的な飼い鳥とされた。鏡に映った自分の姿を見ると、ショウジョウコウカンチョウは「シューシューと音を立て、冠羽を平らにし、クジャクのように尾を立て、翼を震わせ、そして鏡を攻撃するなど多くの奇妙な身振りをする」[17]。

アメリカ大陸を支配し、資源と情報を求めつづけたスペイン人は、出合ったものすべてを記録することの価値を認めて、すぐに歴史家、公証人、弁護士、学者、書記を探検家の随員に加えた。スペインの侵略以前から、アステカ族をはじめとする先住民は、動物の皮や植物の繊維に白蠟を塗ってページをつくり、自前の絵文字による「歴史」を記録する簡単な絵文書を残す習慣があった。

スペイン人も新大陸で発見したものを記録するために写本を使った。現在残っている写本の中で最もよく知られているのは、フランシスコ会修道士ベルナルディーノ・デ・サアグンが一五六〇〜七〇年代にかけて作成した「フィレンツェ・コデックス〔フィレンツェ写本〕」である。スペイン人にとって権力と宗教は切っても切れない関係であり、征服者たちは物質資源や地元の知識を収奪するだけでなく、先住民の魂も欲していた。そ

レイが載せたエキゾチックな３種の鳥（1678年）。左から、新大陸のハチドリ（種不明）、バージニアン・ナイチンゲールと呼ばれたショウジョウコウカンチョウ、南アフリカのテンニンチョウ。

のため、ニュースペイン〔ヌエバ・エスパーニャ〕にカトリック教会を設立するのは最優先事項だった。しかし、アステカ人に伝道するためには、コミュニケーションをとることが必要である。サアグンはナワトル語を習得すると、体系的に男女にインタビューを行ない、驚くほど公平な見地に立ってナワ社会の記録を行なった。その結果、アステカの文化、歴史、儀式をスペイン語とノワトル語の二カ国語で記した二四〇〇ページに及ぶフィレンツェ写本ができあがった。この写本には、スペインによるアステカの征服についてアステカ人自身が語った内容も含まれていた。メキシコには一五七〇年までにすでに異端審問所が設立されていたが、サアグンの態度は先住民に同情しすぎていて不適切だとして、それを警戒させる可能性があった(18)。

サアグンの研究の恩恵を受けたのは、約四〇年後にメキシコに渡ったフランシスコ・エルナンデスである。エルナンデスはトレド出身で、当初はプリニウスの『博物誌』の学術的な翻訳で名を成し、薬草に関する豊富な知識もあって、一五六五年にスペインのフェリペ二世の専属医に任命された。ニュースペインへの遠征を切望していたエルナンデスは、王に穏やかに、しかし粘り強く働きかけた結果、スペインの海外戦争が小休止していた一五七〇年に、きわめて寛大な資金とその遠征を指揮する休暇を与えられた。フェリペ二世は科学に熱心で、この探検はスペイン初の「科学的」探検となった。このエルナンデスの探検は、「内科医、外科医、薬草学者、先住民、その他これらの事柄に精通していると思われる物好きに、これらの自然物やその用途について歴史を刻むこと」を明らかな目的としていた[19]。

エルナンデスは出発時には五五歳とやや年を取っていたが、メキシコに驚いた。

これほど多くの植物、動物、鉱物のすばらしい自然の特性、これほど異なる言語……これほど多様な習慣や儀式……身につけている衣装、装飾の方法など、人間の理解では到底把握しきれないものを何と言えばいいのだろう……。

エルナンデスは、メキシコに七年間滞在して、熱心に資料や情報を収集した。その多くは、サアグンが行なったように、先住民ナワ族への聞き取り調査から得られたもので、コルテスとその追随者たちによる被害にもかかわらず、彼らと親しく、共感し合える関係を築くことができた。鳥類学の後継者であるウィラビーとレイのように、エルナンデスもまた生の知識を大切にした。

エルナンデスは、メキシコ滞在中に出合ったものを収集し、描写したり図版を依頼する一方で、ナワ族が「ココリツリ（疫病）」によって恐ろしい死を遂げるのを目撃した。この腸チフスのような病気で先住民の八〇パーセント以上が死亡したが、スペインの征服者から感染したのはほぼ間違いないだろう。エルナンデスは、科学者であると同時に医者でもあり、症状を記録し、犠牲者の検死を行ない、この疫病をより深く理解しようと努めた。このように現地の人々に共感していたエルナンデスは、後に、人々と親密になりすぎて「ヨーロッパ流に改宗させる」ことに失敗したと非難されることになる[20]。

投資に対する見返りがほとんどないことから、フェリペ二世はエルナンデスに成果を求めはじめた。何度も延期をくり返した末、一五七六年にエルナンデスは、一六冊の本を王に送った。それには、植物三〇〇〇点以上、動物四〇〇点以上（二三〇点の鳥を含む）、鉱物三五点の説明と、先住民の画家が描いたカラーイラスト四〇〇〇枚が含まれていた。フェリペ二世は驚いた。エルナンデスは、当初要求された以上のものを提供したのだ。さらに、エルナンデスのナワ族に対する博愛的な態度は、まるで反抗的な態度にもみえた。スペインで問題を起こすかもしれないと考えたフェリペ二世は、エルナンデスの帰国を遅らせ、彼の膨大な著作を出版しないことにした。一五八〇年、フェリペ二世は新しい主治医であるイタリア人のナルド・レッキに、「有用な」情報を要約するよう指示した。エルナンデスの著作を最近、再評価した歴史家のレオンシオ・ロペス＝オコンは、レッキがフェリペ二世のために要約を作成する際、「医学界の常として、博物誌はすべて役に立たないものと考え」、その多くを省略したとコメントしている[21]。

一五七七年にスペインへの帰国を許されたエルナンデスは、フェリペ二世の行動に打ちひしがれ、自分の作品が未発表のままであることに苛立《いら》ち、落胆した。その後、レッキの作品要約に愕然《がくぜん》とし、落胆の一〇年を過ごした後一五八七年に死去した。その後、科学史研究者の研究により、フェリペ二世がエルナンデスの著作の出版を避けたいくつかの理由が明らかにされている。まず、原稿の整理が不十分で、まとまった資料の整理に膨大な労力と費用がかかることと、戦争によって王室が資金不足に陥っていたこと。また、もっと不吉な理由もあった。エルナンデスの友人（そしておそらく彼の家族）には、異端審問で忌み嫌われた霊的キリスト教の知的信奉者である隠れユダヤ人やエラスミアニスト〔人文主義者デジデリウス・エラスムスの信奉者〕が含まれていたのだ。さらに、エルナンデスはメキシコの動植物に名前をつけようとしたことで、「神の特権を侵害」した。ユダヤ・キリスト教の信仰体系では、生き物に名前をつける、つまり生き物を創造する権限は神だけにあるのだ。これだけでも、エルナンデスの著作を出版しない十分な理由となった。[22]

もしエルナンデスの著作が出版されていれば、その独創性と幅広さは、レオンハルト・フックスの一五四二年の大本草学や、ヴェサリウスの一五四三年の解剖学書『ファブリカ』に匹敵するものとなっていただろう、と今では歴史家たちが認めている。[23]しかし、彼の写本は、フェリペ二世の広大で閉ざされたエスコリアル宮殿に一世紀以上も放置されていた。一六〇五年に図書館員がこのように書いている。

（この図書館には）非常に価値のある珍品がある……これは、西インド諸島で見られるすべての動植物の歴史が、その固有の色で描かれている。多くの種類の鳥の非常に美しい羽、足、くちばし……見る者に大きな喜びと多様性を与えるものであり、自然や、神が人間のために薬として創造したものを考えることを生業とする者にとっては、少なからぬ利益となるものだ。[24]

レッキの要約はスペインから流出し、一六一五年にはドミニコ会の修道士フランシスコ・ヒメネスが、その二〇年後の一六三五年にはスペインのイエズス会士エウセビオ・ニエレンベルクが複製して出版した。ウィラビーが所有しており、レイが『ウィラビーの鳥類学』を執筆する際に使用したのは、『*Historia Natura*〔自然史〕』と名づけられたその版である。そして、一六四八〜五二年にかけて、イタリアの学術団体アカデミア・デイ・リンチェイが、レッキの要約を独自に出版した。[25]

エスコリアル宮殿にあったエルナンデスの原本は、一六七一年に五日間続いた大火で永久に失われてしまった。レッキの要約や、その複製本には鳥の画像はあまり多く入れられておらず、多少はあっても、うまくない。さらに、ナワトル語〔現地語〕の名前しかつけられていないので、種の識別は難しい。

ウィラビーとレイは、エルナンデスの原稿が焼失した時、どれほどの価値が失われたのか、知らなかっただろう。当然のことながら、彼らはニエレンベルクの記述からエルナンデスの努力を正確に把握できると考えたのかもしれない。しかし、ニエレンベルクの鳥類学はレイにとってあまりにも曖昧だったため、「架空の鳥と思われるもの、または特にエルナンデスから引用された鳥類については、完全かつ十分な知識を得られないほど簡潔で不正確な記述のもの」という言葉を添えて、やむを得ず『ウィラビーの鳥類学』の付録に加えることにした[26]。

チャールズ・レイヴンは、「レイは生きた対象については本人による知識が必要だと常に主張していたので、他人からの伝聞は識別手段が不十分で、信頼をおけないことも多いので、その扱いは自分の洞察に頼るしかなく、レイにとって困難で不快なものだったに違いない」と述べている[27]。

ケツァールの輝き

エルナンデスが記述して〔ニエレンベルクによれば〕、レイが報告した鳥の中で、最も注目されているのは「ケツァール〔カザリキヌバネドリ〕」だ〔口絵㉑〕。実に詳細に記述されているので、レイがその真偽を疑っていることには驚くが、おそらく画像が添付されていないため、慎重に判断して「fabulous〔空想的〕」カテゴリーにとどめることにしたのだろう。野生のケツァールを見る運に恵まれた人なら、（現代的な意味で）本当にすばらしい（fabulous）鳥だと知っているだろう。エルナンデスがこの鳥に多くのスペースを割いたのは、メキシコの先住民文化におけるケツァールの特別な存在を反映している。背中と頭から胸の上部は輝く青味を帯びた若草色で、腹は赤く、下尾筒は白い。オスには二本の細長い尾羽があり、飛ぶ時は現実離れした感じでそれをうねらせながら飛ぶのだ。

エルナンデス（ニエレンベルク）を引用して、レイはこう記している。

その羽によってケツァルトトトル（カザリキヌバネドリ）は金よりも貴重なものになっている。この鳥の羽は先住民の間で非常に高く評価され、神そのものよりも好まれている。長い羽はかぶり物、それ以外の羽は頭や全身の装飾品として、戦でも平時でも使われるが、残りのものは羽根細工にはめこんで、聖人やその他の姿を構成するために使われる。彼らは非常に巧妙にそれを行ない、色で描いた最も人工的な絵に劣らないほどである。(28)

歴史家のマーシー・ノートンが言うように、アステカ人にとって、「緑色は生殖能力を代表するものであり、ケツァールの羽はただの羽でなく、鮮やかに輝いて、そうした力を放散する象徴だったのだ。羽は、風（生命を与える雨の乗り物）、動き（生気の本質）、輝き（新たな成長のシンボル）との関連性を強めるものだった」。また、イスカリの祭りの際、テイキシプトラという火の神の形が、ケツァールの羽の冠で飾られた緑の石の仮面でつくられ、「両側に……角のように広がり……彼らはその上にケツァールの羽でできた……マントを着

せた。風がそれを通り抜けると、上方に煽られて、きらめきと輝きを放つ」と報告している。(29)

ナワ族はケツァールの羽をそれぞれの部位で使い分けていたが、それはユピックやイヌイットの雪に対する言葉と同様、彼らにとっての重要性を物語っている。ケツァールは決して殺さず、鳥もちで捕獲した後に放してやった。羽が再生したらまたいつか採れるようにしたのだ。エルナンデスは、捕獲されたケツァールが「じっと静かにして、まったく動こうとしない」様子や、自分の美しさに惚れ込んでいるので、羽を「汚したり傷つけたり」するよりも、むしろ捕獲されるのを選ぶと描写している。(30)

レイは新大陸の鳥類学が明解でないことに不満を感じていたので、自分が見たことのない鳥や、あまりにも奇妙で信じがたい記述の鳥について書くことに慎重を期していたのは当然だった。彼は最善を尽くし、必要に応じて読者に注意を促した。しかし、新大陸の鳥の記述にまつわる不確実性を認識していたかどうかは定かではない。レイとウィラビーが入手したイギリスやヨーロッパの身近な鳥の情報と異なり、異国の鳥の情報は、さまざまな人物の言葉や考え、筆を次々と経てきたもので、ケツァールの記述もその例に漏れなかった。(31)

ウィラビーとレイは、新大陸の鳥類学について、既知の全鳥類リストを完成させるために、より信頼のおける二つ目の情報源を手に入れた。それは、ドイツ系オランダ人の博物学者で医師のウィルヘルム・ピース（ラテン語名のピソでよく知られている）と、ドイツ人の博物学者ゲオルク・マルクグラーフという二人の博物学者の記述だった。二人は一六三〇～四〇年代にかけてブラジル北東部で出合った多くの動植物の種についてくわしい説明と図解を書き残した。

一六四八年に出版された『*Historia naturalis Brasiliae*〔ブラジリア自然誌〕』は、一六三六～四四年にかけてブラジルを統治したナッサウ伯ヨハン・マウリッツの依頼によるものである。一六三〇年、ブラジルのこの地域はオランダ東インド会社によって占領されており、他の植民地拡張と同様に資源の獲得を目指していたが、この場合はおもに砂糖とブラジル木材が、アフリカから輸送された奴隷の労働力によって採取されていた。しかし、砂糖と木材から得られる富は、新しい植民地の保護と管理にかかる膨大な費用によって相殺されてしまうので、一六三七年、マウリッツは新しい統治スタイルを監督するために招かれた。その後、マウリッツは任務を全うするだけでなく、新しい植民地を拡大し、同時に芸術や科学への支援も積極的に行なって「人文主義者の王子」と呼ばれた。その結果、一七世紀のブラジルについて、「植物学、動物学、疾病、民間薬、民族学、天文学、地形学、風景、先住民」を網羅した「豊富なポートフォリオ」ができあがった(32)。

ピソとマルクグラーフはマウリッツの随員の一員で、地域の自然史の記録を一六三七年に始めた。マウリッツは、植物相、動物相や住民の絵を描くために、時には自腹を切ってまでオランダ人の画家を六人ほど雇った。その絵（油彩や水彩画）は『ブラジリア自然誌』のイラストを飾る木版画のもととなった。原画には、質の良し悪し、魅力の有無などが混在しており、小さすぎて、うまく木版画で表現できないものもあった(33)。

レイはエルナンデスの著作を付録扱いにしたが、それとは対照的に、ピソとマルクグラーフの資料は、不完全な記述や完璧とはいえない絵、ヨーロッパ人には発音できないことが多いトゥピ語の名前にもかかわらず、鳥類学の本文に取り込むのに異存はなかったようだ。

先住民の鳥利用

メキシコのアステカ族、ブラジルのトゥピ族、ペルーのインカ族、そしてヨーロッパを含む世界中の多くの先住民にとって、鳥とその羽は文化の重要な一部だった。

紀元前三〇〇〇～二〇〇〇年にかけて、古代ペルーの権力者の埋葬地から羽細工が発見されており、テオティワカン遺跡（紀元五〇〇～五五〇年）やボナンパク遺跡（紀元七〇〇年）で見つかった壁画からわかるように、メキシコやマヤの貴族たちは、数世紀にわたって地位を示す頭飾りに羽を使っていた[34]（口絵⑮）。アステカは他の地域を征服すると、貿易や貢ぎ物の重要品目として、ケツァール、メキシコルリカザリドリ、コンゴウインコ、フウキンチョウや、時には小さなハチドリにいたるまで、鮮やかな鳥の羽を要求していた。一五四〇年代に作成されたメンドーサ・コデックス〔メンドーサ絵文書〕には、これらの鳥が鮮やかに描かれている[35]（口絵⑭）。

ブラジル、アンデス、メキシコの先住民は、羽を使ったすばらしい工芸品を生み出した。アステカでは着る者の社会的地位を示すティルマトリと呼ばれる羽のマントがつくられていた。ブラジルのトゥピ族は、オウムの綿羽〔ダウン〕でボンネット〔帽子〕をつくり（これは綿羽に覆われた幼いオウムを象徴していると考えられる）、また成鳥の「滑らかで構造的なシルエット」を表現する全身マントをショウジョウトキの羽で精巧につくった。スペイン人の宣教師たちは、先住民の才能と羽のもつ意味を理解し、同情心からか、または「アコモデーション〔適合〕」と呼ぶシニカルな動機による過程からのいずれにせよ、カトリックの儀式に羽を取り入れたり、イエスや聖母マリアなどの聖像を羽細工で表現することを認めたりした[36]。

アメリカ大陸の先住民にとって、羽は崇拝の対象であり、「霊界の輝きと虹色の指標、神聖な力の儀式の道具、光や視覚および飛行を具象化したもの、エリートたちの祝祭の装いの象徴、奉納品、貴金属や貝、宝石と同様の贅沢品」だった(37)。

先住民が使用した羽は、死んだ鳥と生きた鳥の両方から採取され、その羽は「インカの支配者への貢ぎ物として熱帯雨林からアンデス山脈を越えて運ばれ、高地や太平洋沿岸の羽工房で工芸品に加工された」という。一五三五年、フランシスコ・ピサロの秘書だったペドロ・サンチョ・デ・ラ・オスが、ペルー・アンデスのインカ帝国の首都クスコにある倉庫には工芸品の材料となる一〇万羽以上の乾燥させた鳥が保管されていたことを記している(38)。

一四九二年八月、大西洋横断の旅に出ようとしたコロンブスは、スペイン女王イザベル一世から鳥を持ち帰るように命じられる。幸運にも、イスパニョーラ島に降り立ったコロンブスと乗組員は、地元の人々がオウムを飼い慣らしているのを目にしてすっかり魅了されてしまった。華麗で、人懐こく、言葉を話すオウムは、瞬く間に究極の土産物となった。オウムはヨーロッパの商品と交換され、サルとともにスペインに渡り、その後ヨーロッパ各地に運ばれていった。オウムは当初は王族や大金持ちに贈られていたが社会の文化的階層を下へ下へと滑り落ちていき、わずか数十年の間にほとんどありふれた存在となった。

スペイン人征服者たちは、先住民の女性が幼いオウムにかみ砕いた餌を口移しで与える様子を目の当たりにして衝撃を受けた。このようなオウムと人間の親密な関係は、鳥が成長しても飼い慣らされたまま、家族の一員として家の中で自由に生活することを意味した。オウムは単なるペットではなく、定期的に羽を抜いて、頭

アステカの戦士たち（左がワシの戦士、右がジャガーの戦士）がマクワウィトル（黒曜石の鋭い刃がついた木の棒）を振り回す様子。

飾りやマントなどの羽細工の原料として利用されていたのだ。一五八七年、植民者のガブリエル・ソアレス・デ・スーザは、先住民が定期的に羽をむしることで、オウムの羽の色を変える（通常は緑や赤から黄色へ）ことができることを発見した。「*tapiragem*〔タピラジェム〕」と呼ばれるこの現象は、それ以来、さまざまな憶測を呼んでいる。現在では、この色の変化は、羽をむしることによって小羽枝《しょううし》のナノケラチン構造の秩序が乱れ、局所的に外傷を受けた結果だと考えられている。また、羽を抜いた羽嚢にヤドクガエルなどの薬を塗ることで、より効果が高まると考えられている。また、オウムにレッドテールキャットフィッシュの脂肪を食べさせることでも、羽の色を変えることができたが、これは通常なら摂取しない食物だ[39]。

　鳥の羽の色は、色素と羽の中の微細な構造によって生成される。おもな色素は、メラニンとカロテノイドだ。メラニンは鳥が自らつくり出す色素で、茶色や黒色を生み出し、カロテノイドは鳥の食物から得られる色素で、赤色や黄色を生み出す。羽に含まれるケラチンのナノ構造によってつくられる構造色は、青色、それも虹色に輝く青色をもつことが多い。この構造色にカロテノイドをベースとした黄色を組み合わせると、ケツァールの不思議な色である玉虫色の青やターコイズ、また緑色が生まれる。(40)

ステータスとしての羽

トゥピ族、ナワ族をはじめとする多くの先住民にとって、羽は身につける人を鳥の霊的な姿に変えてくれるものだった。羽は神性と力を表わし、葬儀や戦後の儀式、生け贄に用いられた。こうした古代の伝統の名残として、現在ブラジルのマットグロッソ地方に住むボロロの子どもたちは、蘇生の儀式でオオハシの綿羽を体に貼りつける。ボロロ族は豊かな儀式生活で知られ、そのような行事の際、大人は頭頂から肩まで、時には地面近くまで垂れるコカレと呼ばれる羽の帽子をかぶる。多くはオウムやコンゴウインコの羽でつくられているが、希少なオウギワシの羽でつくられて地面まで届くものは最高のステータスを意味する。(41)

アメリカインディアン〔エスキモーとアレウトを除く南北アメリカの先住民。以後アメリカ先住民と表記〕と鳥の関係は、人間に対する考え方と密接に関係している。部族間の戦では、捕虜のうち男性は殺して食べ、女性や子どもは養子として勝者の部族に組み入れられた。食人することで犠牲者の力の一部を吸収していた。同じように、シャーマンはジャガーの毛皮やワシなどの鳥の羽を身につけることで、その種の属性を身にまとうことができた。ジャガーの毛皮は獰猛さと強さを、ワシの羽は壮大さを、ケツァールの羽の虹色の輝きは「美、尊さ、豊穣、超越」を与えてくれると感じたのだ(42)。

かつて人類学者は、羽飾りは身分の高い男性が身につけるものと考えていた。しかし、一五五七年、イエズス会のアントニオ・ブラスケスによって語られた、敵の捕虜を処刑するまでの儀式の記録は、そうでないことを物語っている。

裸の女性が六人広場にやってきて……まるで悪魔のような身振りをしたり身を震わせたりした。彼女たちは頭から足まで赤い羽で覆われていた。頭には黄色い羽でできたカロチャ（異端審問を受ける者がかぶるような帽子）をかぶっていた。背中には馬のたてがみのような羽をいっぱいつけており、祝宴を盛り上げるために、敵の脛骨《けいこつ》でつくった笛を吹いていた。この格好で、犬のように吠えながら歩き回ったり、いろいろなパントマイムをして何か話しているかのような動きをみせていたが、私は何に例えたらいいかわからない。これらの行為はすべて処刑の六日か、八日前に行なわれた(43)。

このような裸体や生け贄、食人などの描写は、ヨーロッパ人の想像力を刺激し、羽細工だけでなく旅人のほら話を生むことにつながった。一五〇〇年四月、ポルトガルの探検家ペドロ・アルヴァレス・カブラルがブラジルの海岸に現われた時、先住民トゥピ族と友好的に出会い、彼の部下はかぶり物を羽飾りの帽子と交換し合った。一五一九年にエルナン・コルテスがメキシコに到着した直後でまだ「友好的」だった頃、アステカの皇帝モクテスマ二世から精巧な羽飾りの王冠をいくつか与えられ、カール五世への贈り物としたところ、その美しさに感動した皇帝が今度は他の君主に贈り物として贈った(44)。

このすばらしい羽細工がヨーロッパに登場したことは、イエズス会の事業が並外れた成功を収めたことを示すものだった。羽細工は驚きをもって受け止められ、当時流行していた珍品のキャビネットに並べるために富裕層が熱心に収集した。また、一五九九年にドイツのヴュルテンベルク公国で行なわれたマルディグラの祭りでは、「アメリカの女王」という嘘くさいパレードが行なわれるなど、当時の儀式の元となった。

これは、政争に明け暮れたヴュルテンベルク公フリードリヒ一世の威光を高めるために催されたイベントで、フリードリヒとその廷臣たちはトゥピ族の羽衣装を身にまとい、ヨーロッパ各地の要人を含む約六〇〇〇人の観衆の前でパレードを行なった。というのも、この「アメリカの女王」は、フリードリヒ自身が裸の先住民の女性に扮装して、儀式用の山車に乗って登場したのだ。フリードリヒが張りぼての乳房がついた革のボディスーツを身につけて女性に扮し、羽や刺青、金の装飾品で飾った非常に象徴的な行為だった。

この複雑な象徴のうち、どれだけが意図的で、どれだけが目撃者に理解されたのだろうか。裸体は、堕罪以前の存在というキリスト教の思想を反映して、子どものように純真なものと解釈されることもあったが、この場合、フリードリヒの（見かけ上の）裸は、先住民の野蛮さと堕落を反映するよう意図されていた。行列の中で高価な羽細工を誇示することは、フリードリヒの富を示すだけでなく、彼が女性として登場することによって、男性の崇拝を求めるものだった。さらに、自国の臣民に対する彼の優越感やアメリカ先住民というヨーロッパの花嫁を手に入れる準備ができていることを象徴していた(45)。フリードリヒの行列の登場人物の順序を描いた一連のミニチュア水彩画には、「それぞれその衣装を着た人物の名前が記されている。参加者は明らかに社会的な優先順位のヒエラルキーで並べられており、こうして宮廷の政治構造が再現された(46)」。

「アメリカの女王」は、フランスの貴族、マリー・アントワネットとベルサイユの側近たちが、革命前のフランスで農民が飢えている時に、農民の乳搾りや羊飼いの女に扮してはしゃいでいた、粗野な文化の流用を予期させる。また、先住民の工芸品をまったく異なる文化に転用し、ほとんど異なる意味をもたせた例でもある。両者の間に唯一重なるのは、羽が富と権力を反映しているという点だろう。新大陸の羽製品をヨーロッパへ輸入したことは、希釈、劣化、そして最終的には意味の喪失を伴い、いわばば先住民の尊厳を平凡なディズニー化〔単純でセンチメンタルな形や様子にすること〕する旅だった。

植民地化による知識の搾取

アメリカ大陸の征服は、先住民に大きな打撃を与えた。スペイン人は意図的にその土地の文化を破壊しようとしたが、さらに意図せずして先住民が免疫をもたないヨーロッパ人の病気が持ち込まれたこともあって植民地支配が加速され、その結果、先住民の人口が激減した。そして、それはすべて「欲」のためだった。最初は金銀、後には木材、砂糖、カカオなど、地元で調達したりアフリカから輸入した奴隷の労働力によって生産された資源を獲得するためだ。また、侵略者はもう一つの資源を手に入れた。それはタバコや、梅毒の治療薬としてのユソウボクなど、薬草に関するものを含む、少なくとも商業的に大きな可能性を秘めた地元の知識だった[47]。新種の鳥の記述や同定など、その他の知識は「単に」科学的な価値しかなかったように思えるが、これもニエレンベルク、ピソとマルクグラーフの本やレイの『ウィラビーの鳥類学』などの販売によって利益を生んだのである。

ヨーロッパの博物学者は、そうとは知らずに、先住民の知識を利用した植民地搾取の一端を担っていたことがあった。アメリカ大陸だけでなく、インド（第9章で述べる）やアフリカなど、他の地域でも同様だった。ここ数十年、植民地権力による地元の知識の横取りは、「従属者の生活を意図的に消し去っている」「世界中で、こうした物語の情報提供をする先住民は、たとえその役割を認知されたとしても、自然の対象物とそれを研究するヨーロッパ人科学者との間で仲介役という犠牲者の役割を強いられている」と批判されるようになった[48]。ナンシー・ジェイコブスは、二〇世紀初頭のアフリカの鳥類学の発展において、先住民の情報提供者や助手が果たした役割を詳細に評価し、「助手は専門家でありながら部下だった」ことについてコメントし、帝国の拡張や奴隷化と比較して、自然史を執筆することは「偽りの無垢」であると言及している[49]。

ヨーロッパ人の博物学者が、土着の知識から本来の意味の多くを、あるいはすべてを切り捨ててしまったというのが、これまでのおもな批判である。たとえば、異なる種類の鳥の羽を使い、それらを組み合わせて頭飾りをつくることは、さまざまな文書に記録されている情報から判断すると、特定の意味をもっていたが、書き写す人はその意味をほとんど記録しようとしなかった。歴史家のマーシー・ノートンは、この問題をヨーロッパの冒険家の例で説明する。

二〇世紀初頭、イギリス領ギアナのワイワイ族のもとに住んでいたジョン・オギルヴィーは、羽の頭飾りを買うのに「帽子そのものの歴史を聞かされた！」と不平を漏らしている。「一羽一羽の鳥を追いかけて、どこでどのように撃たれたのかなど、数え切れないほどの長話を聞かされた[50]」

私もオギルヴィーに同情するところがある。生まれ育った環境や、私の場合は科学的な修養のために、このような情報を受け入れて真に理解することが難しくなっているのだ。私はカナダの北極圏で鳥を研究し、現地の人たちと一緒に仕事をしていたので、イヌイットの鳥の伝承を理解したいと常に思っていた。私たちは、構成や一貫性があることで「意味がある」と考えるように訓練されているが、彼らの話にはそうした部分が欠けているようだ。そのため、話者にとっては意味があっても、私たちには無意味な話に聞こえてしまう。しかし、オギルヴィーはワイワイの言葉を話し、その文化に精通していて人々に深い尊敬の念を抱いていたので、彼の情報提供者が何をしているかは十分にわかっていた。アメリカ先住民がある種の羽を身につけると、変身できる。鳥の見方や価値観が異なる文化を理解するためには、難しいかもしれないが、変身が必要なのだ[51]。

ウィラビーとレイに公平を期すると、二人は『ウィラビーの鳥類学』の序文で、「人文学的な事項を取り入れる著者もいるが、我々は、それに類する象形文字、紋章、道徳、寓話、予言、あるいは神学、倫理学、文法などに関するあらゆるものを完全に排除した」こと、その目的が科学だということを明確に述べている[52]。

ヨーロッパ人が先住民の博物誌を語る時は、鳥のもつ精神的な意味合いを取り除いてしまうことが多いが、肝心な先住民の情報提供者に負った恩義もまた語られていないことが多い。

エジプトでは、墓壁から絵画を切り出してくる（第2章）というその文化に独特な物理的遺物の持ち出しが行なわれたが、植民地勢力が土着の知識を流用する事態は、それに例えられる。また、鳥の標本のようなさほど珍しくない解剖学標本についても同じことがいえる。違いがあるとすれば、少なくとも原理的には、遺物は返還できるが、知識は返還できないという点である。確かにヨーロッパ人は現地の博物学的知識から利益を得たが、その知識の源が明らかにされていないのが大きな問題だと思われる[53]。とはいえ、一五〇〇年代のメキシコのベルナルディーノ・デ・サアグンやフランシスコ・エルナンデス、一七〇〇年代後半や二〇世紀初頭のアフリカの鳥類学者フランソワ・ルヴァイヤンやコン・ベンソンなどは、先住民の助手や情報提供者への恩を明確に、かつ寛大に認めているのも事実だ。[54]こうした鳥類学者は、自分たちが先住民という巨人の肩に乗っていることを知っていたのだ。メキシコの鳥類研究を含めて現代の科学一般に、知識は相次ぐ出版物の蓄積を通して得られるのが特徴だが、それを考えると、レイがケツァールについての記述で先住民の出典を明記しなかったことを、私たちはあまり批判すべきではないのかもしれない。

自然科学と宗教のはざまで

科学でも人文科学でも、まったく偏見のない研究者というのはほとんどいない。スペイン人研究者に反感をもっていた可能性はあったにせよ、ジョン・レイはヨーロッパをはじめとする人々の鳥への関わり方を変えたのだ。レイはウィラビーの死後、一緒に始めた仕事の執筆と出版をするために、余生の大半を忠実かつ勤勉に費やし、一六七六年に鳥類、一六八六年に魚類、一七一〇年に昆虫を（レイ自身は一七〇五年に死んだがその後）出版した。[55]そしてこれらの動物学の大プロジェクトの合間に、植物や最も有名な神に関する仕事も行なっていた。

一六九一年に出版された『*The Wisdom of God Manifested in the Works of the Creation*〔天地創造の御業に明示された神の英知〕』は、レイが一六五〇年代にケンブリッジで行なった講義がその始まりで、ウィラビーと共同で行なった仕事が肥やしとなり、成長したものである。この『神の英知』では、『ウィラビーの鳥類学』

のような同定、記述や分類から、解釈へと焦点を切り替えていた。すなわち、鳥類やその他の動物が生息する環境に適合するための機能、つまり「適応」である。『神の英知』は、自然史の流れを変え、人々の自然史に対する考え方も変えた。

レイは、宗教心が強く、自然界に深い感銘を受けていたため、「神の世界」である自然界の美と驚きを褒め称えている他の何人かの作品に基づき、この二つの世界観を巧みに組み合わせる方法を見出した。(56) それは、カトリックのルネ・デカルトによる、動物を魂のない「オートマタ」、つまり感情をもたない機械として捉える考え方を積極的に否定した、共感に基づく考え方でもあった。この新しい自然界の見方は、「物理神学」あるいは「自然神学」と呼ばれた。この神学では、キツツキの長い舌、水鳥の足の水かき、ヨタカの隠蔽《いんぺい》色などの適応に焦点が当てられている。このような特性は、神がその環境に完全に適合した動物を創造したことを示す証拠だった。キツツキの舌は木の穴の奥まで突っ込んで昆虫の幼虫を取り出すのに役立ち、カモなどの水鳥の足は水かきがついて泳ぎやすく、ヨタカは完璧なカムフラージュで捕食者に気づかれずに日中は地面で眠ることができる。(57)

レイは、多くの先人や同時代の人々と同様に鳥の実用的価値を認めていたが、動物は神によって明らかに人間に使用されるという明確な目的のもとに設計されたわけではなく、「人間が才覚によってその使用に合わせている」という新しい工夫を加えている。つまり、神の力をほとんど借りることなく、人間はそれを解決したのだ。

鳥は我々にとって非常に有用である。その肉は我々の食料のかなりの部分を提供する上に最も美味でもあり、その他の部分は薬になる。その羽は私たちの寝具の詰め物として役立ち、柔らかくて暖かい寝床を提供してくれる。これは私たちにとって、特に北方の世界では少なからず便利で快適なことである。また、軍人は、冠を飾ったり、敵の畏怖感を煽るために、常に羽を飾っていた。翼と羽は筆記用具として、また部屋や家具を掃き清めるために使われる。(58)

レイは「鳥の価値」のリストで鷹狩りについて明確に言及していないが、おそらく「運動、気晴らし、娯楽」の中で暗黙の了解となっているのだろう。しかし、レイは「軍人が用いる」鳥の象徴的、装飾的用途を明確に認めている。これは、少なくともアメリカ先住民がケツァールの羽を使用していたことを示唆しているのかもしれない。しかし、彼は最後に、鳥の歌や姿の美しさに価値を見出すことを強く主張している。

さらに、そのメロディアスな発声は私たちの耳を喜ばせ、その美しい形や色は私たちの目を楽しませ、世界を飾るのに非常に適しており、生け垣や森に鳥が多く棲む国を非常に楽しく陽気にしてくれる。鳥がいなければ寂しく、悲しみも少なくないだろう。もちろん、運動や気晴らし、娯楽になるものもある。(59)

レイの広範な『神の英知』は科学史に他ならないが、自然界に対する態度に新たな、そして「きわめて重要な」変化をもたらした。「美学的に満足させ、知的に教育し、精神的に重要なものとして『自然』界の価値を喜ぶことは、ヘブライ人、ギリシャ人、キリスト教徒の最高の思想を反映しているが、カトリックとプロテスタントの両方の伝統の哲学や宗教とは強く、著しい対比をなしている」。それ以前は、自然界は宗教とは無関係であり、敵対的でさえあった。その美しさは「誘惑であり、その研究は時間の浪費」だったのだ。レイの『神の英知』は、科学の発展に最高の価値ある地位と認可を与え、イギリスに関する限り、教会の権威との対立から解放したのである。(60)

レイは、「自然の統一性、形態と機能の問題、適応、多くの奇妙な……現象に注目させる」ことで、「今日の科学運動に最初の強い衝動を与えた」(61)。また、「図書館から野外に出て、生きている鳥の研究をしよう」と、後続の博物学者たちを鼓舞した。(62) 窮屈な鳥類学という学問の縛りから抜け出して、生きている鳥を自然の生息地と飼育下で観察したり、あるいはフェルディナンド・アダム・フォン・ペルナウ男爵のようにその両方で観察を行なった人もわずかながらいた。ペルナウは注意深く鋭い観察眼をもち、鳥がどのようにして歌を獲得するのかについて、初めて合理的な推測を行ない、一七〇〇年代初頭に匿名で出版した。鳥の行動学の先駆者であるニコラ・ヴェネットという退役軍医は、一六九〇年代に飼育していたサヨナキドリの観察から、渡り鳥の落ち着きのなさという重要な現象を特定し、それを説明する非常に賢明な提案を行なった。

そして、イタリアの貴族で軍人、学者だったルイジ・マルシリは、一七〇〇年代初頭に鳥の巣と卵の野外調査を初めて実施した。一七四二〜四三年にかけては、ドイツの自然神学者ヨハン・ツォルンが二巻からなる『*Petino-Theologie*〔翼ある宗教〕』を出版している。その中には、カッコウの幼鳥はムシクイのヒナを丸ごと真似して、育ての親をだまし、さらに尽くさせると考えたが、これは後に私の博士課程時代の同僚であるニック・デイヴィスが検証した仮説である。自然の生息地で、生きた鳥を観察して研究することで、鳥との間に独特の共感関係が生まれた様子は、第11章で、くわしく紹介する。

ジョン・レイの『神の英知』はベストセラーになったので、レイはその後何年も新版の制作に追われた。この本は、鳥や動物を自然環境の中で観察するフィールドバイオロジー〔野外生物学〕の始まりとなった。この本は、敬愛されるギルバート・ホワイト牧師をはじめ、多くの人々に同じ活動をするよう促した。ウィリアム・ペイリーは、『神の英知』の初版が出版されてから一世紀経った一八〇二年に同じくらい有名な『*Natural Theology*〔自然神学〕』を著したが、レイを盗用していた。ケンブリッジ大学の学部生だったチャールズ・ダーウィンが読んだのはペイリーの本であり、矛盾を感じなかったわけではないが、彼は自然神学のアイデアから、適応をもたらす主体は神ではなく、自然選択であると読み換えたのだ。

第7章　海鳥を食べる暮らし

私たちは、通りすがりに、干し草の山のように見える石造りの丘をいくつか見た。一番上の石を外すと、中は空洞になっていて、首で吊るされている鳥がたくさん見えた。

——アバカック・プリケット[1]（一六一〇年）

海鳥の楽園フェロー諸島

『ウィラビーの鳥類学』は、当時の科学用語であるラテン語で書かれていた。しかし、状況は変わりつつあったので、出版後すぐに、マーティン・リスターという友人から英語版をつくるように促されて、レイはそれを実行に移した。この英語版がなければ、ウィラビーとレイの鳥類学への革新的な貢献は気づかれないまま終わっていたかもしれない。レイはこの機会にいくつかの誤りを正したが、売り上げを伸ばすために、遠く離れたフェロー諸島の海鳥についてデンマークの司祭が書いた最新の記録など、話題性のあるものも追加した。

ルーカス・デベスはデンマーク領のフェロー諸島に一六五一年に到着し、その後二四年間、ほぼ常時そこで生活することになった。好奇心旺盛で教養があり、優しい人物だったデベスは、フェロー諸島の住民について説得力のある説明をし、「神はこの地を数種類の鳥獣で豊かに祝福され、その大部分は人間の食料となる」と報告している。(2)

フェロー諸島ほど、鳥に栄養を頼ってきた文化はないだろう。この群島は一三の島からなっており、スコットランド、ノルウェー、アイスランドから等距離にある荒海に浮かんでいる。山地は不毛で貧弱な動植物が見られるに過ぎないが、周辺の海はかつて地上で最も生物の豊かな海域だった。春にプランクトンが大量発生して、魚の個体数が増え、クジラや想像を絶する数の海鳥など、多くの最上位捕食者も育っていた。

沖合の島々は、海鳥にとって絶好の繁殖地だ。キツネやイタチ、ネズミといった陸上の捕食者がいないので、鳥自身と一番大事な卵やヒナが比較的に安全であり、また餌場となる場所に全面的に囲まれているからだ。フェロー諸島には壮大な崖と高い草地の斜面があり、繁殖場所が実に豊富にある。海鳥はその名の通り、海の幸を主食とする鳥で、そのニッチを最大限に活用するように進化してきた。たとえば、アホウドリやフルマカモメは、長く硬い翼を使って、広大な海の上をほとんど苦労なく滑空し、餌の匂いを嗅ぎ分けて見つける。また、ニシツノメドリやオオハシウミガラス、ウミガラスの翼は小さいので遠くまで飛ぶことはできないが、パドルのような役割を果たして、魚やプランクトンを求めて非常に深くまで潜水できる。

繁殖期の真っ只中は、海鳥のコロニーは賑やかで、強烈に匂い、騒がしいのでまるで現代の都市のようだ。繁殖地では、上空や周辺を旋回している鳥が何千羽もいるが、さらに海上や崖のふもとの潮だまりの岩の上に座っている鳥はもっと多い。シロカツオドリのせっつくようなしわがれた「ハラハラ」という声、喧騒を切り裂くようにミツユビカモメが鳴くメロディアスな裏声の「キティウェイク」など、さまざまな鳴き声がコーラ

フェロー諸島のヴォーアル島から西を見た景色。中景にティンドホルムア島（およびイーグルズ・ピーク）、右奥の水平線にミキネス島が見える。

スになって聞こえる。海鳥の糞のアンモニアに富んだ香り（ちなみに私はこれが大好きだ）が岩棚を覆い、限りなく芸術的なデザインで飛び散り、やがて海に流れ込み、このすばらしい生態系全体を動かす植物プランクトンの栄養源となる。(3) しかし冬に、海鳥たちが海の向こうへ姿を消すと、海鳥のコロニーは不気味なほど荒涼として見えることもある。

フェロー諸島に初めて人がやってきたのはいつなのか、はっきりしたことは誰も知らない。考古学による新たな発見があるたびにその年代はどんどん遡っていくが、エル・タホ洞の新石器時代の人々が消滅してからずっと後の、紀元元年から一〇〇〇年頃のことである。フェロー諸島の考古学的遺物の中には、四〜六世紀にかけてのものがある。六世紀にフェロー諸島と思しき場所について、「ヒツジの島」「鳥の楽園」と表現したブレンダンというアイルランドの修道士がおり、最初の入植者はそのような人たちだったと考えられている。北大西洋ではいずれの島でもごく最近まで「鳥の楽園」だったので、どの島を指していてもおかしくない記述だが、現在では、海鳥のコロニー、特にフェロー諸島の海鳥のコロニーは減少し、繁殖期のピークでさえ、冬の荒涼とした雰囲気を漂わせている。(4)

断崖がたいそう大きいので、崖の上からだと今やわずかな数しかいない鳥たちの声や姿を見聞きするのがやっとという程度になり、落胆の感覚はいやが上に増幅される。実際、私が二〇一九年五月にフェロー諸島を訪れた際には、目に見えるものと声や匂いのすべてを合わせて、ここが海鳥の島だとかろうじてわかる有様だった。

しかし、地元の人々、特に離島の人々に話を聞くと、フェローの文化の根底には、海鳥を捕らえて食べるという「ファウリング〔鳥猟〕」が今も健在なことがわかる。卵や成鳥を捕るために広大な崖を命がけで下りるという、大陸の農村とはまったく異なる生活様式を強いられていたからだ。そこではチームワークが必要で、崖を下りるのは常に男性だったが、女性もしばしば崖上に戻る際に手伝った。崖の昇降は肉体的にも危険な作業だったが、携わる者たちの間に地位と深い仲間意識をもたらし、独特の緊密な生活様式を築き上げた。

デベスの記述は、フェローの鳥猟、海鳥の生態や文化に関する最初のものだ。デベスの肖像画は一八七〇年頃に失われてしまったが、それを見た親戚の者が、長髪で黒いひげをたくわえた長身の男だったと語っている。一六七六年に出版された『*Description of the Islands & Inhabitants of Foeroe*〔フェロー諸島とその住民の記録〕』は、フェローの住民に対する並々ならぬ共感と熱意をもって洞察的、客観的に書かれた力作である。

食用の海鳥は大量に見つかる……Skrabe（マンクスミズナギドリ）、Lunde（ニシツノメドリ）、Lomvifve（ウミガラス）……。このような鳥は毎年一個だけ卵を産み、育つ子も一羽だけである。……おもに求められるのはこれらのもので、毎年一〇万羽も捕られているが……神の見事な摂理によって、彼らはとても多く、晴れた日には厚い雲で覆ったように陽の光をさえぎって、翼で恐ろしい音を立てて飛ぶので、それを聞いてその原因を知らない人は、雷鳴としか思わないだろう。(5)

彼の記述には、オオウミガラスに関するすてきな一文も含まれている。

ここにまた、Garfugel（オオウミガラス）と呼ばれる珍しい水鳥がやってくるが、岬の下の崖ではめったに見られない。翼が小さくて飛ぶことはできない。直立して人間のように移動し、全身が黒く光っているが、腹の下は白い。くちばしは長く尖っているか、側面は細く、頭の両側で目の上に半クラウン〔直径およそ三センチメートルの銀貨〕ほどの大きさの丸い白点があり、眼鏡をかけたような形をしている。私はこの鳥を何度か飼ったことがある。飼い慣らすのは簡単だが、陸上では長くは生きられない(6)。

デベスは、在住牧師のもとで副牧師になるために、一六五一年の夏に二九歳でフェロー諸島に到着した。しかしその時初めて、前任者が数カ月前に亡くなっていたことを知り、フェロー諸島の伝統に従って、その未亡人と結婚してフェロー諸島の首都トースハウンの牧師になった。新妻には子どもが九人いて養育費がかさむので、出世と同時に責任も重くのしかかった。そのため、デベスは金銭的に余裕がなく、借金をすることも多かった。

エネルギッシュで賢いデベスは、すぐにフェローの人々を好きになり、尊敬するようになった。デンマーク人の地主クリストファー・ガベルによるフェロー人への仕打ちに愕然とし、彼らを守るために自ら行動した。一六五五～七三年までのガベル家の領地時代（デベスの在任期間と重なる）は、フェローの歴史の中で最も厳しい時期だったといわれている。ガベルは一度もデンマークを離れなかったので、自分の領民がどのように生き延びているのかを見ることもなかった。ガベルの家来の一人がデベスの連れ子を強姦したこともあり、デベスは長い間彼らと闘争していた(7)。

デベスが『フェロー諸島とその住民の記録』を執筆した動機の一つは、フェロー諸島の人々の窮状を公にすることだったが、中でも一番注目すべきは、彼らが海鳥に圧倒的に依存していることを見抜いた点だ。地元の人々が鳥をどのように捕らえ、どのように利用しているかを記述した彼は、文化人類学の先駆けの一人となったが、その界隈でデベスの名前が言及されることはほとんどない。デベスの本は一六六〇年代に書かれた後、一六七三年にデンマーク語で出版され、意外なことに一六七六年に英語に翻訳された。

これは、一六〇〇年代の科学革命というタペストリーの中で、金糸のように輝かしい出来事だった。一六六〇年にロンドン王認学会が設立されるとすぐに、活発で熱心な書記官のヘンリー・オルデンバーグが、新しい科学的発見の詳細を伝達し保存する手段として、世界初の科学雑誌『*Philosophical Transactions*（フィロソフィカル・トランザクションズ）』を創刊した。これは現在でも活発に発行されている。また、オルデンバーグは、学会の会員が新しい発見をするために、さらに知っておくべきことを洗い出した。オルデンバーグが考案したのは、国内外を旅する会員たちが答えを探すための「クエリー（質問）」である。この「自然史に関するクエリー」は、さまざまな国の生活、寒さの影響、鉱業などの活動、時には「鳥を捕らえるほど強い巣を張るといわれるクモ」の標本を求めるものなど、内容は多方面にわたった。

オルデンバーグはデンマークとその自然史に興味をもっていた。一六七二年、王認学会会員でコペンハーゲンにいるデンマーク王室特使のトマス・ヘンショーが、「フェロー島の所有者」である「ガベリ氏」（クリストファー・ガベル）という人物に会ったという手紙を同僚であるオルデンバーグに送っている。オルデンバーグは、これはチャンスとばかりに、当時まだ何も知られていなかったフェロー諸島に関するクエリーをつくらないかとヘンショーに依頼した。ヘンショーはそれに応じたが、ガベル氏も含めて興味を示す者が誰もいないので困っていた。そんな折、偶然にもヘンショーのデンマーク人の同僚で、コペンハーゲン大学教授のラスマ

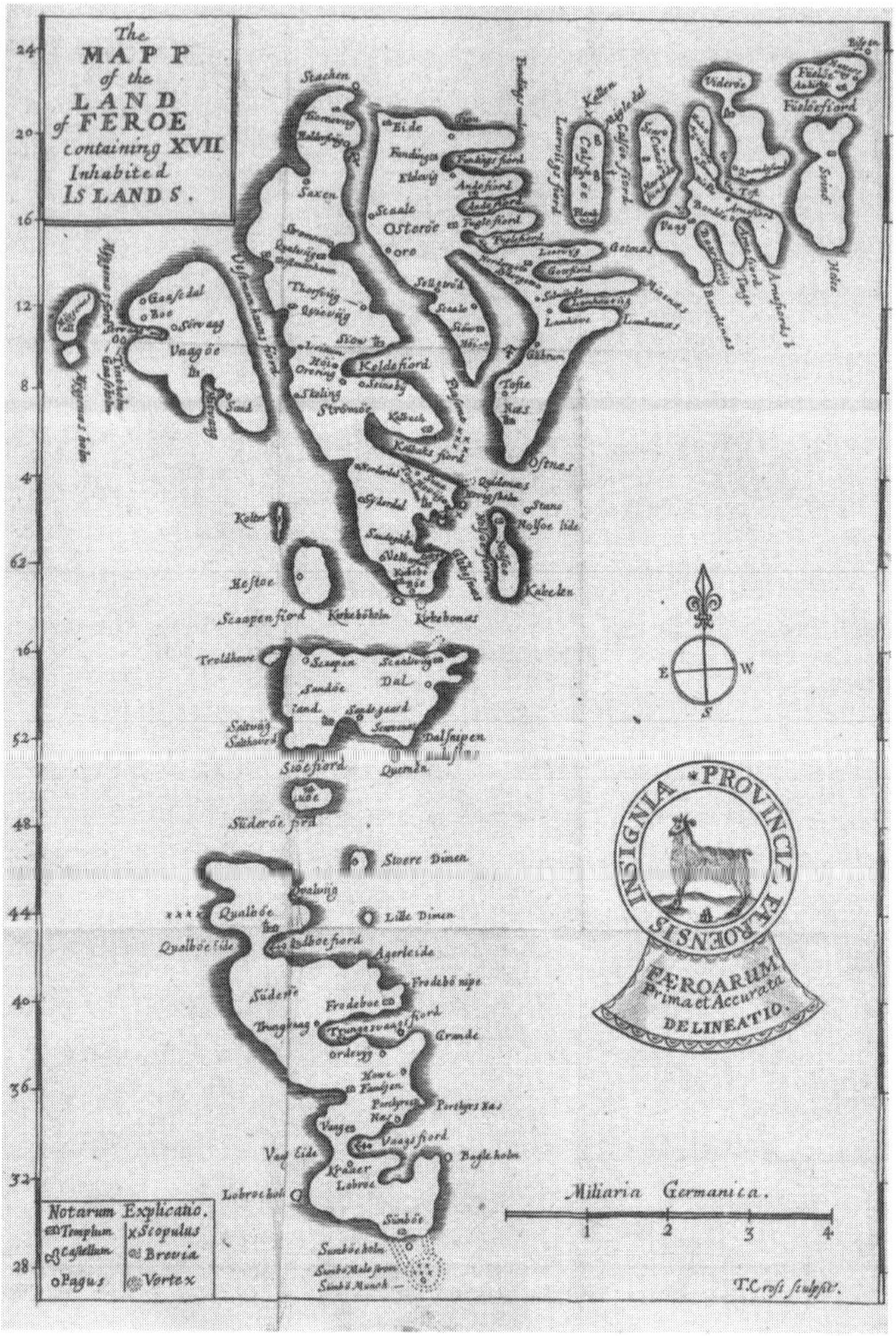

ルーカス・デベスによるフェロー諸島の地図。

ス・バルトリン医師が、「フェロー諸島に住むデンマーク人の司祭が、最近その島に関する本をデンマーク語で書いた」という話を教えてくれた。ヘンショーはデベスに連絡を取り（デベスがコペンハーゲンにいた時に会ったかもしれない）、その後デベスはヘンショーの質問に答えてくれた。

この結果に満足したヘンショーは、一六七三年にオルデンバークに手紙を書き、「ルーカス・ヤコビ・デベス師という……独創的で好奇心の強い男」について言及した。彼はフェロー諸島について大著を書いたが、「残念なことにデンマーク語でしか書かれていない」。ヘンショーは、デベスに「何か贈り物でもすれば、ラテン語かドイツ語の要約文をつくってくれるだろうか」と思案した。しかし、その間に、オルデンバーグは、コペンハーゲン在住の人物に英訳を依頼できたので、結局要約をつくる必要はなくなった。それはジョン・スターピンといい、フランス生まれでイギリスで教育を受けたスコットランド人だった。(8)

この翻訳本は一六七六年に出版され、王認学会の機関誌に掲載された書評では、フェロー諸島は「陸鳥と海鳥の両方に恵まれた国」と評されており、イギリスの著名な医師で博物学者、王認学会会員であるマーティン・リスターの目に留まったのは、このためではないかと推測される。リスターは感激して、ジョン・レイにこの本のことを手紙で伝え、英語版の『ウィラビーの鳥類学』にその一部を掲載するように提案した。デベスの本を読んだレイは、著者の学識とフェロー諸島の海鳥に関する斬新な情報にすぐに共感し、その本の一部をそっくり書き写して適切なクレジットをつけ、『ウィラビーの鳥類学』の新版に追加した。

コペンハーゲンで学んだデベスは、有名な博物学者オーレ・ヴォームに師事していたため、あれほど熱心にフェローの鳥類について書いたのも不思議ではない。ヴォームは少なくとも当時は、その巨大な珍品のキャビネットで有名だった。さらに、ヴォームはデベスが送ってくれたオオウミガラスをペットとして飼っていたが、

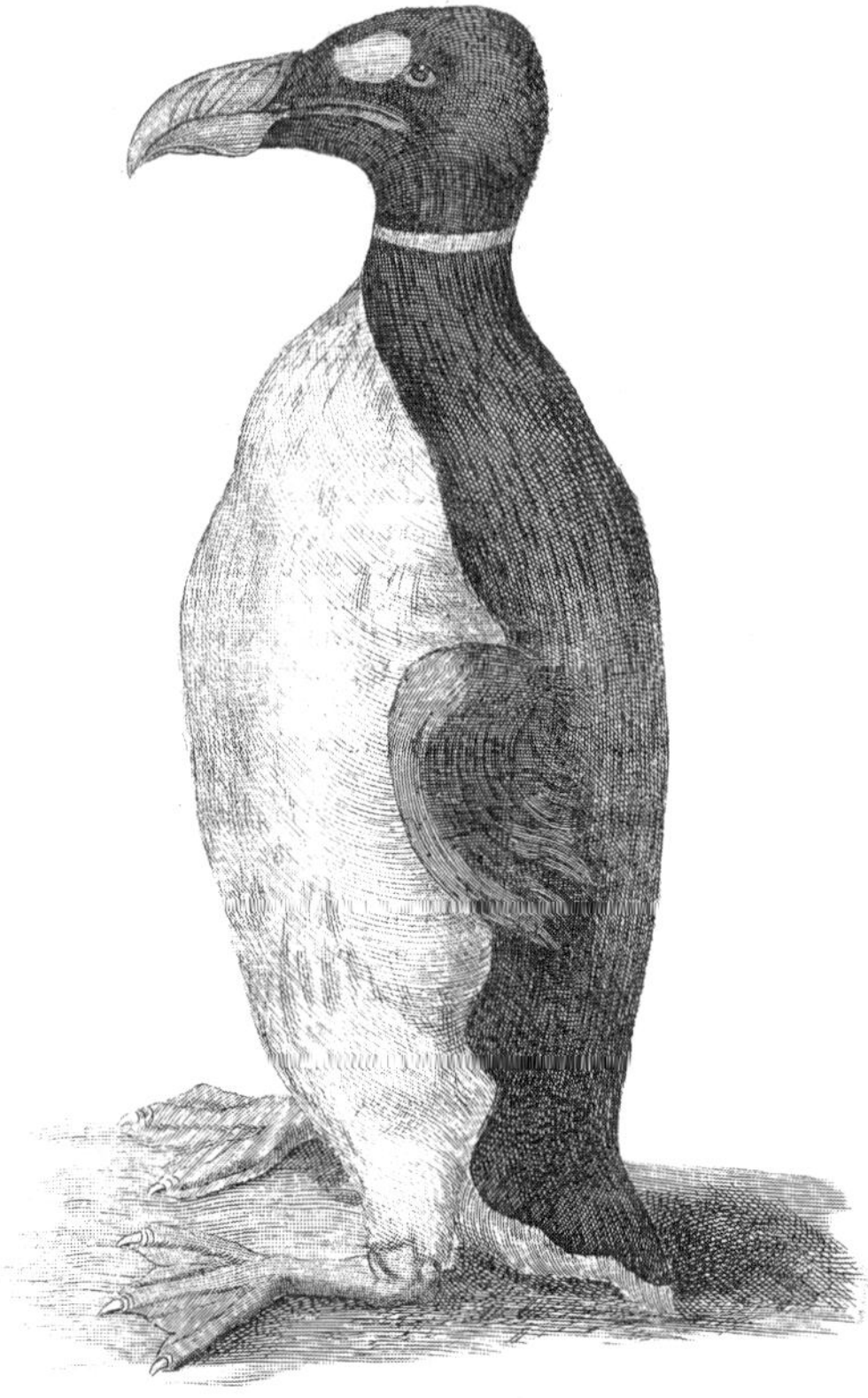

オーレ・ヴォームのオオウミガラス（1655年の記録より）は、弟子のルーカス・デベスがフェロー諸島からデンマークに送ったものだ。首の周りの白い輪は、ヴォームが鳥をコントロールするためにつけた首輪だと思われるが、その後の著者はこれを鳥の羽の一部と誤認している。

この鳥がニシンを丸呑みすることに驚いていた。[9]

フェローの文化は宗教色が濃く、日曜日には猟をしないことになっていたが、ゴンドウクジラは安息日にも捕獲することが許されていた（鳥はコロニーに縛られているので、月曜日になってもそこにいるが、ゴンドウクジラは一度見かけても翌日そこにいる保証はないという違いがあるのだろう）。そしてもちろん、デベスの時代には「グラインド」、つまりゴンドウクジラ猟は、すでに確立されており、山ほどの肉を提供する可能性をもっていた。[10]

一九世紀の独学の画家ディドリック・ソーレンセンは、フェロー諸島で繁殖する一六種類の海鳥と人々の親和性を見事に捉えた水彩画を四枚残している。その絵画は、現在、トースハウンにあるフェロー諸島国立美術館に展示されており、画家以外も誰でも知っていただろう鳥たちが描かれている。ウミガラス、ニシツノメドリ、オオハシウミガラス、ミヤコドリ、Bonxie（オオトウゾクカモメ）、ヨーロッパムナグロ、そしてフェロー名物の白黒のワタリガラスなど。脆《もろ》いベージュ色の（もしくは昔は白かったが今はアンティークな色合いになってしまった）もろい紙に横向きで描かれたソーレンセンの鳥たちは、素朴だが魅力がある。[11]

フェロー島民による鳥猟

つい最近まで、フェロー諸島の社会の栄養基盤は、ニシツノメドリ、ウミガラス、フルマカモメの三種の海鳥に大きく頼っていた。

フェロー諸島以外の人にとっては、ニシツノメドリを食べるという発想は、ラブラドゥードル（ラブラドール・レトリーバーとプードルをかけ合わせた愛玩犬〕を食べるのと同じように嫌悪感を抱かせるものだ。しかし、アイスランドを訪れる観光客にとっては嫌悪感よりも目新しさが勝るようで、この伝統料理は観光客に人気がある。フェロー諸島でも、ニシツノメドリはおそらく過去一〇〇〇年もの間、食の重要な部分を占めてきた。観光客の舌を満足させるためではなく、必然性からである。一九四〇年代にフェロー諸島の家族と暮らしたイギリス人旅行者は、ゆでジャガイモ、濃厚なブラウン・グレイビーソースとルバーブで食べるニシツノメドリを「おいしい——濃厚で柔らかく、とても味がよい」と評価し、フェロー諸島の人々がウミガラスやオオハシウミガラスよりも好んで食べていたとしている。[12] 私自身もニシツノメドリを食べたことがある。それは、一九七〇年代にラブラドール沖の海鳥の島で、迎えに来るはずの漁師が来てくれなかったので、食料を食べ尽くした後、最後に食べたのだ。私にはレバー味がするステーキのように思えた。

ニシツノメドリはフェロー諸島で食用に捕獲されてきた海鳥の中でも一番重要な種で、崖で繁殖するウミガラスやフルマカモメに比べれば、はるかに簡単でかつ安全に捕獲できる。ニシツノメドリはアクセスしやすい草地の斜面にある巣穴に卵を産むので、巣穴から引っ張り出すか、もっと残酷に引っかけるか、もしくはフレイグと呼ばれる長柄つきの網を使ってコロニーの上を飛んでいるところを捕らえればよい。この二つの技術は、少なくとも過去三世紀か、もっと昔から使われてきただろう。デベスは、フェロー諸島の人々がニシツノメドリをどのように捕らえ、どのように処理していたかを説明している。

彼らは長い柄つきの丸い輪に網を張って使う。その網はガラス窓の桟と同じくらいの大きさで、この網でエビを捕る所もある。これを彼らはスタングまたはスタンフェと呼ぶ。猟師はこの網を持って、崖の上や岩間に座っている。そして、ニシツノメドリが陸から、あるいは陸に向かって飛んでくると、彼は柄つき網を鳥に向かって差し上げ、鳥が網にかかると、柄を回転させて網にうまく絡ませる。巣で捕れる鳥の他に、この方法で非常に短時間でニシツノメドリを二〇〇羽捕らえられることもある。[13]

一六〇〇年代の収穫は膨大なものだったが、フェロー諸島以外では知られていなかった。一九〇〇年代初頭には（おそらくそれ以前も）毎年四〇万～五〇万羽のニシツノメドリが捕獲されていた。この年間捕獲数を維持するためには、フェロー諸島の個体群は約二〇〇万つがいほどいたはずだ。しかし、現在ではその数はかなり少なくなっている。一九四〇年には一五万四〇〇〇羽、二〇〇〇年には九万五〇〇〇羽、二〇〇七年にはわずか一万羽と、過去一二〇年の間にニシツノメドリの捕獲数は減少しているのだ。この変化は、ニシツノメドリの個体数そのものが減少した結果で、（捕獲以外にも）少なくともネズミと餌不足という二つの要因がある。[14]

フェロー諸島に初めてドブネズミがやってきたのは一七六八年だった。ネズミが侵入した島々では、地上営巣性の海鳥であるニシツノメドリ、マンクスミズナギドリ、ヒメウミツバメがすべて姿を消した。ネズミが海鳥の卵やヒナを食べるのは、世界中にありふれた有名な話である。[15]

陸上ではネズミの被害に遭うが、海でも深刻な変化が起きていた。気候変動や乱獲によって、ニシツノメドリの繁殖に必要な魚の分布や量が変わってきている。フェロー諸島でニシツノメドリが繁殖するための餌が不足していることに気づいたのは、繁殖成功率がそれまでよりも大幅に低くなった一九七〇年代初頭のことだった。その後、ニシツノメドリの繁殖期が遅れたり、二〇〇七年のようにまったく繁殖しなかった年もある。また、フェロー諸島の全個体のヒナが餓死した年もある。このような惨事は、ノルウェー、アイスランド、スコ

フェロー諸島の地図の一部で、現地の生活の様子が描かれている。デンマーク守備隊長C・V・L・ボーンによる 1791 年の絵。ここでは海鳥の異なる捕獲方法が紹介されている。

ットランドなど他の北大西洋コロニーでも記録されており、気候変動によってプランクトンや魚の量や分布が変化している状況の一端と考えられている[16]。

何世紀にもわたってニシツノメドリ猟を続けてきたにもかかわらず、個体数が減少しなかったことから、島民はニシツノメドリの減少の原因は、ネズミと海洋環境の変化だと考えている。実際、フェロー島民によるニシツノメドリ捕獲法のフレイグは、非繁殖鳥を意図的に狙ったものだった。ニシツノメドリは六～七歳にならないと繁殖しないが、三～四歳の頃からコロニーを訪れ、繁殖地の上を大きな「車輪」のように飛び回るようになる。この未熟な鳥を中心に捕獲し、ヒナのいる鳥を避けることで、繁殖個体群を守ってきたのだ。

これほどの数のニシツノメドリを殺して食べてきたからには、何かプラスになることもあるだろうと思われるが、近年、そのようなことが起きている。繁殖期に大きなニシツノメドリのコロニーで過ごしたことのある人ならご存じかもしれないが、無垢な集団の中に時折「黒っぽい顔」のニシツノメドリが佇んでいることがある。ふつうは顔の羽が白く、目の上下には肉厚の装飾があり、くちばしのつけ根に黄色く縁取られた青灰色の板がある。しかし、こうした個体の顔は（白ではなく）濃い灰色で、装飾や色つきの板はない。最近、このくちばしの淡黄色の縁取りが暗闇で光ることがわかったので、巣穴の中のヒナが給餌を受ける時に親のくちばしを見つけるのに役立っているのかもしれない[17]。驚くべきことだが、なぜ今まで誰もこれを調べようと思わなかったのだろうか。この特徴的な黒っぽい顔の鳥は繁殖用の装飾を施せなかったという説明は、わかりきった一般論だ。とはいえ、科学者ならば、これは煮え切らない説明だということがわかるだろう。しかし、フェローの鳥類学者イェンス・キエルト・イェンセンは、長年にわたってフェローの鳥猟師が仕留めた黒っぽい顔の鳥を一八羽以上解剖して、驚くべき発見をした。その結果、黒っぽい顔のニシツノメドリはすべて老齢で（くちばしの赤い部分の溝の数で判断)、しかもすべてメスだったことがわかった。どうなっているのだろう? 答えは、メスの鳥は年を取ると卵巣の機能が低下することがあり、実際、この黒っぽい顔のニシツノメドリはいずれも卵巣と卵管の状態が悪かった。卵巣が機能しないとエストロゲンは分泌されないが、キジやクジャクなどの鳥類では、このホルモンが不足するとメスが性転換して換羽後にオスの羽衣になり、飼い主を困惑させることがわかっている。つまり、オスの羽衣はエストロゲンの不足によって生じるので、ニシツノメドリの換羽や派手なくちばしへの変化も、このホルモンによって決定されていることが示唆されるわけだ(18)。

ウミガラスの卵の味

昼下がり、船はカラフルな家々が立ち並ぶ小さな島、スクヴォイ島に入港した。一番奥の家に向かって急な坂道を上っていくと、今度はノームと呼ばれる小人たちが集まっているのに驚かされる。フェローの民話に登場する隠者、フルドフォルクなのだろうか? そのノームはプラスチック製で、私が泊まることになっているインガ宅の庭にいるのだ。私と友人たちは、温かく迎えて入れてもらって部屋を見た後、午後の明るい太陽の下、攻撃的なオオトウゾクカモメを避けながら海鳥の崖へと向かった。翌朝の朝食は、アヒルの卵、インガ特製のスケルピキヨット(セラーノハムに似た風乾羊肉)、トーストとオレンジジュースだ。インガは冷蔵庫から最近収穫したばかりのフルマカモメの卵を誇らしげに取り出したが、これは自分用にもらったもので、宿泊客に出すつもりはないらしい。前日の午後、島の北端にあってウミガラスやミツユビカモメが繁殖しているホウディンという海鳥の崖まで歩いたと話すと、インガは深いため息をついて答えた。「今ではウミガラスが少なくなって、泣きたくなるわね」。立ち上がり、キッチンの窓から海を眺めて、「昔は、ここからウミガラスが大群をなしていたのが見えたものだけど……今はもう見られないのよ」。

確かに過去七〇年間で、フェロー諸島のウミガラスは激減している。調査困難な場所なので数の推定は粗いが、減少は明らかだ。実際、卵の採取、コロニーでの成鳥の捕獲、海上でのヌースボードという輪縄つき板による成鳥の捕獲など、ほとんどの形態のウミガラス猟はなくなってしまったのだ。まだ続いているのは冬季の海上での銃猟だけである。

一九五〇年以前のスクヴォイ島（ウミガラスのおもな繁殖地）での繁殖数は二〇〇万羽、一九六一年には五〇万羽、その一〇年後の一九七二年には約二一万四〇〇〇羽、そして一九八〇年代半ばには七万五〇〇〇羽に減少し、その後、最後に調査が行なわれた二〇〇〇年代初頭までこの状態が続いていた[19]。

一〇～一月の狩猟期に海で撃たれるのはフェロー諸島の鳥だが、その中にはノルウェー、アイスランド、グリーンランド、イギリスの鳥も含まれる。捕獲数は規制されておらず、不明である。イギリス南東部のスコーマー島で「私が標識をつけた」ウミガラスが冬にフェロー諸島の海域にやってくることは、ジオロケーション追跡からわかっている。

インガは一九六〇年代の古いアルバムを取り出し、ホウディンの崖の上にいる六歳の頃の自分の姿を見せてくれた。家族や友人たちが、集めたばかりの大量のウミガラスの卵を、まるでたくさんのおもちゃの兵士のように、整然としたブロックに並べているところだ。当時、スクヴォイ島では毎年二万個、別の島では四万～五万個のウミガラスの卵が採取されていたというから、フェロー諸島全体では毎年一〇万個を優に超える卵が採取されていたのだろう。インガは、ゆでたウミガラスの卵を、フルマカモメの卵や自分の飼っているアヒルの

1956年、鳥を捕獲して戻ってきたフェロー諸島のヘストゥル島民のオドマー・ポウルセンとニクラス・ルンヴェ。

卵よりもおいしいと評価しているそうだ。成鳥のウミガラスは、脳みそが一番おいしいという[20]。

ウミガラスの卵は大きくて栄養価が高い。卵黄はニワトリと同じように卵の三分の一を占めるが、その大きさは鶏卵の二倍もある。白身は青味がかった半透明で、鶏卵やアヒルの卵とは異なり、「固ゆで」にしても完全に固まらない。フルマカモメやカモメなどの海鳥の卵も同様で、明らかに卵白の組成の違いを反映しているのだが、いったい何のためだろう。ウミガラスの卵が丈夫で殻が厚いのは、卵を岩場に直《じか》に産み落として抱卵するため(人が「収穫」しない場合)だ。その結果、輸送の際に損傷を受ける心配がほとんどない。スクヴォイ島の卵の多くはトースハウンの商店に送られ、一個につき数クローナで売られた。残りは地元ですぐに、あるいは後日食べられていた。

ピート灰に海水を混ぜたもので卵殻の気孔を塞ぐと、驚くことに何カ月も食べられる状態に保つことができる。ある島では、新しい卵を収穫する時に、前の年に採った卵を食べる習慣があった。また、保存する前に卵の鮮度を調べはせず、中に小さな胚が含まれているかは気にせずに食べていたようである。[21]

銃がもたらした悲劇

一九四〇年代には、ウミガラスは小さなヒナでさえも食べられていた。体重は成鳥の四分の一ほどで飛べないままコロニーを出た幼鳥は、狭い入り江に集められ、釣り糸につけた石で仕留められた。「この方法で一日に一〇〇〇羽以上獲れることもある」という。[22]

フェロー諸島のウミガラスが減少したのは、食料が不足した第二次世界大戦中のことである。補給船が沈められてしまい、フェロー諸島の人々は地元で手に入るものに頼らざるを得なくなった。それ以前は、海鳥の捕獲は持続可能なレベルだと考えられていた。ウミガラスは卵を取られると、二週間後に代わりの卵を産む。フェロー島民がウミガラス卵を採取するのは、特定のコロニーにつき一度だけなので、他のコロニーとは異なり、卵の採取が個体数に大きな影響を与えたとは考えにくい。[23] フレイグを使ってコロニーの成鳥を捕獲することは、ニシツノメドリの場合とは異なり、繁殖個体を殺してしまうので破壊的だが、コロニーで成鳥を射撃するよりは被害はまだましだった。射撃は、成鳥を殺すだけでなく、発砲のたびに他の鳥たちが集団パニックを起こし、何百羽もの鳥が卵を失うことになるため、実に近視眼的な捕獲方法なのだ。グリーンランドでは、地元の人々は何世紀にもわたってハシブトウミガラスの卵や成鳥を多少なりとも持続的に捕獲してきた。しかし、ひとたび散弾銃で繁殖鳥を殺すようになると、その影響は壊滅的で、多くのコロニーが急速に絶滅に向かうことになった。[24]

フェロー諸島では、コロニーで発砲することは自分の生殖腺を撃つようなものだと考え、一八七〇年代には「繁殖コロニーから海に向かって二英マイル〔一マイルは約一・六キロメートル〕、両側一マイルの距離では銃を撃ってはならない」という規則ができた。[25] しかし、鳥の捕獲法は一つに限らない。

ウミガラスが漂流物を見ると喜んで海から飛び出すことに着目し、馬の毛の縄を張った特別な板をつくり、繁殖地の近くに設置するようになった。一七〇〇年代後半に初めて行なわれたが、効率が悪いとされ、すぐに中止された。しかし、一九二一年に再導入されると、その影響は壊滅的なものだった。一日の終わりに海から戻ってきた時に、一枚の板に二〇羽もの鳥（ほとんどはまだ生きている）が足を引っかけられていることがあったのだ。

フェロー島民はこの新しい技術の利点をすぐに見抜き、潮の流れを知っていたので、船一隻につき三〇枚もの板を島々の間の海峡に投げ込むだけだった。このようにして、いったい何羽の鳥が捕獲されたかは誰も知らないが、一隻の船を共有しながら二八年連続で詳細な記録を残した二人の兄弟は、三八万羽のウミガラスを捕獲したという。コロニーが衰退していくのも無理はない。[26]

一九六〇年代後半には、馬の毛でつくった縄がモノフィラメントの糸に取って代わられ、コロニーの危機は明らかだった。そして、一九七九年に罠猟は禁止されたが、遅すぎたかもしれない。[27]

フェロー諸島のウミガラスと密接な関係にあったのが、デンマークの生物学者アルネ・ノレヴァングだ。一九五〇年代からフェロー諸島を頻繁に訪れて、ついに一九八二年に移住した。知らないうちに私のキャリアを形成してくれた人なので、一度会ってみたかった人物だ。一九五八年、二〇代のノレヴァングはフェロー諸島におけるウミガラスの生態と行動に関する研究を発表し、その中には特に興味深い観察結果が含まれていた。それから一四年後の一九七二年、私の博士課程の指導教官は、まだ私がウミガラスを見たこともない段階で、研究テーマをウミガラスの集団生態学と決めていた。その目的は、過去二〇～三〇年の間にイギリス南部でも起こったウミガラス個体数の大幅な減少を理解し、説明することだった。私はこの謎を解き明かすことに胸を躍らせたが、それ以上に、ウミガラスの性行動にはもっとそそられるものがあった[28]。

　私は、ちょうどその前年に学部生だったが、とりわけ乱婚に新しい解釈を与える行動生態学というスリリングな新分野を紹介されたばかりだった。乱婚は生物学的な異常現象として排除されがちだったが、行動生態学のアプローチではむしろ適応的だという可能性を示唆している。私は、ウミガラスが「一夫一妻制」に分類されるにもかかわらず、時につがい外交尾をする可能性に惹かれた。スコーマー島でのフィールドワークを始める前の冬、私はノレヴァングの研究に出合い、うれしいことに、このような乱婚がウミガラスに広くみられることを確認することができた。「一羽のメスが……二〇分間に三羽のオスに背に乗られた」と書いてあるではないか。私は小躍りした。こうして乱婚が、ウミガラスをはじめとしてその後の私の鳥類研究の土台となったのである[29]。

フルマカモメを食べる

　フルマカモメは雌ジカのようなクリッとした目のハトのような灰色の鳥で、いわば美しいミニチュアのアホウドリといえる。しかし、見かけによらず、この鳥はくちばしが鋭くて、不用心に近づくと熱く臭い油状の吐《と》

フェロー諸島で1800年代中頃に初めて繁殖したフルマカモメ。

瀉《しゃ》物を吐きかけるという不愉快な習性をもっている。実に正確に嘔吐《おうと》を吐きかけることから「fulmar〔悪臭のするカモメ〕」という名がついた。

ルーカス・デベスの時代には、フルマカモメはフェロー諸島では知られていなかった。一七〇〇年代後半になっても、駐在のデンマーク人聖職者ジョージ・ラントは、「フルマカモメは遠洋で漁をする人にしか知られていない」と書いている。この種がフェロー諸島で初めて繁殖したのは一八〇〇年代半ばだった。一六四〇年には、アイスランドに一つだけコロニーがあったが、商業捕鯨とその後の商業漁業によって意図せずもたらされた食料に反応して、北大西洋全域に放射状に広がりはじめたと考えられている。フルマカモメは、海中や海上の死骸を食べるスカベンジャー〔腐肉食動物〕である。ラブラドールで私が捕獲したフルマカモメは、海で遭難したと思われる猫の死骸の一部を吐き出していた[30]。

フルマカモメは一八〇〇年代初頭にフェロー諸島で繁殖を始めたが、それ以前には、不吉な鳥と見なされていた。

この考え方は、フェロー諸島から南に四四〇キロメートル離れたセント・キルダ群島という似たような離島にいたマーティン・マーティンが、一六〇〇年代後半に「確実に悪い知らせを伝えるメッセンジャー」と表現したことに端を発していると思われる。フルマカモメが繁殖期を過ぎた一一月に現われると、「いつも激しい西風と大雪、雨やあられを伴う」からだ。一八三九年に初めてフェロー諸島で繁殖したフルマカモメはその数を増やしつづけたが、地元の人々にとってこの驚異的な侵入者は忌み嫌うとともに祝福すべき対象だった。

フェロー住民にとって大好物の鳥の一つであるウミガラスを繁殖地から追い出し、市販の鉱物油のように防水性を損なう邪悪な油の吐瀉物を浴びせるのだから、侵入者と言われても仕方あるまい。フェロー諸島の人々がこの歓迎されざる客を食べるようになったのは一九〇〇年代初頭になってからだが、この遅れは不思議なことだった。セント・キルダ島民は一六〇〇年代後半には食べており、「この鳥は、若鳥でも老鳥でも、他のすべての鳥より好まれ、老鳥は白身の肉で、脂肪と赤身の混合した繊細な味だ。若いのは脂肪ばかりだ」といわれている。とはいえ、誰もが賛同するわけではなかった。グリーンランド西海岸のディスコ島では、フルマカモメは「匂いがひどすぎて食べられないが、ウマナック島では若鳥を食べる」とされていた。その後、ある人が「両地域でフルマカモメを食べてみたところ、その味に著しい違いがあることがわかった」という。この違いは、ディスコのフルマカモメがクジラの排泄物を餌にしているためだと思われた[31]。

状況は変わるものだ。現在、フェロー諸島には五〇万つがい以上のフルマカモメが繁殖していると考えられているが、この一二〇年間、彼らは好意と軽蔑という相反する感情を交えつつ、大量に捕獲され消費されてきた。フェロー島民の中には、フルマカモメの捕獲は、ウミガラスへの影響を最小限に抑えるための「奉仕」だと考える人もいる。

フルマカモメは他の海鳥と同じように大きな卵を一つ産む。平均一〇〇グラム前後で、一般的な鶏卵の約二倍の重さだが、鳥の大きさの割には比較的大きい。また、卵の黄身も比較的大きいので、栄養価も高い。草地の斜面や巨大な崖の岩棚から卵を採取するには、ウミガラスが繁殖する岩棚から卵を採取するのと同じ技術が必要だ。一〇人以上の男たちが巨大な麻縄を崖の上まで運び、二本の木杭を打ち込んで縄の一端を固定する。そして、ロープに取りつけられた頑丈な羊皮のハーネスと、手づくりの羊毛の滑り止め「スリッパ」を履いて、一人の男がフルマカモメの巣がある岩棚に降ろされるのだ。鳥のそばまで下りると、体を動かせるようにハーネスから外へ足を踏み出す。この男らしいが無謀で危険な行為で、致命的な落下事故が一度ならず起きている。一八五七年には、卵の収穫期に八人もの男性が命を落としている。(32)

フルマカモメの卵はバケツに集められ、いっぱいになると崖の上まで引き上げられる。卵は参加者と島の住民で分け合う。ジェームズ・フィッシャーは、そのモノグラフの中でこう述べている。「フルマカモメの卵の味については、意見の相違はない。たいそう美味い」(33)

他の海鳥に比べると、フルマカモメのヒナの成長は遅く、親鳥からプランクトンやアラなどの油分を濃縮したものを与えられ、巣に六週間ほどとどまった後に巣立つ。その結果、体重の半分近くが脂肪となり、親鳥よりも体重のある太ったヒナが一羽誕生する。これは、幼鳥が自立した生活を始めるまでの数週間を過ごすために、進化した戦術なのだ。しかし、フルマカモメのヒナがおいしい料理となるのはもちろん、この脂肪のおかげだ。(34)

現在、フェロー諸島では、巣立ちしたばかりのフルマカモメが大量に捕獲されており、過酷な状況になっている。巣立ち直後の若いフルマカモメはとても太っており、崖の上の巣から海に身を投げるだけで、まるで洗い桶に浮かんだラードの塊のようにゆらゆらと浮かんでいる。それを、高性能のボートと柄の長い網を使って、地元の人たちが何百、何千という数をすくい上げる。ある船では、一シーズンに一万羽のヒナを捕獲したという。法的な規制はなく、毎年四万〜八万羽のフルマカモメのヒナが島の都市部で売られ、さらに家庭で消費するために保存される。船の上で頭を切り落とし、食道と砂嚢を取り出して（油分を避けるため）捨てる。トーチバーナーで綿羽を除去して（スモークした味わいも加えて）、内臓を取り出し、最終的には誰かのオーブンでローストされ、ポテトと一緒に食される。私が尋ねたフェローの住民の間では、「おいしい」というのが一般的な意見だ。しかし、外部の人はさほど同意していない。

フルマカモメを捕獲し、調理して食べることには代償が伴った。一九三〇年代、若いフルマカモメを捕って羽をむしり、調理した時に、一七九人ものフェロー島民がオウム病で死亡したのだ。特に妊娠中の女性は感染しやすく、感染した人はほとんどが死亡した。そもそも、オウム病はアルゼンチンから輸入したオウムのクラミジア菌（*Chlamydia psittaci*）を原因として発生したと考えられており、一九二九〜三〇年にかけての冬、ヨーロッパとアメリカで大流行した。フェロー当局は一九三九年にフルマカモメの狩猟を禁止したが、一九五四年にさらなる予防措置がとられて、狩猟が再開された。その後、オウム病は年間一例以下に減少し、死亡例は起きていない。[35]

人語を真似るワタリガラス

フェロー諸島のように人里離れた場所にあり、冬が暗く長いところでは、予想通りに、豊かで多様な民俗文化が育まれているはずだ。フェロー諸島の西側にあるミキネス島では、毎年一月になると女性たちが崖の上に集まり、島の象徴である白いハンカチを振ってシロカツオドリの再来を祝うという。

デベスの本には「怪異と悪魔の幻影について」と題された最終章があり、この本が意外なほど売れるのに役立った。この章はフェロー島民が病気や夢や幻といった不可解なものにどう対処したかについて書かれたもので、私には理解できないことが多かった。聖職者だったデベスは、フェロー諸島が常に「悪魔の住処、汚《けが》れた霊の住処、魔物の巣窟」だと確信しており、不可解なことは善と悪、神と悪魔の戦いの一部だとみていた。また、フェローの島民が不幸なのは、「自ら進んで動くことのない気弱な人々」であり、海のそばの大気が冷たく湿っているためだとも認識していた。このことは、デベスが村人を「救済」しようとする際に、直面していた問題を物語っている(36)。

フェロー諸島では、鳥と人の密接な関係を考えると、鳥は意外にも民間伝承に登場する機会が少ないようだ。デベスは、毎年ワタリガラスのくちばしを燃やす儀式について述べているが、これは幼い子ヒツジや弱ったヒツジが襲われるのを抑えるためにカラスを駆除しているに過ぎないので、特に謎はない。

しかし、デベスはこうした鳥に魅力を感じていた。

これらのワタリガラスの中には、数は少ないが、白いものもいる。しかし、白と黒の半々のワタリガラスは、若くして捕らえ、舌の糸を切れば、話すことを教えるのに適している。私は舌の糸を切られた白いワタリガラスの若鳥に注目すべき実験を行なったが、私は彼に言葉を教えようとは思っていなかった。しかし、私が毎朝、息子のエラスムスを呼ぶ時、そのワタリガラスは絶えずそのエラスムスという言葉に耳を傾けていたところ、ついにはその子が寝ている部屋の前で私とまったく同じ声を出してエラスムスと呼ぶようになった。それを聞いた息子が「すぐ行きます」と答え、起き上がって私の望みを聞こうと寝室に入ったが、私が「呼んでいないよ」と言うので、戻って再び寝ると、また同じように呼ばれて、ワタリガラスにだまされるのだった。(37)

デベスは何が起きているのかがわかると、「私は意図的にこの鳥に教えはじめた」と言う。デベスが言ったことを鳥がくり返し、「音節を並べ、ついには学校で子どもが綴《つづ》りを習う時のように、単語全体を口に出せるようになった」と説明する。鳥でも子どもでも言語を獲得する過程は非常によく似ており、アリストテレスもこのことに気づいていたが（第3章）、本来の歌を獲得する鳥の能力に関する最近の研究でも確認されている。(38) カラスやオウムの仲間では人間の言葉をも獲得できる。

フェロー諸島で「*hbitravnur*（ヴィートラウヌア）」と呼ばれる白い斑《まだら》のあるワタリガラスについて言及したのはデベスが初めてではなかった。一五〇〇年代に遡る鳥のバラッドという伝承物語詩にも登場し、デベスの指導者であるオーレ・ヴォームは、一六五〇年頃に採集した二羽の標本をキャビネットに飾っていた。この白斑のワタリガラスは、ディドリック・ソーレンセンによって古風ながら美しいイラストが描かれている。この鳥はワタリガラスの変種であり、羽の一部に色素がない特徴をもつフェロー諸島特有のもので、かつては別種と考えられていた。残念ながら、一八〇〇年代に博物館のコレクションが拡大しはじめると、誰もが一羽（またはそれ以上）を欲しがり、一九〇二年、必然的に最後の個体が撃ち落とされた。現在、博物館に展示されている標本はわずか二六点である。(39)

セント・キルダ群島の場合

イギリスにも長年、海鳥に依存して生活するフェロー諸島と同じような島があった。アウター・ヘブリディーズ諸島の西六四キロメートルにあるセント・キルダ群島は、ある意味で、フェロー諸島よりもなじみが深く、それには理由もあった。二〇〇年以上もの間、セント・キルダは「大英帝国の最大の珍品」の一つとみなされてきた。大英帝国のどこに、これほど孤立した人々がいて、海鳥を探しに険しい崖を登る「岩場師」たちがいただろうか？　イギリスのどこに、これほど不潔な田舎で汚物にまみれながら、満足気に暮らしている人々がいただろうか？　ヴィクトリア朝時代の観光客は、セント・キルダを訪れて、島民を見世物小屋の高貴な野蛮人のように眺めた。フェロー島民と同様、セント・キルダ島民は海鳥に依存し、新鮮な海鳥を食べ、冬の間は蜂の巣のような石室の中で乾燥させていた(40)。

セント・キルダ群島を初めて現代に知らしめたのは、一六九七年に訪れたマーティン・マーティンの『*A Late Voyage to St Kilda*〔セント・キルダ群島への最近の航海〕』という記録である（ここでいう"late"は「最近の」という意味）。ハリス島から小舟で出発したこの航海は、荒天に見舞われて、セント・キルダ群島に到着するまでに一六時間もかかった。マーティンたちは到着したものの、波が荒すぎて、シロカツオドリの糞で「船も服も汚され」ながら、崖下に避難せざるを得なくなった。本島であるヒルタ島に上陸できたのは一晩と二日後のことだった。

マーティンはその二二年前に出版されたデベスのフェロー諸島の記述に触発されたというわけではなかったが、王認学会が新しい知識を求めて、マーティンに「スコットランドの島々を調査する」ように勧めたのだった。マーティンは地元では「マーティン・マッギル・マーティン」と呼ばれており、旅好きで教養もあり、スカイ島〔インナー・ヘブリディーズ諸島の一つ〕に地所を所有する裕福な人物だった。ゲール語を話すマーティンは、他の言語を知らないセント・キルダ島民と会話することができた。

マーティンと仲間たちが糞まみれになってやっとの思いで上陸すると、島民は彼らを歓迎し、キリスト教の習慣に従って、総勢六〇人の男たちに三週間の滞在中の宿と食料を提供した。それでも、マーティンたちは、一日に大麦ケーキ一個とウミガラスの卵を一八個という配給に、いささか驚かされた。しかし、空腹だったので、「到着した部下たちは、それらを貪るように食べ、便秘になり、発熱した」。マーティンは、「卵は、よそ者には渋くて味がないと感じられるが、巣から採ってすぐ食べるのに慣れている住民にはそうではないようだ」と述べている。

マーティンたちは、この過食の結果、とんでもないことになったと述べている。何人かは「痔の静脈が腫れた」。マーティンは「キャンベル氏*と私は、ふつうの状態に戻すまでに少なからず苦労した」と語っている。彼らは「スゲの根、新鮮なバター」と塩でつくった「グリスター（浣腸）」で自ら投与して治療したところ、望んだ効果を発揮した。マーティンによると、住民たちは「こんなことを聞いたのは初めてで、並々ならぬ芸当だと思った」[41]。

＊ハリスのジョン・キャンベル牧師は、セント・キルダ島民の生活に利するために派遣されていたが、毎年の訪問の折にマーティンを同行させた。

マーティンは、滞在中に「我々の乗船者に与えられた」卵の数を一万六〇〇〇個と推定し、「間違いなく、我々の三倍（つまり一八〇人）いた住人は、我々が食べるより多くの卵と鳥を消費した。このことから、膨大な数の鳥が夏の間、ここに滞在していることは容易に想像がつく」。そして、何世紀にもわたって人間に収奪されてきたにもかかわらず、当時の海鳥の個体数は実に膨大だったに違いない[42]。

フェロー諸島と同様、一六〇〇年代後半のセント・キルダ群島における海鳥の個体数はまったくわからないが、ニシツノメドリ、ウミガラス、フルマカモメ、シロカツオドリの個体数は明らかに多く、オオハシウミガラス、マンクスミズナギドリ、ハジロウミバト、ミツユビカモメ、ヒメウミツバメ、カモメ類などはもっと少なかったと思われる。セント・キルダ群島の住民がマーティンたちに一万六〇〇〇個のウミガラスの卵を提供できたという事実が、その数の多さを物語っている。

羽毛の収穫は海鳥の豊富さを示すもう一つの指標になる。

フェロー島民と同様、セント・キルダ島民も地主とその廷吏から封建的な束縛を受けていた。

執事とその従者たちが（セント・キルダ群島に）やってきて、羽毛、羊毛、バター、チーズ、ウシ、ヒツジ、鳥（海鳥）、油（フルマカモメ）などを借地料として要求すると、島民はその訪問を自分たちにとって何一つメリットがないと考え、彼が持ち去るものを非常に恨み、自分たちが一年中他人のために働かなければならないことを嘆く。

一七〇〇年代後半の羽毛布団の流行により、一七九三〜一八四〇年の間にセント・キルダ群島の海鳥から剝ぎ取られる羽毛の量は年間二〇〜二四〇ストーン（五八〜一九〇四キログラム）に増えたが、これはニシツノメドリ一〇万羽に相当する[43]。

セント・キルダ群島の鳥猟。ジョージ・ワシントン・ウィルソンによる1880年代の写真。

マーティンは、セント・キルダ群島の陸鳥について、「タカの類はきわめて優れている。ワシ、チドリ、カラス、ミソサザイ、ストーン・チェーカー（ヨーロッパノビタキか?）、クレイカー（ウズラクイナか?）、（そして）カッコウ」と簡単に述べている。彼はこう続ける。「この最後のカッコウは、ここではめったに見られないもので、それも経営者が死んだり、有名なよそ者がやってきたりするような、特別な時に見られるものらしい」。マーティンがこれを笑うと、セント・キルダの島民は「彼がなぜ信じないのかわからない」、これは本当のことで、マーティンが最近到着する直前に起こったことだと言い張った(44)。

セント・キルダ島民のカッコウ伝承は、海鳥に関して信頼できる知識をもっていたこととはまったく対照的だ。マーティンがインタビューしたセント・キルダの島民は、自分たちの生活がかかっている鳥、そして自分たちが危険を冒してまで崖を降りた鳥については、多くのことを知っていた。いつどこで繁殖するか、一シーズンに何個の卵を産むか、最初の卵を取られても代わりの卵を産むのか、コロニーにいる鳥が風から受ける影響、悪天候を予測して将来を見通す方法などを知っていた。

一九三〇年に、人口が減少し、相次ぐ不作や絶望感から、セント・キルダの住民たちは島を後にした。セント・キルダ島民がスコットランド本土へ旅立ったことは、ロックスターの早すぎる死と同じように、人々の記憶に永久に残ることになり、今もなお、語り継がれている。重要なのは、セント・キルダ島民はこの時期に島を離れたので、フェロー諸島の人々とは違って、海鳥の数の急減を経験したり、それに伴う彼らの生活様式への非難を受けずに済んだことだ。

生きるための殺生

フェロー諸島やセント・キルダ群島、その他の北大西洋地域の人々が海鳥を捕獲して殺す様子や、大量の卵の山は、古風で趣があり、人々が食料として鳥に依存していた今は無き生活様式を映し出す窓のように思えるかもしれない。過去をロマンチックに語るのはあまりにも簡単だが、彼らの生活は過酷であり、生命や身体も危険にさらしていた。しかし、鳥類の個体数が急速に減少している現在の価値観では、こうしたイメージは受け入れがたいものに思える。同じように、フェロー諸島ではグラインドという伝統的な捕鯨によって、毎年数百頭のヒレナガゴンドウが殺されているが、かつては暴力的で血生臭いながらも魅力的な地元の伝統と見なされていた。しかし、クジラの捕獲に対する反対運動が世界的に巻き起こるようになって以来、現在ではこの捕鯨は激しい抗議の対象になっている。フェローの社会は、代替タンパク源によって以前よりはるかに高い生活水準を享受しているので、もはや必要がない、というのがその主張だ。そして、このような知的で社会的な動物を殺すことは残酷だというのが、おそらく最大のポイントだろう。フェロー諸島やアイスランドで行なわれている海鳥（ニシツノメドリなど）の捕獲は、それほど大きな議論を呼んでいない。しかし、ニシツノメドリが社会性や知性を備えているというよりも、海のかわいらしい道化師という理由で、感情的になっている人もいる。かわいらしくないウミガラスやフルマカモメの捕獲にはもっと反対意見が少ないことを考えると、これは不合理なことだ。

フェロー島民は、捕鯨の文化的重要性、つまり鯨肉は自由な生活を送ってきた自然のものであり、持続可能だという点に言及して、反対派に対抗している。「輸入食品に頼ったり、一生飼育されている動物を食べるのはごめんだ！」(45)

また、フェロー諸島で話を聞いた猟師たちは、クジラと鳥の両方の猟の技術を維持する必要性を強調した。フェロー諸島の生活水準が近年急速に向上しているのは、サケの養殖によるものであり、社会のさまざまな部門がその恩恵を受けている。もし、養殖がうまくいかなくなれば、伝統的なタンパク源に頼らざるを得なくなるが、狩猟の技術が失われれば、それも難しくなる。これはまさに、歴史的に孤立と定期的な飢餓のために高い代償を払ってきた社会ならではの反応だ。

世界中で、生物多様性や鳥類の個体数の減少が懸念される中で、「不必要な」殺生に対する感情的な反応を煽るのは簡単なことだ。フェロー諸島のフルマカモメ猟のような血生臭い実態を示すことで、新聞を売ることはたやすい。一方で、客観的な立場に立ち、両論を提示することは容易ではない。

一見すると、これはフェロー諸島の人々と反対派との間の争いのようにみえるが、それよりもはるかに複雑である。この厄介な争いには、他の工業国という第三のプレーヤーがいるからだ。フェロー島民が捕獲しているヒレナガゴンドウは、水銀やＤＤＴなどの化学薬品に汚染され、もはや人間が食べるには適さない。今でも鯨肉を食べつづけている頑固な島民もいるが、妊娠中の女性は、自分の子どもが将来、発達障害や精神障害になることを覚悟していない限り、鯨肉を食べないようにといわれている。

クジラに有害化学物質が蓄積していくのと同じ時期に、ウミガラスやニシツノメドリも気候変動の被害を受けている。搾取するのに十分な数のウミガラスがコロニーからいなくなり、ニシツノメドリの繁殖がうまくいかないので、狩猟の自粛を余儀なくされている。フェロー島民が言うように、化学物質汚染や気候変動が、世界の中でも人里離れた小さな地域でこれほど顕著にみられるのなら、他の地域ではどうなのだろうか。海洋環境における有害化学物質も気候変動も、どちらもフェロー島民のせいではない。フェロー諸島は今や世界の縮図なのだ。(46)

第8章　ダーウィンと鳥類学

神学者たちは、ゆりかごのヘラクレスに絞め殺されたヘビのように勢いを吹き消され、あらゆる科学のゆりかごの傍《かたわ》らに横たわっている。そして歴史によれば、科学と伝統主義が正々堂々と対立するたびに、後者は消滅しないまでも血を流して、潰され、殺されないまでも焦土と化し、リストから退場させられてきたのだ。

――トマス・ヘンリー・ハクスリー（一八七〇年）

セルボーンの博物誌とダーウィン

私が研究生だった一九七〇年代に、友人で同期の生物学者のニック・デイヴィスと一緒に、チャールズ・ダーウィンの家を見学しようと、オックスフォードからケント州のダウンまで、列車とバスと徒歩で旅をした。その日の一番の思い出は、酔っぱらった管理人が、手入れが行き届かずカビ臭い家の中を案内してくれたことと、見学が終わる頃に、食料庫で一緒に飲もうと説得してきたことだ。また、家に入ると玄関ホールにハチドリの剥製がいくつも入った巨大なガラスケースがあったのも覚えている。小さな宝石はみな、翼と尾を広げたまま時が止まっているかのように動かなかった。このハチドリのケースは典型的なヴィクトリア朝の真鍮《しんちゅう》製キャビネットで、元からダーウィンの家財にあったものではなく、後からつけ加えられたもので、偶然にもダーウィンと鳥類学者ジョン・グールドを結びつけるものとなっている。

ダーウィンがガラパゴスから持ち帰ったフィンチの標本を調べたグールドは、それらがみな近縁種だと気づいたことで、種が時とともに変わるのは突然変異のメカニズムであり、それは神ではなく自然選択であるという方向へと、ダーウィンの考えを否応なく導いた。ダーウィンが帰国してまもなくの一八三八年、グールドとダーウィンは、突然変異について話し合いをしたわけではないが、良好な関係を築いた。また、グールドは、ダーウィンが南米で発見した「新種のダチョウ」（実際はレア）にダーウィンの名を冠して *Rhea darwinia* と命名した[1]。後年、グールドは、鳥類に関するすばらしい図鑑を出版して鳥類学上の究極の著名人となったが、ハチドリの世界的権威としての地位も確立していたので、ハイドリキラーでもあった。私は初めてダウン・ハウスを訪れて以来、その廊下に飾られていたハチドリの死骸が脳裏から離れなかった。それから数年してようやくカリブ海のトバゴで生きたルビートパーズハチドリを見て感動したものだ[2]。

それから二〇年して、ダーウィンは、自然界を形づくっているのは神ではなく、自然選択であるという考えを『種の起源』で著わしたところ、グールドと仲違いした。ダーウィンの発表がいかに衝撃的だったかは、現代の私たちには理解しがたい。その一五〇年前にジョン・レイが、神と自然界を優雅に融合させるような快適で安心できる泡沫的な宇宙観を創り出したが、『種の起源』はそれをぶち壊したのだ。レイの自然神学は、動物とその環境がほぼ完全に一致するのは神のおかげであるとし、読者に自然研究を通じて神の証拠を探すよう勧めていた。こうして『神の英知』によって野外鳥類学や生態学、動物行動学の始まりが促されていた。

レイに影響を受けた中で最も著名な人物に、ギルバート・ホワイトがいる。ホワイトは一七〇〇年代にハンプシャー州のセルボーンに牧師として四〇年間在留したが、その折に、この地の動植物について比類ない知識を得て『セルボーンの博物誌』を著し、類似の本を書くように他の人にも促すことになった。ホワイトは、洞察力に優れた現実的な人物であり、「最初の生態学者」「鳥類学の父」とも呼ばれた。ただ私は、「桜の木と梅の木に固執して、大変ないたずらをしていた」二四羽のウソを殺したという部分を読んで、正直言ってショックを受けた。(3) しかし、ホワイトは鳥を撃ちとっていたので、チフチャフ、キタヤナギムシクイ、モリムシクイという三種類のムシクイ類を初めて見分けることに成功した。この本は、自然に対する科学的な反応と感情的な反応を見事に融合させた名著であり、今でも読み継がれるロングセラーである。(4)

一七八九年一月、ホワイトは、隣人がウォルマーの森を通り抜けている時に、「ヒース〔常緑の低木〕の中でじたばたしている大きな珍しい鳥を見つけたが、傷ついていなかったので、生きたまま家に持ち帰った」と記している。この不幸な鳥は、本来水辺に生息するはずのハシグロアビだった。ホワイトはこの鳥を調べ、「この鳥のあらゆる部分と比率は、その生活様式に比類なく適合しており、天地創造における神の知恵をこれほどまでに生かした例はない」と記している。(5) ホワイトはレイを大変尊敬しており、『フランシス・ウィラビーの鳥類学』を鳥に関する座右の書にしていた。(6)

ホワイトは、自然界に共感をもっていたことで象徴的な人物になることができた。しかし、『セルボーンの博物誌』はすぐに成功を収めたわけではなかった。最初のレビューは好意的だったが、ホワイトがセルボーンのスターとして認められたのは死後三四年経った一八二七年に、鳥類学者ウィリアム・ジャーディンの版が出版されてからのことだった。またその原因は、その版に特定の理由があったわけではなく、イギリスで出版が急増し、国民が読書できるようになったことと大いに関係がある。一八二〇年代には、書籍を安価に生産できるようになり、国民の識字率の高まりもあって、本を買うのに十分な現金とそれを読む十分な余暇時間が手に入るようになったのだ。(7)

大衆が貪欲に読んでいたのは、科学だった。ハシグロアビに関するホワイトのコメントは、自然史や自然神学への関心が急増していたことを予見させる。一八〇〇年代には、イギリス社会はますます宗教色を強めていたので、神の創造物を賛美することほど神への奉仕にふさわしい方法はなかっただろう。『セルボーンの博物誌』は、自然をじっくりと観察し、特にそれまでは、取るに足らないとか、ありふれているとして見過ごされてきたものを精査する完璧な手引きを提供したのだ。それまでも、見知らぬ外国の地におけるエキゾチックな話という市場はあるにはあったが、ホワイトは、身近な鳥や野生動物を観察すれば、誰もが自然に親しめることを証明した。観察し記録することは、神に仕える行為となった。これは一見、レイの自然神学の延長線上にあるように思えるが、そこには違いがあった。レイの自然界への情熱は、神の存在を証明するための探求だったが、一八〇〇年代初頭には、神の存在は当然のこととされ、自然を観察することは「敬虔《けいけん》な実践」となっていたのだ。(8)

ホワイトに惚れこんだ一人に、ケンブリッジシャー州スワファム・バルベックの牧師レナード・ジェニンズがいる。彼は学校で『セルボーンの博物誌』を「貪るように」読んで、「自然史と鳥や他の動物の習性を野外で観察することなどが、私の興味とまさしく一致する」と言った。ジェニンズは当時三〇歳で、ロバート・フィッツロイ船長のビーグル号航海の同行者として第一候補に挙がっていたが、私たちにとっては幸いなことにジェニンズは誘いを辞退した。健康状態があまりよくなかったこともあるが、教区の人々を見捨てたくなかったのだ。ジェニンズはその代わりに、義兄のジョン・ヘンスロー牧師とともに、チャールズ・ダーウィンを推薦したのである。(9)

ジェニンズとダーウィンはともに甲虫好きだったので、ヘンスローの金曜の夜会で初めて顔を合わせた。とはいえ、ダーウィンにとって初対面の時のジェニンズの印象はあまりよくなく、古臭い人間だと思っていた。当時ジェニンズは、寡黙で無表情な独身男性で、自然史と昆虫採集にしか興味がなかったが、尊敬するギルバート・ホワイトと同様に、季節ごとの自然史的な出来事を記した「ナチュラリスト・カレンダー」をつけていた。ジェニンズはイギリスの名門であるイートン校とケンブリッジ大学を出た著名な自然科学者であり、動物学教授に立候補するようにと周囲から勧められていたが、受け入れなかった人物だ。ダーウィンはジェニンズをケンブリッジ大学のクライスト・カレッジに招き、自分の甲虫コレクションを見せて、気前よく標本数点を贈った。ダーウィンは、当初ジェニンズのことを「どこか不機嫌で皮肉っぽい表情」のために嫌っていたが、「初対面の時に相手の印象をつかみ損ねることはあまりないが、私は完全に誤解しており、彼は非常に心優しく、楽しい人で、ユーモアがあることがわかった」と書き添えている。(10) 二人は生涯を通じて仲のよい友人関係を保った。

ジェニンズは『セルボーンの博物誌』をガイドにして、一八四六年に『*Observations in Natural History*〔自然誌の観察〕』を出版した。この本のおもな目的はタイトルが示すように、読者に見て観察することを奨励することだった。ジェニンズは、「博物学の真の目的ではないが、それでもそのための手段である」と述べている。たとえば、ある種の鳥が春に初めて鳴いた日や、渡り鳥が最初に到着した日や、出発した日などを、ホワイト自身がやっていたように観察することだ。

ジェニンズの本には、自然史的な逸話も収録されている。

一八二九年二月一五日——マヒワだらけだ。

一八四一年春——ケンブリッジ近郊で真っ白なミヤマガラスが撃ち落とされた……（現在、）ケンブリッジ哲学協会の博物館に保存されている。

一八二七年六月一八日——今日、牧師館の前の畑で干し草を刈っていたら、七つの卵があるウズラクイナの巣を見つけた。

ジェニンズは、ケンブリッジ大学のキングス・カレッジの学長の庭に長年棲みついていたメスのカモメの「コディモディ」の話を紹介している。その鳥は定期的に卵（無精卵）を産んでいたが、一八四四年にこのカモメの卵をアヒルの有精卵と交換してみると、その後そのカモメは一羽のアヒルの子を育て上げた。一八二〇年代から、このような自然史的な「トリビア」に非常に人気が出て、他の作家もすぐにこの趣味を利用するようになった。(11)

博物誌の読者たち

私は八歳の時、すでに鳥に興味をもっていて、いとこ二人とともにノリッジにある大叔母夫婦の、エラとハリー・ルウェリン・バシングスウェイトの家に連れていかれた。その家は、レナード・ジェニンズが住んでいたのではないかと思われるような、暗くて厳かな家だった。ハリー叔父は学校の教師で本をたくさん持っていたが、エラは愛のない結婚生活に閉じ込められた哀れな家政婦のようだった。

ハリー叔父の書斎に通されると、床から天井までびっしりある本棚の中に自然史関係の本がずらりと並んでいた。なんと、その中から好きな本を選んで土産に持ち帰ってよいということになった。私が選んだのは、一八五一年頃に出版されたジョン・ジョージ・ウッド牧師の『*Natural History of Birds*〔鳥類の博物誌〕』で、ずっしりと重みがあり、図版もたくさん掲載されていた。その本は、私にとってバイブルのような存在になった。ペットの鳥についての物語を読み、エキゾチックな種類の鳥に感嘆した。恥ずかしながら、私はその本の文中にどの種をいつ見たかという記録を書き入れてしまい（しかもペンで！）、モノクロの図版を盛り上げるためにカラーインクを使用したのだ。その後、ハリー叔父からの贈り物を汚してしまった罪悪感から、原版を購入した。今では私の本棚が床から天井まであるが、この二冊はその中に並んでいる。

ヴィクトリア朝時代には鳥について知りたいという意欲が高まりつつあったが、ウッドの『鳥類の博物誌』は、それを具現化していた。膨大な資料をもとに、世界各地の鳥の図版をふんだんに盛り込んで、魅惑的な一冊に仕上げている。オリジナリティはほとんどないが、ウッドの仕事を非難することはできない。五五〇種、七八〇ページ、三〇万語に及ぶのだ。文献を精査し、これらを首尾一貫した形でまとめるのは大変な労力である。しかし、この本は、情報提供と娯楽の両方を意図したので、珍しいものに重点を置き、ハチドリに関する大きなセクションも含まれているという奇妙な組み合わせになっている。たとえば、現代ではマキバタヒバリとカオジロオーストラリアヒタキを一緒に並べる人はいないだろう。図版や解説に登場する種の多くは、読者が聞いたこともなく、ウッド自身も見たことがないようなものばかりだが、オオハシに関するこの部分のように彼のスタイルには魅了されるものがある。

外見はグロテスクだが、自分より醜いと思った鳥は大嫌いで、偶然日中に出くわした不幸なフクロウを、我が国でカラスやカササギが同様の状況で見せるような勢いで取り囲み、「モビング〔集団攻撃〕」する。[12]

ウッドがオオハシを「グロテスク」だと考えたのは奇妙なことだし、オオハシのモビング行動が一種の美的エリート主義によって動機づけられていると示唆したのはさらに奇妙なことだ。今日、モビングは、潜在的な捕食者を追い払うための方法と考えられている。しかし、鳥に人間的な感情を与えることで、ウッドは読者の心を捉えた。

ウッドが牧師職を辞したのは、おそらくこの本の成功があったからで、執筆と講演のためにフルタイムで働くようになったのだ。講演も得意で、暗色のキャンバスにパステルで即興のスケッチを精巧に描いて見せ、聴衆を喜ばせた。しかし、それは綿密なリハーサルを経たものであり、ウッドがショーマンだったからである。この間、彼は自然史に関するさまざまなテーマで十数冊の本を出版した。一八五八年に出版された『*Common Objects of the Country*〔その土地のありふれたもの〕』は六万四〇〇〇部売れた。一方、ダーウィンの『種の起源』の売り上げは、同じ時期にわずか一万部だった。売り上げが華々しかったにもかかわらず、ウッドの手元にはほとんど利益は残らず、いつまでも苦境に立たされていた。彼の死後、未亡人は気の毒にも王立文学基金に援助を申請せざるを得なかった。[13]

ウッドのような作家の鳥の本を読んでいたのはどんな人物だろうか。確かなことはわからないが、知識や、場合によってはモラルを高めようとする、やや裕福な人たちだったと想像できる。一つだけ確実なのは、プロのコレクター〔収集家〕なら銃を持って標本を撃ちに出かけるが、こうした本の読者はたいてい自宅のアームチェア〔安楽椅子〕に座って本を眺めるのが関の山だっただろう。その点、鳥類は特殊なのだ。一方、ヴィクトリア朝時代には海岸動物やシダが流行したので、愛好家たちは海岸線や野原に出て、沿岸地帯や湿度の高いシダの茂みを剝ぎ取り、自分たちの標本を手に入れていた。安楽椅子の鳥類学者として、読者はその生態や物語、本のページに描かれた図版を楽しむことができたが、中にはすべてが少し遠い存在に思えて、もっと身近に鳥を感じたいと思う人もいた。

鳥を飼う利点——鳥の生態と人の思惑

野鳥の観察は簡単ではないが、飼育下ならば、ありえないくらい親密に観察することができた。また、かごの中の鳥は飼い主に依存しているので、鳥を世話することで飼い主の道徳的責任感も生まれた。中でも、鳥かごで巣づくりや子育てをする鳥、特にカナリアはその可能性が高いので、夫婦で仲良く子育てをするという人間模様の縮図にもなっている。これ以上の人生訓はないだろう。特に子どもたちにとっては、鳥かごの鳥が死ぬことさえも（事例は数多かっただろう）、教訓になる。

ヴィクトリア朝時代のイギリスでは、鳥は広く飼育されており、特にキリスト教知識普及協会（ＳＰＣＫ）によって奨励されていた。[14]「神は……翼あるすべての鳥をその種類に従って創造された。そして、神はそれを見て、よしとされた。神は彼らを祝福して言われた、『実を結び……地上に満ちよ』[15]」鳥を飼育したり世話することは、かつて流行した闘鶏や牛攻めと比べれば、はるかに文化的で道徳的な正しい方向への一歩と見なされたのだ。『*A Treatise on British Songbirds*〔イギリスの小鳥論〕』の著者であるパトリック・サイムは、小鳥の飼育を「無害な娯楽」と呼びこう述べた。「これらの小さな生き物が行なう親としての行為は、（我々の）道徳的感情にほぼ近いと思われる本能を示すものではないか？　そして、人間は、自分の名誉と自分の種の利益のために、彼らの例に倣うことができないだろうか[16]」

飼鳥が歌うのは「喜び」のためだとか、あるいは飼い主を喜ばせるためだというのが一般的な考え方だった。「鳥は、被造物の中でもきわめて楽しい存在であり、人間を楽しませ、喜ばせるために、偉大なる自然の創造主がデザインしたことは間違いない」。ちょうど、「方舟で荒海を進むノアとその家族の心を喜ばせた」ように[17]。もっとも、一八〇〇年代を通じてベストセラーとなっていた鳥の飼育法を著したドイツ人のヨハン・ベヒシュタインは、鳥に精通しており、それほど惑わされていなかったので、鳥がうれしくて歌うとか、飼い主を楽しませるために歌うわけではないことをよく理解していた。そして、鳥のオスが歌うのは、相手を惹きつけ、なわばりを守るためだということを知っていた[18]。

イギリスで産業革命が進むうちに、野鳥を家庭に持ち込んで、都会の貧しい家庭でも野鳥との触れ合いを楽しむことができるようになった。野鳥の取引や、飼育下での生活に適するとされる種類はきわめて多く、現代の基準からすると（いつの時代でも）異常なほどに思われる。ある本には九二種が掲載されているが、そのうちカワセミ、ムナジロカワガラスやアリスイは生活条件が特殊すぎるので、飼育下で長く生きられたとは思えない[19]。しかし、今日の子どもがオタマジャクシを集めるのと同じくらいに、野鳥は消耗品で簡単に取り替えられるものと考えられていた。

野鳥の飼育に誰もが賛成していたわけではないが（カナリアは例外）、熱心な人たちは大仰な対応をしていた。「小鳥をかごに閉じ込めることは……本来の自由を奪うものだというのが……（隣人よりも人道的なふりをしている）一部の厳格な人々がする一般的な反論である[20]」

カナリアは、魅力的で声がよく、飼育が簡単なので非常に人気があった。一五〇〇年代に同名の島から初めて輸入され、その後数百年の間に、愛好家たちはこの何の変哲もない緑色の歌姫を、今ではおなじみの黄色い品種へと巧妙に変化させた。この鳥は労働者階級に特に人気があり、人為選択の努力の結果、鳥の色だけでなく形や大きさも変わり、ノリッジ、ヨークシャー、ファイフ、グロスターなど、生まれた地域の名前を冠した独特の品種が誕生した。

一八三〇年代、フランシス・スミス牧師は、カナリアを飼うことの利点について、「子どもたちは優しさ、愛や忍耐というかけがえのない教訓を自然に学べるかもしれれない。それは後に人生の試練に備えて、永遠に彼らの心の中に刻み込まれる類いのもの」と書いている。また、「このような鳥小屋があることは、自然史のあらゆる分野を学習するのにどれほど大きな刺激と励ましになるか、計り知れない」とも述べている。

ヴィクトリア朝では、鳥（およびその他の動物）に対して相反する考え方があった。一方では、鳥は人間とは異なる存在であり、人と同じような感情をもつわけではないので、搾取や虐待をしても構わないと考えられていた。一方、多くの飼い主は、愛鳥が自分と同じ感覚や感情を共有していると思いたがっていた。「彼らは感謝の気持ちと愛情をもった小さな生き物だ。中には、愛着をもったものを奪われると、すがりついて死んでしまうものもいるそうだ[21]」

現代では信じられないかもしれないが、犬を飼っている人ならそのような絆を認めるだろうし、人とペットの鳥との間にも同じような強い絆があるはずだ。私たちが鳥や他の動物と親密な関係になることを、厳密な科学では「刷り込み」と呼ぶ。動物が、通常は幼少期に、他の個体(通常は親)に固着するようにあらかじめプログラムされた性質である。これは、若い動物が、後に交配すべき種を識別するための仕組みなのだ。親とパートナーを組むということではなく、親と同じ種の個体とペアを組むためである。

このような異種間刷り込みの例は数多くあり、最も初期の研究では、コシジロキンパラの卵をキンカチョウの巣に入れて育てさせると、コシジロキンパラのヒナは性成熟した時に同種ではなく、キンカチョウとつがいになろうとすることが示されている。これは、コシジロキンパラの幼鳥が巣の中で、キンカチョウの里親に刷り込みされたからだ。通常、幼鳥は親鳥に育てられるので、育てられた者に刷り込まれるのは都合がいい習性だ。人と鳥の絆を科学的に理解することは、人と鳥がお互いに感じる親愛の情を否定するものではない、それはとても現実的なことなのだ[22]。

私はこうしたことのすべてに共感を覚える。私がリーズで育った一九五〇年代は、鳥の飼育が盛んな時代だった。野鳥を観察するだけでなく、身近にも感じたいと必死になった。父が庭につくってくれた鳥小屋で鳥を飼い、観察したことが、後に私の科学者としてのキャリアに重要な役割を果たすことになる。私が飼っていた多くの鳥の中にはキンカチョウがおり、この鳥を繁殖させた経験が、後に鳥類の不倫がもたらす結果を探求するきっかけになった[23]。

郵 便 は が き

料金受取人払郵便

晴海局承認

7422

差出有効期間
2024年 8月
1日まで

104 8782

905

東京都中央区築地7-4-4-201

築地書館 読書カード係 行

お名前	年齢	性別	男・女
ご住所 〒			
電話番号			
ご職業（お勤め先）			

購入申込書

このはがきは、当社書籍の注文書としてもお使いいただけます。

ご注文される書名	冊数

ご指定書店名　ご自宅への直送（発送料300円）をご希望の方は記入しないでください。

tel

読者カード

ご愛読ありがとうございます。本カードを小社の企画の参考にさせていただきたく存じます。ご感想は、匿名にて公表させていただく場合がございます。また、小社より新刊案内などを送らせていただくことがあります。個人情報につきましては、適切に管理し第三者への提供はいたしません。ご協力ありがとうございました。

ご購入された書籍をご記入ください。

本書を何で最初にお知りになりましたか？

□書店　□新聞・雑誌（　　　　）□テレビ・ラジオ（　　　　　）
□インターネットの検索で（　　　　）□人から（口コミ・ネット）
□（　　　　　）の書評を読んで　□その他（　　　　　）

ご購入の動機（複数回答可）

□テーマに関心があった　□内容、構成が良さそうだった
□著者　□表紙が気に入った　□その他（　　　　　　）

今、いちばん関心のあることを教えてください。

最近、購入された書籍を教えてください。

本書のご感想、読みたいテーマ、今後の出版物へのご希望など

□総合図書目録（無料）の送付を希望する方はチェックして下さい。
＊新刊情報などが届くメールマガジンの申し込みは小社ホームページ（http://www.tsukiji-shokan.co.jp）にて

神と自然選択

一八五九年一一月二四日にダーウィンの『種の起源』が出版されると、翌年の六月には、オックスフォード主教のサミュエル・ウィルバーフォースが教会の味方をしようと、ダーウィンの友人であるトマス・ヘンリー・ハクスリーに激しく抵抗して大論争に発展した。この論争をきっかけに、鳥と私たちの関係から神が消えたと見なしてもおかしくはないだろう。もっとも、事はそう単純ではなかった。

ウィルバーフォース主教は、オックスフォードでの対決の準備のために、リチャード・オーウェンの指導を受けることになった。オーウェンは『種の起源』を読み、匿名で意地悪な批評を何度も書いていたので、主教に説明するのに適していた。ウィルバーフォースはその流暢な演説ぶりから、「ソーピーサム〔石鹼《せっけん》サム〕」とも呼ばれる名演説家だったが、当日には、十分な準備もなしに、巧みだが空虚な言い回しで個人指導を乗り切ろうとする自信過剰な学生のような振る舞いを見せた。主教は『種の起源』を読んでいなかったので、ハクスリーにこてんぱんにやっつけられてしまったのだ。

生物が時の経過とともに変化するという考えは、ダーウィンにとって新しいものではなかった。一八〇〇年代初頭のジャン＝バティスト・ラマルクや、一八四四年に『*Vestiges of the Natural History of Creation*〔創造の痕跡〕』を著したロバート・チェンバースなど、何人かの先達がいたのだ。しかし、ダーウィンが最初に着想したのは一八三〇年代であり、ガラパゴス諸島のフィンチを調べたジョン・グールドの洞察によって後押しされ、「突然変異は、限られた資源を媒介とする自然選択のプロセスによって起こる」という重要な考えをもつにいたったのだ。それに際してダーウィンは、トマス・マルサスの人口の原理に関する一論を読んで、「生存競争」の結果により、有利な変異は保存され、不利な変異は破棄されるという着想を得ていた。[24] しかし、ダーウィンは、ラマルクとチェンバースの考えが世間で受け入れられていない様子を見て、出版を差し控えた。神の役割を否定することは、人々にとって受け入れがたいことだろうと考えていたからだ。好機を待つうちに二〇年間が過ぎたが、ダーウィンはその間にさらに証拠を積み重ねて主張を洗練させた。今にして思えば、ダーウィンが知っていたように、動植物の形質については、神や自然神学よりも自然選択の方がはるかに優れた説明なのは明らかだが、神の役割を否定することは、触れてはいけないところを突くようなものだったのだろう。

一八五八年六月一八日にアルフレッド・ラッセル　ウォレスから手紙を受け取った時、ダーウィンはついにペンを手に取り、自分のアイデアの「要約」と呼ぶものを書き上げ、それが『種の起源』になった。ウォレスは、ダーウィンの自然選択と本質的に同じ、進化的変化のメカニズムを明示していた。

ダーウィンとウォレスの自然選択の概念も、多くの優れたアイデアと同様に驚くほど単純だった。あまり単純なので、ハクスリーは「これを思いつかなかったとは、なんと愚かなことだろう！」と叫んだそうだ。しかし、単純な面もあるが、理解しがたいと感じた人も多かった。私も高校生の頃、理解に苦しんだことを覚えている。そのおもな理由は、教師の説明が混乱していたからだ。大学生になって、自然選択が個体群や種ではなく、個体に作用すると解釈できて（第11章）、初めて胸のつかえが下りた。[25]

ダーウィンの時代に神を否定することは、文明を否定することだった。その結果、自然選択による進化論は、英国国教会から権力を奪う恐れがあった。しかし、最終的には自然選択による進化論を喜んで世界に示したことは、ダーウィンが自身の考えとそれを支える証拠を信じていたことをよく表わしている。その結果、信仰心のあつい妻エマを遠ざける危険があることをも覚悟していた。

ダーウィンの忠実な信奉者は多くはなかったが、出版に先だって意見を交換していたハクスリーやジョゼフ・フッカーがおり、『種の起源』が反論の嵐に耐えられたのは、彼らのおかげだった。また、ダーウィンの支援者の中に、鳥類学者のキャノン・ヘンリー・ベーカー・トリストラムとその友人アルフレッド・ニュートンがおり、長く友情を保っていたジェニンズ牧師からは「全面的に」協力はできないながらも及び腰な支援を受けた(26)。

科学界以外で最も影響力があった支持者の中には、作家のチャールズ・キングズリー牧師（後に『水の子どもたち』を執筆）がいた。彼が科学に共感をもっていることを知っていたダーウィンは、キングズリーに出版前の『種の起源』を送った。これに対してキングズリーは、『種の起源』に圧倒されて「もしあなたが正しければ、私はこれまで信じてきたことの多くを諦めなければいけない」と返答した。キングズリーに言わせれば、自然選択は「信仰の妨げになるものではなく、神は世界を創っただけでなく、世界が自分自身を創るようにされたのだ(27)」。

私はキングズリーに好感をもっている。それは、彼が聖職者の中では珍しくダーウィンの革命的な思想を支持したからだけではなく、私の子どもの頃のとある出来事からだった。

リーズ近郊にある自宅から、両親は私と弟を連れてヨークシャーのマルハム・コーブに出かけたが、そこはジェームズ・ウォードやターナーなどの画家によって有名になった人気の景勝地だった。急な坂道を下り、ふもとの小川に向かう途中、ふと見下ろすと、小さなコテージがあり、庭に一人の女性がいるのが見えた。私は両親に、チャールズ・キングズリーの『水の子どもたち』の一場面を思い出したと言った。その偶然に驚いた両親は、キングズリーが物語を書くきっかけになったのがまさにこの場所だと教えてくれた。どうして両親がそれを知っていたのか、私には見当もつかない。『水の子どもたち』は学校で読んでもらったと思っていたからだ。

キングズリーは自然界を愛し、自分を鳥に見立てた絵を描いたこともあった。学校ではチャールズ・アレクサンダー・ジョンズ牧師の指導を受けている。ジョンズは一八六二年に『*British Birds in Their Haunts*（ねぐらにおけるイギリスの鳥）』という本を出版して大好評を博した人物だ。ケンブリッジ大学でキングズリーは、アダム・セジウィックに教えを受けた。セジウィックは、それ以前に若き日のチャールズ・ダーウィンを指導していた。キングズリーは、学生時代には友だちと一緒に鳥の巣探しをしており、生涯を通じて鳥への関心をもちつづけた。一八四二年に聖職に就いて、その後ヴィクトリア女王の牧師となり、女王の後を継いでエドワード七世となる皇太子の家庭教師も務めた。さらにその後、チェスター大聖堂の司祭を務め、最終的にはウェストミンスター寺院でも同じ役職に就いた。成功して、社会的地位も得たキングズリーだが、情緒的にはもろいところがあった。多芸多才で、急進派、社会改革者でもあった彼は、博物学協会の設立を援助し、博物館の教育的役割を熱心に支持した。妻ファニーへの求愛中、キングズリーは自分の性的妄想を描いた挿絵を彼女に送った。その中には、二人が永遠に抱き合い、自分は鳥になって、翼で二人を天まで運んでいる姿を想像したものもあった(28)。

キングズリーはハチドリが大好きで、一八六九年一二月、「四〇年来の夢」を実現するため、妻のファニーとともに寒いイギリスから温暖な西インド諸島のトリニダード島に出航した。島の総督のアーサー・ゴードン卿の客人として、彼らは七週間にわたって熱帯植物の驚異を満喫したが、鳥がいないことに失望した。

翼をもつ鳥になり、愛するパートナーのファニーをかき抱いて天に昇るチャールズ・キングズリーのイメージ画。

もっと鳥をたくさん見たり聞いたりすることができたならと思った。しかし近年、自由を得た黒人たちは、自由な人間の揺るぎない権利の一つとして、錆びた銃を持ち歩いて翼あるものは何でも撃ってよいと考えるようになった。彼らはロンドンの店から派手な鳥、特にハチドリを求めて誘われたこともある。一軒の店が一度に二万羽の鳥の標本を売ると広告したら、鳥がいなくなっても不思議はない。(29)

反ダーウィン論

チャールズ・キングズリーは、ヴィクトリア朝時代に鳥類学の普及に大きな成功を収めたもう一人の聖職者、フランシス・オーペン・モリス牧師とは驚くほど対照的な存在だった。モリスの『*A History of British Birds*〔イギリス鳥類史〕』が成功したのは、その文章とともに、フランシス・ライドンの美しく鮮明な絵画をベンジャミン・フォーセットがカラーで木版印刷をしたこともある（口絵㉔～㉘）。ジョン・ウッド牧師の版画は暗く、少し泥臭かったので、それとのコントラストはあまりにも明白で、ライドンの絵は今日でもすばらしく新鮮に映る。そして、文章は……これまでの鳥の本の著者と同様、モリスは他の人が書いたものを文献から探し出し、多くの逸話や観察を蓄積していた。次のようなありそうもないことも含まれていた。

スミルナ〔現在のトルコ・イズミル〕のフランス人外科医は、シュバシコウを手に入れようとしたが、トルコ人がシュバシコウをたいへん崇拝しているため、非常に困難だった。そこで、一つの巣から卵を全部抜き取って、鶏卵に置き換えておいた。すると、やがてニワトリのヒナが生まれたのでシュバシコウは驚いた。しばらくしてオスは去り、二、三日姿を見せなかったが、仲間の大群を引き連れて戻ってくると、その場所に集まり、あまりの珍事に集まった大勢の見物人を気にも留めずに、輪をつくった。メスはその輪の真ん中に連れてこられ、群れがしばらく談義した後に全員でメスに襲いかかってバラバラに切り裂いてしまった。

つまり、私生児を産んだ女性は不名誉な行ないの罰を受けなければならない、という意味である。このような道徳的な話は、ありえないことだが、モリスの本の魅力は高まった(30)。

モリスはまた、トマス・マルサスやハリエット・マーティノー（ダーウィンの兄エラスムスの友人）に対して、自分の著書を使って暴言を吐いた。おそらく、人類の人口が増えて食料供給を上回ると、一番苦しむのは貧民だという冷酷で客観的見解を両者がもっていたからだろう。また、小説家マライア・エッジワースの小説

築地書館ニュース

自然科学と環境

TSUKIJI-SHOKAN News Letter

〒 104-0045　東京都中央区築地 7-4-4-201　TEL 03-3542-3731　FAX 03-3541-5799

ホームページ http://www.tsukiji-shokan.co.jp/

◎ご注文は、お近くの書店または直接上記宛先まで

大豆インキ使用

植物に親しむ本

見て・考えて・描く自然探究ノート

ネイチャー・ジャーナリング

ジョン・ミューア・ロウズ［著］

杉本裕代＋吉田新一郎［訳］2700 円＋税

好奇心と観察力を磨き、自然の捉え方を身につけよう。謎の探し方から記録するテクニックまでを伝授する。

樹木の恵みと人間の歴史

石器時代の木道からトトロの森まで

ウィリアム・ブライアント・ローガン［著］

屋代通子［訳］　3200 円＋税

1 万年にわたり人の暮らしと文化を支えてきた樹木と人間の伝承を世界各地から掘り起こし、現代によみがえらせる。

庭仕事の真髄

老い・病・トラウマ・孤独を癒す庭

スー・スチュアート・スミス［著］

和田佐規子［訳］　3200 円＋税

人はなぜ土に触れると癒されるのか。研究や実例をもとに、庭仕事で自分を取り戻し

年輪で読む世界史

チンギス・ハーンの戦勝の秘密から失われた海賊の財宝、ローマ帝国の崩壊まで

バレリー・トロエ［著］佐野弘好［訳］

2700 円＋税

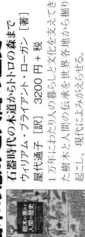

人間と自然を考える本

旅する地球の生き物たち

ヒト・動植物の移動史で読み解く遺伝・経済・多様性

ソニア・シャー［著］夏野徹也［訳］

3200円＋税

地球規模の生物の移動の過去と未来を、生物学・分類学・社会科学から解き明かす。

極限大地

地質学者、人跡未踏のグリーンランドをゆく

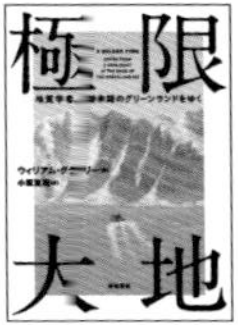

ウィリアム・グラスリー［著］小坂恵理［訳］

2400円＋税

人間は、人跡未踏の大自然に身をおいたときに、どのような行動をとるのか。地球科学とネイチャーライティングを合体させた最高のノンフィクション。

深海学

深海底希少金属と死んだクジラの教え

ヘレン・スケールズ［著］林裕美子［訳］

3000円＋税

深海が地球上の生命にとっていかに重要かを研究者の証言や資料・研究をもとに語り、謎と冒険に満ちた、海の奥深く、不思議な世界への魅惑的な旅へと誘う。

太陽の支配

神の追放、ゆがむ磁場からうつ病まで

デイビッド・ホワイトハウス［著］

西田美緒子［訳］　3200円＋税

人々が崇め、畏れ、探究してきた太陽。神話、民俗学から天文学まで、太陽と人の関わりを網羅した1冊。

冷蔵と人間の歴史

古代ペルシアの地下水路から、物流革命、エアコン、人体冷凍保存まで

トム・ジャクソン［著］片岡夏実［訳］

2700円＋税

生活に必須の冷蔵技術の存在の大きさをクローズアップする異色のノンフィクション。

人類と感染症、共存の世紀

疫学者が語るペスト、狂犬病から鳥インフル、コロナまで

D・W＝テーブズ［著］片岡夏実［訳］

2700円＋税

グローバル化した人間社会が生み出す新興感染症とその対応を冷静に描く。

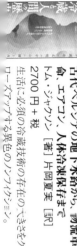

認証制度から産直市場まで

R・オサリバン［著］浜本隆三ほか［訳］
3600 円 + 税
過去 70 年の米国のオーガニックの歴史。農業者も、消費者もハッピーなオーガニックの在り方を描き、これからの日本の自然食の在り方を浮き彫りにする。

83 歳、脱サラ農家の終農術

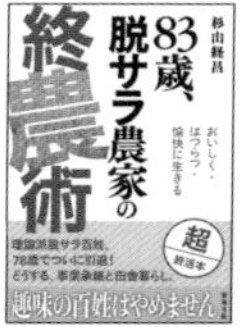

おいしく・はつらつ・愉快に生きる
杉山経昌［著］ 1800 円 + 税
累計 10 万部突破の『農で起業する！』シリーズ著者の最新作！ 理論派脱サラ百姓がついに引退。事業継承やリタイアメント・ライフを愉快に送るコツを語る。

土が変わるとお腹も変わる

土壌微生物と有機農業
吉田太郎［著］ 2000 円 + 税
カーボンを切り口に、食べ物、健康、気候変動、菌根菌の深い結びつきを描く。「有機」こそが、日本の食べ物を担う、あたりまえの農業であることがわかる本。

稼げる農業経営のススメ

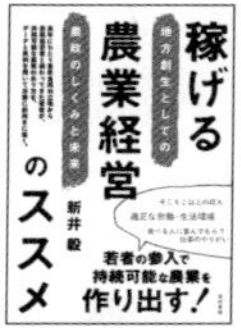

地方創生としての農政のしくみと未来
新井毅［著］ 1800 円 + 税
長年にわたり農政当局の立場から農業経営者と関わってきた著者が、持続可能な農業のあり方を、データと実例を用いて冷静に前向きに描く。

微生物と菌類の本

雨もキノコも鼻クソも大気微生物の世界

気候・健康・発酵とバイオエアロゾル
牧輝弥［著］ 1800 円 + 税
大気圏で、空を飛んで何千キロも旅をしている多様な微生物。大気中の微生物の意外な移動の軌跡と、彼らの気候や健康、食べ物、環境などへの影響を探る。

きのこと動物

森の生命連鎖と排泄物・死体のゆくえ
相良直彦［著］ 2400 円 + 税
動物と菌類の食う・食われる、動物の尿や肉のきのこへの変身、きのこから探るモグラの生態、菌類のおもしろさを生命連鎖と物質循環から描き、共生観の変革を説く。

価格は、本体価格に別途消費税がかかります。価格は 2022 年 10 月現在のものです。

流されて生きる生き物たちの生存戦略

驚きの渓流生態系

吉村真由美［著］ 2400円＋税

流れに乗って移動したり、絹糸で網を張ったり…。渓流の生き物とその生息環境について理解が深まる一冊。

苦しいとき脳に効く動物行動学

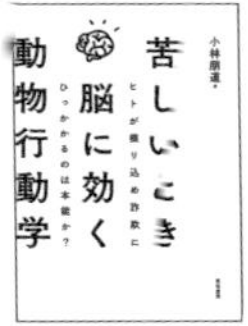

ヒトが振り込め詐欺にひっかかるのは本能か？

小林朋道［著］ 1600円＋税

著者が苦しむ生きにくさの正体を動物行動学の視点から読み解き、生き延びるための道を示唆する。

採集と見分け方がバッチリわかるアンモナイト図鑑

守山容正［著］ 2700円＋税

アンモナイト王国ニッポンの超レア化石をカラーで紹介！　写真とともに科ごとのアンモナイトの同定ポイントを詳しく説明。アンモナイトの見分け方がわかるようになる。

先生、モモンガがお尻でフクロウを脅しています？

鳥取環境大学の森の人間動物行動学

小林朋道［著］ 1600円＋税

先生！シリーズ第16巻！

イヌも魚もアカハライモリもワクワクし、キジバトと先生は鳴き声で通じあう。

カニムシ 森・海岸・本棚にひそむ未知の虫

佐藤英文［著］ 2400円＋税

古書以外にも木の幹や落ち葉の下など、私たちの身近にいるムシなのだが、ほとんどの人がその存在を知らない。

この虫一筋40年の著者が、これまでの採集・観察をまとめた稀有な記録。

海鳥と地球と人間 漁業・プラスチック・洋上風発・野ネコ問題と生態系

綿貫豊［著］ 2700円＋税

海上と陸地を行き来し海洋生態系を支える海鳥の役割と、混獲、海洋汚染、洋上風力発電への衝突事故など、人間活動が海鳥に与えるストレス・インパクトを、世界と日本のデータに基づき詳細に解説する。

には「宗教的な原理が浸透していない」と感じ、怒りをあらわにしている。(31)
ダーウィンの思想に激しく反発し、ハクスリーを下劣な生体解剖主義者と見なしたモリスは、反フェミニストだが、早くから自然保護の支持者でもあった。息子のマーマデューク・モリスは、一八九七年に亡父についてこう書いている。

（ダーウィンについて）自分の意見を公表した英国国教会の聖職者の中で、これほど長く（パンフレット、定期刊行物、論文に）、これほど率直に、激しく、断固として書いた者はおそらくいなかっただろう……近年、ダーウィンの著作から引き出された不当な結論ほど、人々の心や宗教的な意見・信条を動揺させるものはなかった……。

マーマデュークが回想するように、父モリスは、共通の祖先という考えも、自然選択という考えも受け入れることができなかった。「創世記のどこに進化論が書いてあるのか？　もし、ダーウィンの理論が真実なら、聖書は真実でないことになる」。彼はさらに続けた。

（ダーウィンの）誤り、私には一つの大きな誤謬《ごびゅう》が彼の著作全体を貫いているように見えるが、それは、多くの単なる品種が一つの共通の祖先に由来しているので、……すべての異なる種も同様に説明されると仮定していることである。彼の議論はすべて非合理的だ。(32)

モリスのダーウィン観は、エドマンド・ゴスの一九〇七年の伝記『父と子』で語られている父親で動物学者のヘンリー・ゴスを思い起こさせる。ヘンリーは科学普及の偉大な功労者で、海水水族館でヴィクトリア朝のセンセーションを巻き起こした。ジャマイカに一年半滞在した後で、地域の鳥類についてすばらしい記録を残している。プリマス・ブレザレン〔福音派キリスト教徒〕の熱心なメンバーでもあり、「さまざまな理由から、ダーウィンのおぞましい理論とは一切関わりをもたず、種の固定性の法則を堅持することを決意した」と述べている。エドマンドは、父に呆れられながらも神を拒否し、自分の生い立ちを「宗教制度に幽閉されたかごの中の小鳥のようだ」と表現した(33)。

カッコウという存在の矛盾

全知全能の慈悲深い神を信じる人々にとって、カッコウは数世紀の間、問題になっていた。最初に気づいたのはアリストテレスだったが、他者をだまして子孫を残すような生き物を、どんな慈悲深い神が創ったのだろうか? どんな神が、里親の兄弟を殺してしまうような小さなヒナを設計したのだろうか? 確かに、これには何らかの説明が必要だ。一六七〇年代にジョン・レイは、カッコウの行動に啞然《あぜん》としたと書いている。さらに「あまりに奇怪、不可解で不条理と思えるが……このような例が自然界に存在するということを十分に納得できない。自分のこの目で見なければ、自然の本能によってこのようなことが行なわれたとは信じられなかった」とも述べた。しかし、その後、自然神学のハンドブックである『神の英知』では、神がなぜこのような怪物を創り出したのかを説明する必要性を避けるため、カッコウについては一切触れなかった。

ギルバート・ホワイトは、カッコウの行動を「母性愛に対する暴挙」と呼び、「もし、ブラジルやペルーの鳥についてだけ書かれていたなら、我々が信じるに値しなかっただろう」とつけ加えている[34]。ジェームズ・レニーはこの種について長く詳細な説明をしているが、一八三〇年代に出版された小鳥の本三冊では、この問題を完全に避けている。もっとも、レニーの著書の出版社は「有用知識普及協会」であり、その目的は労働者階級に科学の話題を提供することだったので、レニーはこれを見事にやり遂げたようだ。この協会は世俗の団体ながらも、レニー自身と同様に、自然神学的な世界観を積極的に支持した。彼は科学者としての教育を受けながら、同業者からは「アルファベット・レニー」と呼ばれ、さまざまな生物学事典を出版して生計を立てていた。第三巻では、「創造主の力、知恵、善良さを示すものは、自然の造形物から際限なく生み出される」とし、鳥類学は「その例を数多く提供してくれる」と結んでいる（カッコウは例外だが[35]）。同様に、モリス牧師は『イギリス鳥類史』の中で、カッコウのヒナが殺生をすることについて何ら判断を下していない。

孵化したばかりのカッコウのヒナが宿主のヨーロッパカヤクグリの卵を一つずつ押し出す行動は、一七八八年にエドワード・ジェンナーが観察して、その詳細を報告したのが最初とされている。ジェンナーは、「賢い創造主はどうしてこのような残酷な行為を許すのか」という問題に対して、宿主のヒナの死は他の動物の食料源となるため、目的がないわけではないと示唆した。鳥類学者がこぞってジェンナーの解釈に同意したわけではないが、その観察が正確なのは認められた。しかし、風変わりな旅行家で博物学者のチャールズ・ウォータートンは、ジェンナーの説明を「とんでもない」と考え、彼が「言葉通り」のことを見たかどうか疑っている。ウォータートンは、鳥類に造詣が深いにもかかわらず、明らかにカッコウのヒナを見たことがなく、そのような幼いヒナに、深い巣の中から宿主の卵やヒナを放り出す力があるとは思えなかったのである。むしろ、乳飲み子のヘラクレスがゆりかごの中で二匹のヘビを退治したという話の方が信じられると結んでいる。[36]

グールドは『*Birds of Great Britain*〔グールドの鳥類図譜〕』の中で、育児放棄された子どもの死体を取り除くのは里親だとして、鳥類の調和を熱心に説いている。グールドは自著の執筆にあたり、巣立ったばかりのカッコウのヒナを世話する里親のスケッチを描いた。そして、一八七〇年頃、ジェマイマ・ブラックバーンという優秀な鳥類画家が描いた、カッコウのヒナがマキバタヒバリのヒナを巣から追い出している絵に出合ったのである（口絵⑰）。それまでグールドは、カッコウのヒナが同巣のヒナを捨てるという説を否定していたが、ブラックバーンの絵を見て急に納得し、すぐに本のための新しいイメージの制作に取りかかった。しかし、彼は、

> それでも、以前の見解を完全に覆すのは嫌だったのだろう。ブラックバーンのスケッチから作成された版では、構図を広げてその様子を見守る里親が描かれている。このような不自然な暴力が認められるのならば、それを許可し、監督する必要がある。そのマキバタヒバリは、おそらく治める神の代わりだろう。[37]

ジェマイマ・ブラックバーンは、自分が目撃した放出行動について「ネイチャー」誌に発表したが、グールドによる自分の作品の再解釈に明らかに狼狽していた。彼女は「ネイチャー」誌に次のように書いている。「私はいつも自分の絵の中で、自分が見たものに足しも引きもしないように表現しようと努めてきた……カッコウのヒナがあのようなやんちゃな行動をしている間、それを里親が見ていたなどということは、私たちの誰も目撃していない」。そしてその後、「私は、（グールドの）図版の詳細の多くについて、私が出典ではないと

ジェマイマ・ブラックバーンによる、巣からマキバタヒバリのヒナを放り出すカッコウのヒナ。

いうのが正しいと思う」と述べた[38]。このように暴露されて、グールドの購読者たちは、彼のこのような「やんちゃな」行動をどう思ったのだろう。

ダーウィンは『種の起源』の中でカッコウの行動を自然選択の観点から説明したが、グールドはその画期的な説明を受け入れられなかったので、『グールドの鳥類図譜』の中でも一切触れていないのもうなずける。

ラファエル前派と進化論

一八八〇年一二月、老齢のグールドのもとにラファエル前派の画家ジョン・エヴァレット・ミレイとその息子が訪ねてきた。ミレイ父子は三〇分ほど待たされてから中に入ると、長椅子に哀れな姿で横たわる老人の姿が目に飛び込んできた。膝の上にはハチドリの絵が置いてあり、まだ描いている最中だと思わせたかったのだろう。老いさらばえているのに取り繕おうとする必死の試みを見て、彼らは危うく吹き出しそうになり、帰り際にミレイは息子に「いい題材だね、とてもいい題材だ。時間のある時に描こう」と言った。

ミレイはその絵を一八八五年に描き、「鳥類学者あるいは主情」と題されたこの絵は、現在、彼の最大の業績の一つに数えられている（口絵⑱）。この絵には、衰弱して寝たきりの老人が、孫とその母親に囲まれている様子が描かれている。グールドの手には赤いヒヨケドリの剥製が握られており、ベッドの上や床に置かれた箱の中には他のさまざまな外来鳥の剥製が散らばっている。一見すると、ミレイの絵はヴィクトリア朝の感傷的な愛すべき作品に過ぎないが、そこには見かけ以上のものがある。

ミレイは、一八五二年に完成した「オフィーリア」で最も有名な画家だが、一八四八年、ウィリアム・ホルマン・ハントやダンテ・ゲイブリエル・ロセッティら六人の仲間とともにラファエル前派を創設した一人だ。ラファエル前派は、当時の芸術のアカデミックな気取りに不満をもっており、新しいアプローチが必要だと考えた。作家のジョン・ホームズが言うように、彼らが生み出したのは「硬質な自然主義をもって、想像力豊かに中世とエロティックな象徴主義を表現した」芸術だった。ラファエル前派は、ギルバート・ホワイトやレナード・ジェニンズらが求めた自然界への執着や自然観察の流行を取り入れた。さらにそれまで想像もできなかったほど、写真に撮ったかのようなレベルのリアリズムで、「オフィーリア」の川辺の植生を表わすことに成功し、その美しさは不朽のものとなった[39]。

ラファエル前派の画家たちは誰の好みにも合うというわけではないかもしれないが、私はずっとラファエル前派が好きだった。私は一九六〇年代にシックスフォーム生〔中等教育の最終期間にあたる一六〜一八歳〕だったので、美術学校に行くか、動物学を学ぶために大学に行くか、迷っていた。その決断をさせたのは、名門のリーズ芸術学校の面接だった。大勢の学生がアトリエでおしゃべりをしたりタバコをふかしたりして、ろくにアート活動をしていない光景は、プロテスタント的な労働倫理に完全に反していた。私は、その代わりに動物学を学ぶためにニューカッスル大学へ行った。それでも、私の芸術への情熱は、鳥に関する科学的な研究と深く結びついている。

ラファエル前派の絵の魅力の一つは、その人物の正確な表現だが、自分が一〇代の頃にラファエル前派の絵が科学に基づいたものと理解していたかどうかは定かでない。一八〇〇年代初頭、科学者たちが自然を正しく解釈するための「真理」を求めるのに躍起になっていた頃に、ラファエル前派の人々もまた、絵画の中に自然の真理を探し求めていた。ラファエル前派と科学者は、ある意味で相容れない存在だったが、進歩や発見の精神は共通していた。ラファエル前派の科学に関する知識は、おそらくかなり限られていたと思われるが、彼らは、特定の科学分野について詳細な知識はもっていなかったとしても、科学の考え方である慎重で綿密に観察したものを忠実に表現することを好んだのである。

ラファエル前派が生まれたのは、科学が興隆し、科学一般と博物学が深く結びついていた時代でもあった。ラファエル前派の絵画、詩や彫刻はいずれも、全知全能の神が創造した自然の美を賛美する自然神学を深く意識させるものだった。

一八五〇年代、イギリスを代表するヴィクトリア朝の美術評論家であり、ラファエル前派の偉大な支援者でもあったジョン・ラスキンは、当時建設中だったオックスフォード大学動物学博物館の内外をラファエル前派の鳥や動植物の彫刻で装飾する準備をしていた。彫刻は、アイルランド人のジェームズとジョン・オシェアの兄弟と、その甥《おい》のエドワード・ウィーランによって制作された。これは、自然界を賛美するとともに、「最高支配者が我々を構成要素の一部とした偉大な物質的デザインに関する知識」を来館者に得てもらおうというものだった。(40)

科学と自然神学のネオ・ゴシック様式の大聖堂であるオックスフォード大学自然史博物館は、もともと大学博物館として知られていたが、ダーウィンの『種の起源』が出版された六カ月後に完成し、ラファエル前派の最高傑作の一つに数えられている。一八六〇年六月の開館後まもなく、先述した神と自然選択とをめぐるオックスフォード主教ウィルバーフォースとトマス・ヘンリー・ハクスリーとの有名な論争が、この博物館の中で行なわれたのは皮肉なことである。

『種の起源』は、ラファエル前派のメンバーの間に、科学や西洋社会全体の中と同じような大きな亀裂を生じさせる結果となった。ホルマン・ハントや彫刻家ジョン・ルーカス・タッパーなど、自然神学に固執するラファエル前派もいれば、ロセッティらのように科学の概念を完全に捨て、象徴主義や美学の世界へと流れていく者もいた。

その後、ラファエル前派の美学を取り入れたゴシック様式の博物館がさらに建設されて、歴史はくり返されることになる。動物学者のリチャード・オーウェンは、ハンテリアン博物館の学芸員だった一八四〇年代から、国内の博物学コレクションを収蔵する国立博物館の設立を政府に働きかけていた。一八五六年にロンドンの大英博物館に移った後、オーウェンは再び努力を重ね、一八六三年にサウス・ケンジントンに敷地が購入された。一八七二年に工事が始まって、一八八一年、オーウェンの「キリスト教の自然寺院〔自然史博物館のこと〕」はついにその扉を開いた。オーウェンと建築家アルフレッド・ウォーターハウスの緊密な連携により、オックスフォード大学の博物館よりも壮大なスケールと統一感のあるデザインが実現された。オーウェンはラファエル前派と密接な関係にあり、「野心的で独裁的、科学界では時に対立を生む人物だったが、作家や芸術家からは好かれていた」。

このジョン・ホームズの言葉は、オーウェンがダーウィンの思想をどれほど軽蔑していたかを物語っている。進化を否定はしないが、それが神の定めた道筋を進むのではなく、自然選択によって「偶然に」起こるということが受け入れられなかったのだ。今日、自然史博物館の大ホールに立つと、その大聖堂のような造りとデザインのすばらしさを感じずにいられない。しかし、それは過剰であり、遅すぎたのだ。博物館が開館する頃には、自然神学という考え方はダーウィニズムに取って代わられ、ほとんど死語になっていた。さらに悪いことに、ラファエル前派の影響を受けた美術館のデザインは、科学に触発された「真実」ではなく、「虚偽」のように思われるようになっていた。ホームズが指摘するように「オーウェンの自然神学的概念は、博物館の建設に着手する前から時代遅れになっていた(41)」。

ジョン・グールドのハチドリ愛

ジョン・グールドは、ダーウィンと三〇年以上のつきあいがあった。しかし、一八五九年にダーウィンが自説を公表した時、グールドはそれを受け入れられず、また受け入れようともしなかった。この頃グールドは、美しい挿絵のついた鳥の豪華本で富と名声を築き、有名人になっていた。グールドは、物議を醸すダーウィンの思想を支持しているように見られることで、名声や収入を損ないたくなかったのだ。

『種の起源』が出版された頃、グールドはハチドリに関する一連の著作の執筆に忙しくしていた。グールドはこの小鳥に一番情熱を注いでいた（口絵⑲⑳）。アラン・ヒューム（第9章で紹介）や他の裕福な鳥類コレクターと同様に、グールドはハチドリの希少な標本を探すために、自分の部下を送り出していた。たとえば、オナガラケットハチドリの剝製には五〇ポンド（現在の約四〇〇〇ポンドに相当）という多額の報酬で誘惑したが、結局は手に入らなかったという。グールドは、わずか数年の間に、三五〇種のハチドリのうち約三二〇種の剝製、巣や卵を数千個集め、一八五一年のロンドン万国博覧会では、動物園に特設されたガラスケースに展示して、それまで誰も見たことがないような壮観な光景を実現させた。何万人もの来場者を魅了したグールドの展示は、必然的に、ハチドリの展示や、その後、女性の帽子やドレスの装飾品として、ハチドリの虐殺という有害なファッションを引き起こすきっかけとなった。グールドとしては、当時執筆中だった『*Monograph of the Trochilidae, or Family of Hummingbirds*〔ハチドリ科鳥類図譜〕』（全五巻）にとって万博が最高の宣伝になったので、特に気にかけることではなかった[42]。

グールドがデザインしたハチドリの絵は、才能あるウィリアム・マシュー・ハートによって金箔とニスで彩色され、玉虫色に輝く羽が再現された。グールドの裕福な読者たちは彼の作品を称賛したが、鳥類学者の中には不正確だと考える者もいたり、芸術愛好家たちはこの絵があまりにも派手すぎると感じていた。しかし、グールドのハチドリ本はベストセラーとなったので、彼は批評家の言をほとんど気に留めなかっただろう。しかし、鳥類学の観点からみると、グールドの名声は一八五九年にはすでに失墜していた。一八五〇年にアルフレッド・ニュートンがイギリス鳥学会の設立を準備していた時、グールドは、あからさまに会員の指名から外されて、深く傷ついた。

ダーウィンが『人間の由来』でグールドの図版を差し置いて使用したアルフレッド・ブレムのチャカザリハチドリの絵。

ハチドリのオスの羽に見られるきらめく虹色は、ダーウィンにとって性選択の完璧な例であり、ハチドリのメスがそのオスの特徴を好む証拠だった。しかし、グールドは、ハチドリの精緻な美しさが実用的なものだということを受け入れられなかった。その結果、ダーウィンは一八七一年に出版した『人間の由来』のためにハチドリの画像を探していた時、グールドの名作と認められたものを差し置いて、代わりに熱心に支持してくれていたドイツの鳥類学者アルフレッド・ブレムに依頼することにした。

二〇〇六年に、ミシガン大学ディアボーン校のジョナサン・スミス教授は、グールドが自然選択や性選択に対して反感をもっていたため、『グールドの鳥類図譜』の挿絵を反ダーウィン的に構成したのではないか、と指摘した。つまり、巣や一腹の卵にオスとメスを描き添えて、道徳的に高揚した家庭内の調和を表現しているのだ。そこには、ダーウィンが自然界を見た時のような、残酷なまでの競争と実用主義的な視点は微塵も感じられない(43)。

科学が進歩し、剝製が絶対的に必要となったことで、鳥類学者の間に残忍さが生まれた。ジョン・レイが慎重に構築して真摯に信じた物理神学は、やがて自然選択に取りって代わられることになるわけだが、それより数十年ほど前から、新たに富を手にしたヴィクトリア朝のエリートたちの間で、研究用の剝製のために、標本を一途に追い求める冷酷な活動が始まり、拍車がかかっていた。ヴィクトリア朝の鳥類学者は、自分たちの情熱に目がくらみ、鳥に光を当てる過程で、学問の歴史に暗い影を落としているという逆説に気づかなかったかのようだ。一八〇〇年代後半になると、鳥との関係は残忍な時代を迎えようとしていた。

第9章 殺戮の時代

付録の図版はハチドリのほんの一部だが、その美しさと優雅さは、ハチドリの生息する美しい国の豊かさにふさわしいものだ……ブロック氏の博物館を飾っていた一羽の標本（アオフタオハチドリ）は……長い間、知られている唯一のものだった。

——ジョン・グールド[1]（一八六一年）

裕福な青年鳥類コレクター

剝製は命と引き換えの鳥類学であり、ダウン・ハウスのハチドリはその氷山の頂上に輝くきらびやかな鳥だった。中でも、アラン・オクタヴィアン・ヒュームは熱心な鳥類コレクターとして異彩を放っていた。

アラン・ヒュームは、植民地に暮らすイギリスの富裕家庭の八番目の子として生まれた。父親はインドで外科医として働き、高位の娘と結婚して富と影響力を手に入れ、ついには国会議員や、ユニバーシティ・カレッジ・ロンドンの共同創設者にもなった。アランは、父親のエネルギーと急進的な自由主義の価値観を受け継いだ。

少年時代の趣味は巣探しや射撃で、裕福な家庭の子息の多くと同じように、植民地でのキャリアを積むために育てられ、一八四九年に一九歳でベンガル公務員に任命された。インドにおける男性公務員の余暇活動といえば何よりもハンティング〔狩猟〕だったが、ヒュームも同様で、「徹底的に訓練された土着の剝製師」の助けを借りて鳥の標本コレクションを蓄積していった。(2) 一八五七年、イギリス東インド会社とイギリスが行なった社会改革に対する住民の不満から生まれた「インド大反乱」で、これらの標本は失われてしまった。

長身で自信に満ち、大きなセイウチひげをたくわえたヒュームは、温厚だが同時に威厳に満ちた人物で、優れた行政官だった。勤勉で明晰な頭脳をもち、他の多くの上司とは異なってインドの一般大衆に深く同情していた。彼は、植民地主義とイギリスの行政の無能さを侮蔑しており、「インドの指導者たちと相談や協力もしないで、民衆の願いを蹂躙《じゅうりん》する傾向が強まっている」とみていた。とはいえ、地元民の生活改善を目指したヒュームの努力は、必ずしも上官に気に入られたわけではなかった。

一八六〇年代に入ると、ヒュームはトマス・ジャードンに出会う。ジャードンは一七歳年上のイギリス人医師で、一八三六年にインドに到着し、自然史に情熱を傾けていた。ジャードンはインドの野生動物ガイドブックが必要だと考えて、「インドの自然史に関する簡潔かつ包括的なマニュアルの必要性は、このような調査に関心をもつすべての人が長い間感じてきたことだ……」と述べ、インド大陸の脊椎動物に関する一連の本の制作に取りかかった。(3)

一八六二年、ジャードンは二巻からなる『*Birds of India*〔インドの鳥〕』を出版し、一〇〇八種以上の鳥類を記載した。ヒュームは彼のことを「友人で師匠でもある……私が最初に鳥類学の味を覚えたのは彼のおかげだ」と述べている。そして、ヒュームが一度突っ走りはじめると、もう誰にも止めることはできなかった。ヒュームは新しい趣味にあらゆる組織力を投入し、新たな活力と、より明確な目的意識をもって鳥類標本を収集しはじめた。インド全土に張りめぐらせた膨大な人脈の助けを借り、休暇を利用してインド中の隅々まで足を運び、多くの新しい知識と標本を蓄積していった。

ヒュームの最初の著書『*My Scrap Book: or Rough Notes on Indian Oology and Ornithology*〔私のスクラップ・ブック——インドの鳥卵学と鳥類学〕』（一八六九年）は「自分の知識というより、自分の無知をまとめたもの」であり、知られていないことを鋭く指摘し、似た関心をもつ人たちがそのギャップを埋めるように促している。ヒュームは、「インドには、私たちがほとんど知らない種の巣づくりや習性、移動、分布などについて話してくれるイギリス人狩猟家が何百人もいる」ことを認識していた。ヒュームは同僚から「鳥類学の教皇」と呼ばれるようになり、「その下で働く人のみんなから好意を寄せられていた。彼の熱意は伝染性があり、好みのテーマに関する知識は驚くべきものだった」。

ヒュームは無限のエネルギーをもっていたが、イギリス鳥学会誌「*The Ibis*〔アイビス〕」での出版に伴う制約に不満を抱いていた。その結果、一八七二年に自費で自分の雑誌「*Stray Feathers*〔ストレイ・フェザーズ〕」を創刊することにした。ヒュームは同僚の原稿を読み、校閲し、編集し、また自分でも多くの記事を書いた。彼は常に新しい知識を得たいと考え、最終的にはインドの鳥類について独自で究極の解説書を作成することを目指した。そして、インドの公務員としての最高キャリアである、新設の歳入・農業・商業省の秘書としてフルタイムで働きながら、このような活動を行なっていた。

一八七一年、ヒュームは雪を頂いたヒマラヤ山脈を望めるシムラー近郊に、ロスニー城という大きな家を夏の別荘として手に入れた。そして、標高二一〇〇メートルのこの地に鳥類学博物館を設立し、一万八五〇〇個の卵と八万点の仮剝製標本のコレクションを収蔵することになった。この膨大な数の標本によって、ヒュームは個々の種の地理的分布をプロットし、異なる亜種（品種）を認識し、数々の新種を科学界に紹介することができた（口絵㉝）。現在、ヒュームの名を冠した鳥は、Hume's Wheatear〔ズグロサバクヒタキ〕、Hume's Leaf Warbler〔バフマユムシクイ〕、Hume's Short-toed Lark〔ヒマラヤコヒバリ〕、Hume's Treecreeper〔マニプールキバシリ〕など、七種類にのぼる。ヒュームは並外れたエネルギーを、『*Birds of the British Indian Empire*〔大英帝国インドの鳥類〕』という本の計画に集中していた。

剝製ブームの到来

鳥類学は、一七〇〇年代半ばから二〇〇〇年もの間、このように行なわれており、世界中で多くのアマチュア鳥類学者が鳥の標本や卵を集めていたが、ヒュームはそのうちの一人に過ぎなかった。標本がなければ鳥の科学的研究は不可能であり、鳥類学を目指す何百人もの人々が収集を始めたのだ。これは保存技術が完成したおかげで可能になった試みである。

鳥類の研究において、手に入れた標本を保存するのは基本中の基本だ。不滅の研究用標本がなければ、その存在を証明することもできないし、比較の基準もないので、同定の機会も限られたものになる。絵による表現は、それを描いた画家の腕前によるので、エル・タホ洞のような非常にシンプルなイラストで同定できることもあるが、決定的なものではなかった。ルネサンス期のアルブレヒト・デューラーやピサネロなどのきわめて詳細な鳥の絵でさえも、実物の剝製標本には及ばない（口絵⑫⑬）。

これまで見てきたように、動物や人間の保存法として最古のものは乾燥とミイラ化で、大いに効果的な方法だった。また、動物の皮でできた衣服は、ミイラ化するよりも古くから利用されていた。古代の祖先は哺乳類の皮を身につけていたと思われがちだが、鳥類の皮も使用されていた。一五〇〇年代、あるいはそれ以前から、北極圏の先住民はハシグロアビのような、柔らかくて保温性・防水性に優れた鳥の皮を丸ごと使って帽子づくりをしていた。鳥の皮は、肉や脂肪を取り除いた後、天日で乾燥させて保存性を高めていたのだろう。

フリードリヒ二世は、ツルの翼を「肉の水分が完全に蒸発するまで煙突に吊るして」乾燥させ、タカの訓練に使う疑似餌として使用した。同様に、一五〇〇年代にインドネシアのモルッカ諸島からヨーロッパに初めて持ち込まれた極楽鳥〔フウチョウ〕の剝製も、天日や火で乾燥させたものだった。羽の色や虹色の輝き、質感は、それまで誰も見たことがないものだった。足がないのは皮剝ぎをした人が取り除いたからだったが、鳥は「楽園で」飛びつづけなければならないために自然な状態だと素朴に考えられていた[4]。

現在プラドに展示されているヤン・ブリューゲルの「味覚の寓意」（一六一八年）をはじめ、数多くの美術作品に、豪華な晩餐会で皿に盛られた完全な羽をまとった鳥が描かれている。これはおそらく乾燥させて保存した剝製で、パイを覆うカバーとして使用したものだろう。一三〇〇年代にシャルル五世と六世に仕えたフランスの有名な料理人ギヨーム・ティレルは、「ハクチョウとクジャクをローストし、調理後に羽をすべて整えて金色のくちばしをつけ、きれいな砂糖菓子でつくったジオラマに置いて」振る舞ったという[5]。

一五〇〇年代半ばになると珍品コレクションが普及しはじめ、航海者が持ち帰ったエキゾチックな標本を守ろうとするコレクターの気持ちが高まり、保存技術が向上しはじめた。鳥類学者のピエール・ブロンは一五五五

1555年に出版されたコンラート・ゲスナーの鳥類図鑑に掲載された、下手な剝製標本に基づくオオバンの木版画。

五年に、鳥の脳と内臓を取り除き、皮の内側に塩を塗り、吊るして乾燥させる方法を記している。その後、一六〇〇年代には、ドイツの狩猟家であり作家でもあったヨハン・コンラッド・アイティンガーが、標本の保存に灰とミョウバン、および硫黄を使うことを提案し、藁《わら》の土台の上にワイヤーや串を使って鳥の皮をかぶせ、リアルな姿勢を保てるようにした。この標本は蛾や甲虫の幼虫が食い荒らさないように四半期ごとに火で乾燥させる必要があり、今日にいたるまで博物館の学芸員の悩みの種になっている。皮肉なことに、アイティンガーが開発した防腐剤の調合は標本を傷つけてしまったので、保存の効果は期待したほどにはなかった。

また、一五五五年のコンラート・ゲスナーの鳥類図鑑など、初期の鳥類図鑑の図版の多くは、下手なつくりの剝製標本から描かれていたので、「木彫」か、詰め込みすぎた「ぬいぐるみ」のような独特の特徴がある。[6]

鳥の剝製の保存の転機となったのは、一六八〇年代に発見された砒《ひ》素石鹼である。「白砒素と二倍の銅水を取り、グラインダーできれいにすり潰し、強いブランデーを加えて薄める……。そして、鳥の皮を剝ぐ時に、皮の内側にこの混合物を塗ること」。これで「この鳥をゴキブリやウジ虫から守り、年を経ても美しく、羽が一枚も落ちないようにできる」のだという。[7]

鳥の皮の内面に砒素石鹸を塗ると、研究用の皮を貪欲な昆虫の幼虫の牙から守れるのだ。銃の性能も向上し、移動手段も改善されたことで、新たな収集熱はさらに高まった。そして、それは科学として正当化された。研究用の仮剝製と呼ばれるものをつくることと、展示用に鳥の本剝製をつくることとは別である。仮剝製と本剝製はどちらも適切な保存が必要だが、本剝製は内部に支持部を入れて、リアルな姿勢を再現するための特別な技術が必要だ。一方、仮剝製は、おもな特徴はそのままに、収納スペースを節約するため、目も入れずに機能的でコンパクトに仕上げる。

一九六〇年代後半、私は幸運にも、剝製師の巨匠であるレグ・ワグスタッフがハヤブサのメスの仮剝製をつくるところを見ることができた。この鳥は死体で発見され、モンクス・ウッド実験場という当時イギリスで最も重要な生態調査施設の一つに引き渡されたものだ。また、ＤＤＴなどの農薬が野生動物に与える影響についての研究も、この地で多く行なわれていた。私は、ハヤブサと同様に農薬の影響を受けやすいアオサギに興味があったので、二週間ほどモンクス・ウッドを訪れていた。その時、私はレグが誰なのかまったく知らなかったが、農薬に侵されたかわいそうな捕食動物を美しい生物標本へと見事に変身させるところを見せてくれる親切な老人だと思っていた。最後に、レグはできあがった剝製を柔らかな毛糸でそっと包み、乾燥するまでこうしておけば、まるで空中ダイブをしているかのような流線型を保つことができるのだと教えてくれた。彼がまるでミイラを包んでいるように思えた。[8]

ハシブトウミガラスの卵。1900年代初頭に北極海の島ノヴァヤゼムリャで採集され、現在トロムソ博物館に保管されている。

　しかし、それで終わりではなかった。その日の午後、レグが最後にしたことは、鳥の詳細、つまり種別（*Falco peregrinus*）、性別（メス）、場所、死亡年月日を長方形のカード型のラベルに書き込むことだった。そして、そのラベルを鳥の脚に結びつけた。

　ラベリングは不可欠である。ラベルがなければ、仮剥製やその他の生物学的標本の価値は限られてしまう。卵はその点をよく表わしている。自然史博物館には膨大な数の鳥の卵が収蔵されているが、持ち主やコレクターは卵に文字を書くとせっかくの美しさが損なわれると考えたので、ラベルをつけずに保管していたものが多かった。その代わりに、コレクターは卵の中身を取り出した穴に、カタログと連動した参照番号を記した紙を押し込んでおくこともあった。しかし、残念なことに、この方法は時間が経つにつれ、紙が乾燥して落ちたり、卵と目録が離れてしまったりして、あまり意味のないものとなってしまった。少数派ではあるが、卵そのものに詳細を書き込むコレクターもいたが、それだけでは不十分だった。

かつてイギリスで最も重要な鳥類学者といわれた人物がスキャンダルを起こしたが、これほどラベルの価値がよくわかるものはないだろう。その人物は、リチャード・マイナーツハーゲンといい、裕福な貴族の出身で、軍人、スパイ、鳥類学者、病的な嘘つきでもあった。妻と二人で外出中に拳銃による不審な事故で妻を亡くした。傲慢で典型的な大英帝国の一員であり、ヒュームとはまったく対照的に、インドが自力で統治するなど思いもよらず、マハトマ・ガンジーを特に憎悪していた。

ヒュームや他のヴィクトリア朝の鳥類学者と同様、マイナーツハーゲンも鳥の種を同定して、地理的分布を確立することに重点を置いていた。一九二〇～四〇年代にかけてユーラシア大陸の鳥類を収集したマイナーツハーゲンは、「イギリス最後の大鳥類コレクター」と呼ばれ、ロンドンの大英自然史博物館を頻繁に訪れ、自分の研究対象の仮剝製と博物館の標本とを比較検討していた。マイナーツハーゲンは、何らかの理由で評価と尊敬を得たいという欲求を抑えられず、それを達成する方策として、「分布の新記録」（ある地域で初めての記録）を捏造していたのだ。彼は博物館の標本を盗み出しては、捏造したデータでラベルを貼り替え、自分のものとして発表した。

これは冒瀆である。パメラ・ラスムッセンとアラン・ノックスがマイナーツハーゲンの不正行為を発見したのは、その死後かなり経った一九九〇年代のことだった。不正行為で引き起こされた混乱に頭を抱えた主任学芸員は絶望のあまり、二万点に及ぶマイナーツハーゲンの仮剝製標本をすべて焼却しようと提案したほどだった。結局は、研究者たちは手間をかけて巧妙な科学捜査を行ない、マイナーツハーゲンの誤った分類で引き起こされた混乱を大部分、解決することができたので、幸いにもそのような事態は避けられた。[9]

世界の大物コレクター

一九九八年、バーバラとリチャード・マーンズという二人の文化鳥類学者が、世界各地で鳥やその卵を収集した個人（ほとんどがヨーロッパ人と北アメリカ人であり男性）を何百人もリストアップし、昔の鳥類コレクターを網羅的に解説した本を出版した。[10] その中でも、一番積極的で、買収に成功したのがウォルター・ロスチャイルドである。一八七五年、ウォルターは七歳という若さで、両親に博物館を始めると宣言した。少年ウォルターの「早熟な動物学の才能とロスチャイルド家の莫大な富のおかげで……幼い頃の野望が豊かに実ることになった」。父親は、ウォルターが金融業の道を歩まないことを受け入れると、息子のわがままを聞き入れて、ハートフォードシャーのトリングにある家族の土地と、なおも大きくなる博物館のために一〇〇万ポンド（現在の一億ポンドに相当）を与えた。これにより、ウォルターは世界中で数百人ものコレクターを雇い、珍しい鳥を探し出し、確保することができるようになった。拡大しつづける博物館の運営を助けるため、ウォルターは一八九二年にエルンスト・ハータートを学芸員として迎え入れ、研究の成果を書き上げるための自由を手に入れた。中でも、生きたヒクイドリ（ニューギニアとオーストラリア北部に生息）をトリングに六四羽も所有しており、当時の代表的な鳥類画家のジョン・ジェラード・キューレマンスに描かせた印象的な美しいイラストを載せたモノグラフは注目に値するものだった。ロスチャイルド、ハータート、そして一八九三年に採用されたもう一人の学芸員によって、合計一二〇〇冊の本と論文がつくられ、ウォルターのコレクションである三

○万点の剝製と二〇万点の卵をもとに、五〇〇〇種の新種が記載されたのだ[11]。

しかしその後、災難に見舞われる。ウォルターは結婚せず、少なくとも三人の裕福な愛人がいたが、そのうちの二人だけ身元がわかっている。ウォルターはいずれからも年間一万ポンドを脅し取られたが、とどめを刺したのは三人目だった。既婚の「貴婦人」としてしか知られていなかった彼女は、夫とともにウォルターの浮気を公にすると脅し、四〇年もの間、ウォルターから執拗に金を搾り取り、ついにはウォルターは巨大な剝製コレクションを売らざるを得なくなった。その恩恵にあずかったのはニューヨークのアメリカ自然史博物館で、学芸員たちは二二万五〇〇〇ドルという破格の買い物をしたと思っていた。そして、ウォルターはどうなったかというと、数年後の一九三七年に亡くなった[12]。

コレクターの多くが男性だということは時代の必然性だったが、五〇年以上にわたってアメリカ自然史博物館に勤めたフランク・チャップマンなど、配偶者に支えられているコレクターも少なくなかった。彼は、妻のファニーについてこう語っている。

自分の仕事に打ち込む男が人間の妻を迎えるのは、非常に危険な重婚を犯している。もし二人の配偶者の意見が一致しない場合、どちらが未亡人になるかを決めるために三者間の争いが生じる。もし、二人の意見が一致すれば、男は本当に二度祝福されたと思うかもしれない。私はその幸運な一人である[13]。

女性コレクターは数少なかったが、中でも最も傑出していたのは、ドイツで初めて博士号を取得した女性の一人、エミーリエ・スネトラーゲだろう。賢く、タフで、自立した彼女は、その後、人生の大半を南米のアマゾンの奥地で過ごし、地元の部族と暮らしながら、何千もの鳥の標本を集め、現在、英名を「Snethlage's Tody-tyrant〔ヒメコビトドリモドキ〕」として知られている種を含め、数多くの新種を記載した。晩年はドイツで執筆活動をする予定だったが、心不全で六一歳の若さで亡くなった。一九九三年にヘルムート・ジックが『*Birds in Brazil*〔ブラジルの鳥〕』を出版した時、それをスネトラーゲに捧げている。

殺生とその正当化

アラン・ヒューム、ウォルター・ロスチャイルド、エミーリエ・スネトラーゲのような人たちは、どのようにして自分たちの大規模な殺生を正当化したのだろうか？

エジプトのファラオが沼地で鳥を捕り、墓を工芸品で埋めたように、インカの酋長《しゅうちょう》が鳥獣を飼い、オーレ・ヴォームやフランシス・ウィラビーといったヨーロッパ人がキャビネットに珍品を詰め込んだように、狩猟と収集は常に富裕層の関心事だった。一八〇〇～一九〇〇年代にかけて熱狂が起きた鳥のコレクションはその延長線上にあるが、この時代、ヨーロッパでは収集するための富と時間をもつ人々が増えていた。昔も今も、獲得して蓄積することは、ステータスに対する根強い渇望なのだ。

私の住まいからほど近いダービーシャー州に、キャベンディッシュ家が所有するチャッツワース・ハウスという人気の観光スポットがあるが、その理由は、この家には想像を絶するほど多くのコレクションがあるからだろう。美術品から家具、書籍など、さまざまな宝物がある。私はそこの図書館を利用したことがある。ビュフォンの『*Natural History*〔博物誌〕』（全三六巻）が二セットもあったが、一八〇〇年代初頭に購入されて以来、おそらく一度も開かれたことがなかっただろうとわかった。一七〇〇年代に入ると、旅行が容易になって、銃器も進歩し、野生動物の収集が盛んになったが、収集活動に大きな弾みをつけたのは科学だった。

一五〇〇年代に博識な人々が集めた珍品を皮切りに、一六〇〇年代半ばの科学革命がきっかけとなり、二世紀にわたる収集が始まったのである。神は人間に、自然に対する支配権を与え、自然界を思い通りに利用する自由と手段を与えたわけなので、宗教と科学は切っても切れない関係にあった。

多くの鳥や卵の収集家にとって、一番の動機は追跡のスリル、つまりハンティング〔狩り〕そのものだった。「私が初めて撃った鳥はダイシャクシギで、もう四〇年近く前のことだが、あの興奮は決して忘れることができない」とC・T・ビンガム大佐は一八九五年に書いている(14)。

年配の卵コレクターにその動機について尋ねたことがあるが、彼らも同じことを言う。特定の希少な卵の「セット」を見ると、巣を見つけ、卵を採ることができた時のことを思い出すのだ。これは、初めて新しい鳥を見るトゥイッチャー〔バードウォッチャーの一種。くわしくは二六八ページを参照〕とほとんど同じだ。採集はおもに男らしい行為であり、優れた野外技術、体力、持久力を必要とした。また、危険でエキサイティングなことでもあり、男たちが少年のように振る舞うための口実でもあった。

第1章で紹介したウィラビー・ヴァーナーはその典型的な例で、著書の挿絵には、険しい崖の上にあるヒゲワシの巣から卵を採取するシーンなど、大胆な行動が描かれている。また競争も重要な要素であり、運に恵まれて新種を発見したり、最大または最高のコレクションを集めたり、世界の遠隔地や危険な場所への旅行に駆り立てたりするのだ。彼らは鳥を見たり、扱ったり、皮を剥いだり、時には解剖したりするのを楽しんでいた。一八七〇年代にフィジーで、目を見張るほど美しいオレンジバトを初めて殺したエドガー・レイヤードは、次のように書いている。「輝くようなオレンジ色のハトを扱った時の私たちの喜びを想像してほしい。日光が黄金の翼を通して輝き、くちばしと足のエメラルドグリーンと、黄褐色のアイリングを照らすが、残念ながら今は死んで閉じてしまっている」[15]

しかし、何にもまして「鳥を研究するには、この方法しかない」という思いが強かったのだ。

収集活動と絶滅

現在、世界の博物館には約一〇〇〇万点の鳥の剝製が収蔵されている。世界で知られている鳥類は一万〜一万一〇〇〇種いるが、そのうち九九パーセント以上がこれらのコレクションに含まれている。博物館にこれほど多くの種が収蔵されている動物は、哺乳類（たった五四〇〇種）を除いては他になく、最も重要な科学的資源といえる。

博物館に一〇〇〇万羽の鳥だって？　不快に感じて尻込みする人が目に浮かぶようだが、ちょっと待ってほしい。飼い猫は一日にこのくらいの数の鳥を殺しているし、狩猟や生息地の喪失、気候変動によっても、同じような数が死滅している。そして、ニワトリにいたっては……毎日、一億羽以上が殺されているのだ[16]。

鶏肉は二四時間くらいで消費されるが、それに対して、博物館の標本はずっと長い間、私たちを楽しませてくれる。かつての鳥類コレクターに向けられた大きな批判は、剝製だけでなく卵も含めて、希少種を狙ったコレクターがその種を絶滅に追いやったというものだ。たとえば、イギリスで人気があったのは、多様で魅力的なセアカモズの卵で、一九二〇年代にはエドガー・ナャンス［sic］がエドガー・チャンスが執拗に収集していた。エドガー・チャンスはカッコウの研究でよく知られているが、鳥の卵も熱心に収集していたのだ。

チャンスは裕福で複雑な性格の持ち主であり、「刺々しく、独断的で、貪欲であり、ライバルの収集家を偏執的に疑うが、豪快で刺激的、熱心で説得力がある」と評されている。二〇世紀を通してイギリスのセアカモズの個体数は減少し、一九八八年には一つがいだけになってしまった。翌年はこのモズが繁殖しなかったので、この種の希少性が卵の収集を促し、イギリスでの絶滅を早めたことは間違いなさそうだ[17]。

グアダルーペカラカラは、ババ・カリフォルニア沖のグアダルーペ島だけに生息することが知られていたが、一九〇〇年にプロの鳥類コレクターの最高峰であるロロ・ベックによって絶滅に追い込まれた（口絵㉜）。


当時はまったく考えていなかったが、私はグアダルーペカラカラの最後の一羽を確保した可能性が高いように思われる……。一九〇〇年一二月一日の午後だった。私の方に飛んできた一一羽のうち、九羽を確保した。他の二羽は撃ったが逃げられた。目撃されたのはこの一一羽だけだったが、そのなつき具合から判断して……私はその時、彼らはたくさんいるに違いないと思った[18]。


ベックはその九点の剝製をウォルター・ロスチャイルドに送ったが、その種は二度と野生で見られなくなった。

また、アメリカ南東部の湿地性広葉樹林に生息していたハシジロキツツキも、最後の個体がコレクターに捕獲されて終わった種の一つだ。特に南北戦争以後、北米の「開発」を特徴づける容赦ない伐採により、このキツツキの生息地と個体数は激減した。最後の確実な目撃記録は一九四四年だった。それ以来、最近では二〇〇四年にも、この種がまだ存在しているという主張がなされている。それを確かめる調査団に私も参加する機会を得た。アラバマ州のチョクトハッチー川の浸水林をカヌーで進むのは、映画「脱出」を思い起こさせるようなすばらしくシュールな経験だったが、ハシジロキツツキを見ることはほとんど期待できなかった。

コレクターの悲哀

アラン・ヒュームは、インド滞在中、自由主義的な総督の下で仕え、成功を収めた。しかし、一八七六年に保守派のリットン卿が任命されると、様子が変わった。リットンはヒュームが自分自身や制度を執拗に批判することに不満を抱き、一八七九年にヒュームの部署を廃止し、降格させることを決定した。

屈辱を感じながらも、ヒュームは職にとどまった。当時制作中だったインドの狩猟鳥に関する本の出版費用を賄うために、給料が必要だったからだ。その本が出版されると、ヒュームは五二歳で退職して、シムラーに居を構え、『大英帝国インドの鳥類』の出版に向けて、それまでの一五年間に蓄積された膨大なメモを整理することにした。

一八八二〜八三年にかけての冬、シムラーが雪に覆われている間、ヒュームは妻とともに温暖な平原で長期休暇をとった。ところが、帰宅したヒュームは、不満をもった使用人が博物館のカタログ六〇〇〇ページ分とともに大事なノートを盗み出して、地元のバザーで古紙として売り払ってしまったことを知って、驚愕した。

ヒュームは打ちのめされた。「彼の人生の夢は……潰えたのだ。長年苦労して手に入れようとした報酬を得る望みはもうない。この偉大な書物を完成させることはもうできないのだ(19)」

ヒュームにとって、これがどれほどの打撃だったかは想像に難くない。私たちがコンピューターのハードディスクの中身を失った経験など、足元にも及ばない。ヒュームが同僚のリチャード・バウドラー・シャープに書いたように、「私は再び筆をとる気になれない。鳥類学には、もはやかつてのような興味をもてなくなった」。こうしてヒュームの鳥類学のキャリアは幕を閉じた。友人で共著者のチャールズ・マーシャル大佐は、「彼はほとんど何も言わなかったので、こんな決断を下さねばならなかったことに彼がどれほど深く心を痛めていたか、誰にもわからない」と書いている[20]。

降格の憂き目に遭い、地位も集中力も失ったヒュームは、神智学という新しい疑似宗教に目を向けた。この宗教は、インドの信仰と同様に、あらゆる生命を尊重すると主張していた。一八七五年にニューヨークで設立されたが、なかなか定着せず、一八七九年に創設者のヘレナ・ブラヴァツキーとヘンリー・オルコットがインドに渡った折に、ヒュームは初めて彼らに出会った。人道的な兄弟愛と社会改善という信念を掲げていたので、ヒュームの好みに合った（ただし、結婚内貞操という彼らの信念に賛同したかどうかは不明である）。ヒュームはこのグループに参加してから、飲酒、肉食、鳥の殺生をやめた。それ以前も殺生に抵抗はあったが、科学の名の下に心を鬼にしていたのだ。

鳥類学にとって最悪なのは、このような鳥（ソデグクロヅル）を殺さなければならないことだ……。どういうわけか、私は、鳥やその他の罪のない動物を食用ではなく単に科学のために大量に殺しても、違和感なく正しいことをしていると確信したいと思うことがよくあったし、頭ではその点は疑いはもたなかった。しかし、目の前で罪もない犠牲者が苦しそうにあえいで最後の息を引き取るのを見ていると、なぜか私の

パー・アルストロムが本種を同定する論文のために、中国とインドでの野外スケッチと博物館での研究を組み合わせて描いたヒマラヤコヒバリの絵。

心は少し違った話を語っているように思えるのだ。(21)

ヒュームは神智学の影響で、一八七〇年代後半に科学のために鳥を殺すことをやめた。それから一〇〇年経って、ヒュームが一八七三年に発見したある鳥をめぐって、科学のために鳥を収集することの道徳性の問題が再び頭をもたげてきた。

収集欲と問われるモラル

一九八六年二月四日、イスラエルのエイラートで、経験豊かなバードウォッチャーが同定できない茶色い小鳥を見つけた。この謎の鳥の名前がどうしても知りたくなり、テルアビブの動物園で至近距離から観察できるように、捕獲してファーストクラスで空輸したが、数日後に死んでしまった。仮剝製にしてテルアビブ大学の博物館に置いたが、その後、発見者はこの鳥をトリングの自然史博物館に持ち込んだ。ヒュームの標本と比較した結果、彼はこの謎の鳥が、ネパール、中国、インドのラダック地方に生息するヒバリの仲間であり、イスラエルでは珍しいヒマラヤコヒバリだということを突き止めた[22]。

一九九〇年に「*British Birds*〔ブリティッシュ・バーズ〕」誌上でこの新記録が報告されると、読者からは「旧北区〔動物地理区分の一つで、アフリカ北端部を含むユーラシア北部〕の西部で“tick”〔見た鳥の記録〕を獲得するために、この鳥の福祉が犠牲になったのか」と憤慨の声が上がった。別の読者は、この反応は「感傷的で非科学的」だと反論し、小鳥の自然死亡率は非常に高いので、「特定の個体の生死は大きな問題ではない」、つまり「個体対集団」のジレンマを再び読者に意識させた[23]。

また、同じようなケースに、一九八八年にソマリアのブロ・ブルティという町にある病院の敷地内で目撃された正体不明のモズの事例がある。その珍しい姿から、ヤブモズ属の新種かもしれないと示唆された。ソマリアは政情不安だったので、この鳥はドイツに運ばれ、鳥小屋で飼育されることになった。一四カ月後、この鳥はソマリア（政治的混乱がさらにひどくなっていた）に空輸され、写真撮影と計測をした後、DNA解析のために血液を採取して、通常の扱いとは逆に一九九〇年に放鳥されることになった。この鳥は、まさに科学界にとって新しい鳥だった。博物館の引き出しの中で仮剝製として終わるのではなく、野に放たれたことを祝して、*Laniarius liberatus*〔モズ属の解放された鳥〕という学名がつけられた。ブロ・ブルティのモズは、生きた標本から記載された初めての新種の鳥として世界中で大きな話題となった。その後、保存されていた血液サンプルを用いて分子生物学的解析をした結果、この鳥は新種ではなく、よく知られた種であるソマリアヤブモズ（*Laniarius nigerrimus*）の変わった色合いの変異個体に過ぎないことが判明したのだった。

超然として鳥を収集する人たちの問題は、現代でも解決していない。二〇一七年四月、エクアドルの国立生物多様性研究所のフランシスコ・ソルノザ・モリーナは、エクアドルのアンデス西部のパラモスと呼ばれる湿地帯で野外研究していたところ、珍しいハチドリに気づいた。その後、モリーナらは、同じハチドリの別の個体を発見して新種ではないかと考え、七個体を捕獲・採集（つまり殺害）した。これらの標本の仮剥製を、博物館に収蔵されている類似のハチドリ種のものと比較したところ、これまで報告されていない新種だということが明らかになった。彼らはこの鳥をBlue-throated Hillstar〔仮和名アオノドヤマハチドリ〕と名づけ、二〇一八年に「*The Auk*〔オーク〕」に掲載した。その説明には、この鳥は希少でおそらくきわめて絶滅の危機に瀕しているだろうとのコメントが添えられている。(24)

ヒマラヤコヒバリやブロ・ブルティのヤブモズと同じように、あるバードウォッチャーがブログサイトでこう主張して、この論文が炎上することになった。

> 科学の説明のために、きわめて珍しい動物を殺さなければならない時代は、もうとっくに終わっている。今回のケースでは、すばらしい写真が撮られ、鑑定のためにＤＮＡが採取され、使用された……。さらに非難されるべきは、鳥類学会（アメリカ鳥学会）の権威ある機関誌が、この論文を出版にふさわしいと考えたことだろう。
>
> 博物館のための収集は、過去の鳥類学において重要な役割を担っていたし、現在でも標本を博物館に保存することに意義がある。しかし、絶滅の危機に瀕している新種の鳥を殺すことを正当化することはできない。国際自然保護連合（ＩＵＣＮ）やバードライフ・インターナショナルが次のレッドリストを発表する時、間違いなくこの種が含まれ、その絶滅の危機の理由の中に、おそらく「博物館のための収集」が含まれることになるだろう。(25)

さらに、同じような考えをもつ人たちも「まったく、ひどい話だ」と参戦してきた。「鳥の種を収集することで、多少の科学的利益を得られるかもしれないが、絶滅の危機に瀕しているその遺伝子プールから七つの標本を取り去るのは、ずっと影響が大きい」とも述べた。

しかし、別の投稿者は、これはすべて「扇動的なナンセンス」であり、「博物館に収蔵するための標本の収集とその後の研究は、依然として新種の記述の基準であり、それには十分正当な理由がある」と感じているようだ。

ほとんどの投稿者が収集に反対して、炎上が続いた。そして、経験豊かな鳥類分類学者であるガイ・カーワンが、冷静な長い回答文書を寄せた。その最初の指摘は「分類学者でない人は正しい分類の仕方を知らない。これも科学の一種なのだ」。そして、その過程と規則のあり方について説明した。また、博物館のために収集された鳥と比べて、ガラス窓や乗り物など人間の活動によって不注意に殺された鳥の数は想像を絶するほど多いことに注意を促し、博物館の収集に倫理的問題意識を抱く人々に対して、「ホモ・サピエンスのせいで、鳥やその生息地は他の（はるかに悪い）影響を多く受けているが、個人的にそうした影響に加担しないように、みなさんのできる限りの努力が求められている」と鼓舞した。

その論文の原著者の一人であるリチャード・ポーターは、今回のハチドリのやり取りでは考慮されなかった点を以前から指摘しており、それは、遠征先での採集に一切反対していることだった。

私の研究、調査や保全活動の多くは（事実上すべて）、その国の原住民との共同作業なので、採集や殺生をすることはまったく間違ったメッセージを送ることになると思う。彼らは私や欧米人の同僚に会うことで、初めて「自然保護活動家」という存在を知ることになる場合が非常に多い。私は、すべての野生生物が尊重されるべきであり、自然保護主義者として、すべての野生生物を大切にし、尊重するという考えを伝えたいと思う。それはとてもシンプルなことだ(26)。

博物館向けに鳥類の標本を収集することの是非については、三〇年近く前にルイジアナ州立大学鳥類学芸員のジェームズ・レムゼンが、論争点について長文で慎重に検討した結果、そのほとんどが明らかにされていた。彼は、採集に反対する人々は、「懸念される重要な単位である、生息地や支えられている個体群と、動物の個体の福祉に対する懸念とを区別」できていないと指摘している。その論文の最後に、「博物館の科学者と自然保護主義者は自然に同盟を組むべき関係であって、標本を集めるべきかどうか、どれだけの標本を集めるべきかといった、些細で逆効果な問題で衝突するのではなく、お互いの目標を達成するために協力すべきである」と述べている(27)。

レムゼンの記述は、北米で働く博物館の学芸員という立場から予想されるように、収集を擁護したものである。北米では鳥類学の学部生が仮剥製のつくり方を教わるほど、収集の文化が続いているからだ。ヨーロッパの科学者の間では、採集はほとんど行なわれておらず、大学レベルの「鳥類学」コースも存在しない。この違いには、いつも興味をそそられる。ヨーロッパの大学の動物学の学位コースには鳥に関する情報が多く含まれているが、北米の大学のように分類群に特化した科目としてではなく、生態学、進化学、動物行動学といった大きな枠組みの中で教えられているのが一般的だ。

アメリカ人とヨーロッパ人の鳥類学者の収集に対する姿勢は大きく異なっていて、この違いは国民性を反映していると思われる。アメリカ人の熱意とヨーロッパ人の控えめさ、銃社会と銃なし社会という国民性を反映しているのかもしれない。私は、鳥類採集の議論に密接かつ公平に参加している上級の鳥類学者に、この違いがどのようにして生まれ、なぜ続いているのかを尋ねてみた。根幹にあるのは富、もっと丁寧に言えば、資金だね、と彼は示唆した。ヨーロッパでは、二度の世界大戦の犠牲と帝国領土の喪失により、海外での収集はほぼ終わりを告げた。そして、ウォルター・ロスチャイルドの失脚は、ヨーロッパの収集家にとってほとんど棺桶に最後の釘を打つようなものだった。

アメリカの博物館は、裕福な後援者のおかげで、そのコレクションの伝統を維持することができている。二〇世紀半ばに、収集反対の機運が高まった時、アメリカ人はヨーロッパ人よりも失うものが大きかった。また、予算の増額により、アメリカの博物館は分子生物学的な研究所を整備し、新種の同定や鳥類間の関係の解明において、一歩先を行くようになった。つまり、アメリカでは、現場よりも博物館に重点を置いていることになる。そして、南米の鳥類学者には、鳥を観察することよりも、採集することに力点を置くように指導してきた。

博物館の存在意義

一七〇〇〜一八〇〇年代にかけて鳥類を収集した人々は、科学の進歩のためという大義名分があり、世界の鳥を記録し、鳥とその地理的分布を記述することで、鳥類学の基礎を築くという目的もあった。当時、彼らはこういう意識をもっていたのだろうか？　おそらくそうではないだろう。科学的な学問がどのように発展していくかは、後から振り返って初めてわかることだ。「鳥類採集の時代」は、多くの学問分野に共通な記述的な段階の典型だったのだ。大物コレクターの時代を経て、博物館のコレクションがもつ付加価値はますます明白になってきた。博物館のコレクションは、生物多様性の膨大な目録、つまり自然界のカタログなのだ。鳥類に関する情報は、他のどの分類群よりも充実している。ヒューム　ロスチャイルド、スネトラーゲのようなコレクターは、形態学的特徴から特定の種の分類学的関係を推論していたが、特に分子生物学における新しい方法論の急増により、博物館の標本からDNAを用いて分類学的関係を解明する新しい方法が生み出されてきている。ロスチャイルドほどの金持ちでも、遺伝子による研究を予想することはできなかっただろうし、将来どんな新しい問いにも答えられる新技術が開発されるかは、誰にもわからない。

博物館は、鳥類の生活史、生態、形態、保護について知る上で重要だが、人間の健康や感染症についての研究にとっても大切だ。鳥インフルエンザ、オウム病〔第7章〕、SARS〔重症急性呼吸器症候群〕、そしておそらく新型コロナ感染症のCOVID-19などという病気を引き起こす微生物の多くは「人獣共通感染症」であり、人と人以外の動物との間で感染する可能性があることを意味している。一九一八年に世界で約五〇〇〇万人の死者を出したインフルエンザ〔俗にいうスペイン風邪〕のウイルスは、博物館に保管されている参考資料を使って研究者たちが復元することができた。同じことがCOVID-19にもいえるかもしれない。ある研究論文の著者の一人は「コレクションは病気の起源と分布を探す公衆衛生の対応者に近道を提供できるが、それはコレクションが利用しやすく、記録が十分になされている場合に限られる」と述べている。この数十年間、イギリス（やその他の地域）の博物館は、資金不足が著しく、スタッフが一人か二人の体制になり、かろうじて経営を維持している状況であることを考えると、この厳しい警告はとりわけ切実である。(28)

博物館のコレクションについて不可解だと思うのは、鳥の仮剝製と卵に対する一般の人々の受け止め方の違いだ。博物館の引き出しには一〇〇〇万点もの仮剝製が眠っているが、卵のコレクションに比べればはるかに違和感が少ないようだ。いずれも、博物館の標本の数は全体のごく一部に過ぎないという議論はひとまず置いておくとして、成鳥を殺すことは卵を採ることよりも個体群にダメージを与える可能性がある。なぜなら、鳥は巣を捕食される可能性が高くても対応できるように進化している種が多いので、代替クラッチといって巣を奪われてもすぐに産卵を始めることが多いからだ。特にヨーロッパコマドリ、クロウタドリ、ムシクイ類などの鳥類は、早く繁殖し、若くして死ぬという生活様式をとっているので、その傾向が著しい。

キンカチョウは通常、生後三カ月で繁殖の準備が整い、次々と二、三、四回目の産卵をし、その年のうちに死んでしまうことも多い。このような鳥にとって、何回か卵を失うことはふつうのことであり、それでも個体群が大きく成長する可能性をもっている。一方、鳴禽類ではなく、アホウドリやワシ（およびオオウミガラス）など大型の鳥類は、シーズンごとに一個しか卵を産まず、それを失うと新たに卵を産まないものが多い。彼らはゆっくりと長く生きる戦略なので、繁殖力は弱いが、親が長期間世話をし、寿命も長いという特徴がある。アホウドリ類の中には四〇歳、五〇歳、時には六〇歳にもなり、二年に一度しか卵を産まないものもいる。

卵は、おそらく本能的に親心に訴えるような感情を呼び起こすものだ。博物館で展示されることはほとんどないが、それは野鳥卵の採取に反対する向きに不快感を与えないようにとの配慮からのことだ。卵に対するネガティブな反応は生得的なものではなく、中には鳥の卵に執着する人もいる。しかし、ヴィクトリア朝の多くのイギリス人は鳥に対して神への畏敬の念と似たような感情を抱いていたようで、私たちが鳥の卵やその採取に対してもっている認識は、おそらくそれに端を発しているのだろう。感情は、鳥を守るための最強の手段だが、矛盾をたくさんはらんでいることもある。
鳥卵の収集は一九二〇〜三〇年代にかけてピークを迎えたが、その後、イギリスの王立鳥類保護協会や北米の全米オーデュボン協会などの民間団体の活動によって激減した。現在、卵の収集は違法であり、社会的にも容認されない。卵の採集で有罪となった者は、起訴され、公然と排斥される可能性が高い。しかし、かつては、少年たち（それも女子より男子が多かった）がふつうの鳥の卵を気軽に採っており、著名な自然史家が何人も認めているように、若かりし修行期間の重要な一部だった。これは広く行なわれていたが、鳥の個体数に特に影響を与えなかったことは事実だろう。鳥卵コレクターの大多数は一〇代で卒業したが、中にはいつまでも執着しつづけて、代替クラッチ論を使ってその活動を守ろうとした者もいた。しかし、これは腹黒い言い訳だ。というのも、ほとんどのコレクターが興味をもっていたのは、一般的な鳴禽類の卵ではなくて、希少で珍しい、入手困難な種の卵だったからだ。それはたいてい、イヌワシやハヤブサ、ミサゴなどの猛禽類の卵を意味していた。こうした鳥の卵には美しい模様があるので、その欲望はさらに強くなる。
コレクターと当局の戦いは、一九五八年にスコットランドのガーテン湖で起きたミサゴの卵の盗難事件に象徴される。イギリスではミサゴは一九一六年に絶滅したが、一九五四年に一つがいが繁殖のためにスコットランドに戻ってきた。その際、鳥卵コレクターが血に飢えたサメのように引き寄せられたのである。ミサゴの卵は盗まれてしまった。その後は警備が強化されてコレクターたちの試みは失敗に終わったが、一九八六年に、鳥卵コレクターたちは悔しまぎれに営巣木を伐採してしまった。[29]
このようなコレクターにとって、少年時代の趣味は大人になってからの執着へと変貌を遂げたのだ。極端なコレクターの動機を探る心理学者たちは、男性（これもおもに男性）が病的なコレクターになりやすい特徴をいくつか挙げている。その一つが不安感で、たいていは子どもの頃に親を亡くし、大人になってから「もの」を蓄積することでそれを補うことになる。私が知っている中で（間接的にだが）悪名高いコレクターは、ザンビアでタバコ農場を経営していたジョン・ロブジェントの例だ。彼は農場で繁殖している鳥の卵を収集しては、綿密に管理していた。このコレクションは、後にカッコウハタオリとその托卵相手であるマミハウチワドリとの進化を研究するのに役立った。ロブジェントは少年時代に母親を亡くしており、コレクションに執着している典型的な事例だった(30)。

私が実際に見た中でも一番、病的に鳥卵コレクションに執着していた人の事例は、二〇一八年にロンドンで開催された展覧会だった。ピーターとアンディのホールデン父子が企画したこの展覧会の目玉は、悪名高いコレクターのリチャード・ピアソンから没収した約七〇〇〇個の卵のレプリカだった。その他、いくつかの巣や、巨大なニワシドリの東屋《あずまや》（巣ではない）、有罪判決を受けた二人の鳥卵コレクターへの「インタビュー」映像なども展示されていた。私は鳥の卵の生態について研究してきたし、著作もあるので、この展覧会の一般向けツアーを案内しないかと誘われた。ぶっつけ本番というのも嫌だったので、私は前の週に下見に行ってみた。そしてまず、生物学的な誤りの多さに驚き、また展覧会の主催者が鳥卵の収集を正当化し、それを普及させようとする熱意に、さらにショックを受けた。二人の鳥卵コレクターが苦言を呈する者に暴言を吐いているビデオを見て、少なくとも私には、彼らには嫌がらせではなく援助が必要だということが驚くほど明らかだった。しかし、映像が進むにつれ、観客は明らかに展覧会主催者に同調するようになり、人々の意識を操作するのはいかに簡単なのかと思い知らされた(31)。

私はツアー参加者を案内して、展覧会のフィナーレを飾る部屋に到着した時、観客の中に展覧会の主催者がいることに気づいた。そこには二〇〇六年にピアソンのベッドの下から発見された七〇〇〇個の卵のレプリカが展示されていた。ピアソン氏が有罪判決を受けた後、当局が彼のコレクションを処分したのは、おそらく他のコレクターを阻止するためだろう、という解説を私が読み上げると、会場から威厳ある声で「それは違う」という発言があった。それはほかでもない、トリングの自然史博物館の鳥卵の学芸員、ダグラス・ラッセル博士だった。卵は破壊されたのではなく、自然史博物館にあるのだ。

私は鳥卵の収集を擁護しているわけではない。イギリスでも他国でも採卵は違法であり、誤りだ。しかし、虚偽の情報を使って世論を操作したり、明らかに心理的な援助を必要とする個人を非難するのも誤りである。もう一つはっきりさせておきたいことがある。有罪判決を受けた鳥卵コレクターのコレクションを破壊するのも非生産的だ。それよりも、それを博物館で管理して、研究者に有効活用してもらう方がずっとよい。

一九五〇〜六〇年代にかけて、ハヤブサやハクトウワシなどの鳥類が壊滅的に減少したのは、農薬の悪影響で卵殻の厚さが薄くなってしまったためだということは、卵のコレクションがあって初めてわかったことである。また、酸性雨の影響についても、特定の鳥類個体群で卵殻の質が低下していることがわからなければ、私たちが知る由もなかった。卵の採集が違法になってからは、現在博物館に収蔵されている卵は、有罪判決を受けたコレクターから没収されたものだけなので、無駄にしてはならない。気候変動が叫ばれる中、博物館の標本がその影響について理解を深めてくれる日が来ることは想像に難くないのだ。

二〇一九年に研究のためにトリングの自然史博物館を訪れた時、シロハラサケイの卵のトレイに、かつて卵が置かれていた隙間があることに気づいた。学芸員を呼び出すと、彼は目を丸くして、「ああ、そうだ、ショートハウスの窃盗事件で、盗んだ卵を代用品と交換しなかった数少ない例の一つだ」とため息交じりに言った。

一九七五年、マーヴィン・ショートハウスは車椅子でトリングに現われ、電気事故に遭い、鳥の卵を見るのが唯一の慰めなので、コレクションの手伝いをさせてもらえないか、と言った。学芸員のマイケル・ウォルターズは後にこう書いている。「博物館は彼を不憫に思い、五年ほどの間、彼の訪問を許した。彼は迷惑な存在だったが、障害者に対する偏見だと非難されるのは避けたかったのだ」。一九七六年、ある研究者が一カ月前に見た一腹のノガンの卵がなくなっていることに気づき、警察が呼ばれた。若い警察官は、卵がなくなった理由として可能性のある点をいろいろと考え、ウォルターズに「本当に卵が孵化したわけではあるまいな」と尋ねた。ショートハウスの窃盗が正式に認められて、警察が家を訪ねると、ズボンの下に履いていた女性用タイツの中に、博物館から持ち出した一万個の卵が入っているのが見つかった。彼は二年の刑に処せられ、卵は博物館に戻された[32]。

一方で、エドウィン・リストという羽泥棒もいたので、比較してみよう。

この人物はトリングの自然史博物館の来館者になりすまして訪問した後、二〇〇九年六月のある夜に再び訪れて、キヌバネドリ類の仮剝製二九九点を盗み出し、その羽をフライ〔釣り用の毛針〕の製造用に（個別にも）売りさばいたのだ。リストは有罪を認めた後、一二カ月の実刑判決を受けたが、アスペルガー症候群の疑いがあることと、音楽家としてのキャリアが考慮されて執行猶予がついた。盗まれた仮剝製の多くは最終的に回収されたが、ラベルを剝がしてしまったため、科学的価値の大半は失われてしまった。リストの処遇がこれほど軽く済んでしまったのは、裁判官が博物館の標本の価値をほとんど理解していなかったことを示唆している。もし、この窃盗事件が仮剥製ではなく卵であったら、リストはこれほど運に恵まれなかったかもしれない。[33]

アラン・ヒュームが鳥類学者としてのキャリアの挫折を味わったのは、一八八三年に鳥類学の資料を盗まれたことがきっかけだった。その直後、ヒュームは大英博物館の鳥類学芸員であるリチャード・バウドラー・シャープに手紙を書き、自分のコレクションを引き取ってもらえないかと提案した。

ヒュームが出した条件は、シャープが八カ月間インドに来て、標本の目録づくりと梱包をすること、博物館はシャープの給料と役職をそれに応じて引き上げることだった。しかし、博物館の管理者たちはこれに同意せず、ヒュームが納得しないような代案を提案した。交渉が一進一退をくり返しているうちに、大雨でヒュームの博物館が建っていた丘の斜面が崩れ、二万点の標本が失われる事態になった。結局、大英博物館は合意して、一八八五年五月、シャープをヒュームの別荘があるロスニーに送り込んだ。その後三カ月かけて、仮剥製六万三〇〇〇点、巣五〇〇個、卵一万八五〇〇個など、ヒュームの残りのコレクションを梱包してイギリスに送り出した。[34]

ヒュームは熱狂的な愛好家であり、先輩後輩を問わず、自分についてこられない人や自分の高い基準を満たせない人に対しては、辛抱がならない人物だった。ヒュームの使用人が、主人が熱中していた鳥類学で没落するようにと謀ってあれほど効率よく実行できたのは、ヒュームの妥協しない性格によるところだったのはおそらく間違いない。

鳥類学という光を失ったヒュームは「一心不乱に政治に専念し、父親と同様、年齢とともに急進主義を強め」、「イギリスの悪政がインドの人々に課した貧困」に憤慨した。一八九四年にイギリスに戻ると、植物学者として再出発し、大英博物館がうらやむようなイギリスの植物のコレクションを築き上げた。[35] アラン・オクタヴィアン・ヒュームは人生の頂点にいた頃は、典型的なヴィクトリア朝の鳥類学者だった。しかし、一九一二年七月に八三歳でヒュームが亡くなった頃には、まったく新しい鳥類学のあり方が生まれていた。

第10章 バードウォッチング——生きた鳥を見る

鳥の間に入って、よく観察し、注意深く比較し、野外で新しく見た鳥の特徴をすべて書き留める……そうすれば、身の周りに棲む鳥をたやすく、自然に知ることができるようになる。

——フローレンス・メリアム（一八八九年）

観察して推論する

エドマンド・セルースは、一九世紀の他の鳥類学者と同じように鳥を殺して研究していた。しかし、ちょうど四〇歳になった一八九八年六月に、ヨーロッパヨタカのつがいを観察していてある啓示を受けた[1]。ヨタカは謎めいた不思議な鳥で、その完璧な羽の模様は、地上にいると絶妙なカムフラージュになる。セルースはブラインドの中から観察していたが、目の前に抱卵中の鳥がいることはわかっていても、「自分が見ているのはモミの木片ではなく、鳥だとやっと確信した。それも卵があることは知っていたのに」。観察したことに興奮して、以下のように記している。

1900年代初頭のパイオニア的鳥類学者、エドマンド・セルース。

私はかつて、この哀れむべき殺し屋の大軍団に属していたのを告白しなければならない。とはいえ、コレクターとしては概して不器用で、射撃は下手だし、すぐに疲れてしまうのは幸いなことだった。しかし、鳥をよく観察するようになった今、鳥を殺すのは極悪非道でとんでもないことに思えてきた。

さらに、こう続ける。

観察して推論することで得られる喜びは、技や腕前を駆使して手に入れる喜びと比べると、はるかに勝っている。それは、後者に死や苦痛という味わいが追加されるとしても変わるものではない。眼と特に頭脳をもつ者に、一週間か一日か、運がよければ一時間でもよいから、銃を捨てて双眼鏡（オペラグラスなどの原始的な双眼鏡）を持たせてやれば、二度と元に戻ろうとは思わないだろう。やがて、鳥を殺すことは残忍で、ひどく愚かなことだと思うようになり、かつては大切にしていた銃や弾薬も、成人してから子ども時代のおもちゃをふり返ってみるように、用なしに見えることだろう。(2)

博物館の専門家たちは我こそ真の鳥類学者だと考えていたので、セルースを嫌って嘲笑していたが、セルースは鳥への共感を大切にし、世界を変えたのである。バードウォッチングは世界で最も人気のある娯楽の一つとなり、やがて野鳥観察も科学的になり、野鳥の保護にきわめて重要な役割を果たすようになった。

銃を捨てたセルースは、ヨーロッパヨタカの時と同じように鳥を観察し、なぜそのような行動をとるのかを考えるようになった。それを彼は「推論」と呼んだ。彼の文が時折少し入り組んで見えるのは、彼が新境地を開拓していたからでもある。雛型とすべきものもなければ、師匠もいない、自分の考えの土台とすべきモデルもなかったのだ。(3)

エドマンド・セルースは、ユグノー教徒の血を引く裕福で有能な家庭に生まれ、父親はロンドン証券取引所の会長だった。個人教授を受けた後にケンブリッジ大学のペンブルック・カレッジで一年過ごし、法廷弁護士としての訓練を受けた。その後、弁護士の資格を取得するも、すぐに断念して、自然史と執筆に専念するようになった。エドマンドの兄フレデリックは、一九歳でアフリカに渡り、ゾウ狩りをしたり、標本を博物館に寄贈するほどの大物ハンターとして有名になった。私は、エドマンドが科学のための殺生を拒否したのは、兄の威勢のいいうぬぼれ行為に対する反応だったのではないかとよく思う。このことは、出生順位によって人格が

エリマキシギ（左がメス、右がオス）。一夫多妻性で性的二型〔同じ種でも性別によって形質が異なる現象〕が顕著な種である。

形成され、子どもたちは固有の生態学的ニッチを獲得するために競争するという見解と合致する。長男のフレデリックは破壊的なハンターのニッチを、次男のエドマンドはもっと穏やかで控えめなバードウォッチャーのニッチを、それぞれ選んだのである。[4]

エドマンド・セルースはダーウィンを信奉しており、一九〇六年に野生のエリマキシギを観察して、メスが配偶者を選ぶという考えを立証した。ダーウィンを批判する者の多くは、それはありえないと考えていたので、驚くべき証拠となった。セルースは研究成果を熱心に執筆していくうちに、鳥に興味をもつ人々の関心を集めるようになった。

その中には、一六歳年下の、ヘンリー・エリオット・ハワードも含まれていた。ハワードはビジネスマンで、夜明け前に起床してはムシクイ類を観察してから出勤していた。ハワードは、セルースに触発されて行なったこのような綿密な研究によって、鳥の生活におけるなわばりの重要性を認識するようになり、一九二〇年にその発見を本にまとめた。この本は、後に二〇世紀を代表する生物学の著作とし

て認められている。(5)

さらに、ダーウィンの番犬と呼ばれたトマス・ヘンリー・ハクスリーの孫であるジュリアン・ハクスリーも、セルースやハワードの影響を受けた。ジュリアン・ハクスリーは、二人の先達と同様に、鳥をよく観察して、その行動を解釈しようとした。その最も有名な研究は、一九一二年に行なったカンムリカイツブリの求愛行動の観察だが、新婚旅行の最中だったので花嫁を落胆させた。この研究のせいで二人の関係が悪化することはなかったようだが、この研究は彼の鳥に対する情熱を反映して、動物の行動研究の重要な基礎となった。

セルースやハワード、ハクスリーは、鳥と私たちの関係に激震をもたらしたといっても過言ではない。冷酷な殺生は次第に影を潜め、鳥の世界の本質をより深く理解するための、より穏やかで親密なアプローチへと移行していった。この変化は、一九〇〇年代初頭に高性能の双眼鏡が登場し、鳥を攪乱することなく遠くから観察できるようになったことで、さらに加速された。(6)

バードウォッチングの発展と標識調査

狩猟家でコレクターだったハリー・ウィザビーもまた、鳥に対する考え方の変化を受け入れた一人だった。出版業一家の出身であり、鳥への関心の高まりを商機と捉えた彼は、一九〇七年、月刊誌「*British Birds*」を創刊して、それまでは鳥の卵や剝製を収集することを主としていた鳥類学の領域を、より幅広いニーズに対応するようにした。対照的に、イギリス鳥学会の伝統的な雑誌である「*The Ibis*」は、おもに博物館の鳥類学者や世界各地の鳥類学者による、見た鳥や撃った鳥のリストに固執した記事を掲載しつづけていた。奇妙なことに、鳥の保護と生物学の推進を謳《うた》っていたにもかかわらず、「*The Ibis*」は一九四〇年代まで博物館とリストが主体でありつづけた。それは編集者が非常に保守的だったからだ[7]。

生きた鳥の観察がますます盛んになり、ウィザビーの「*British Birds*」は人気を博した。ウィザビーはより多くの読者を獲得するために、パイオニア写真家で天才的なエマ・ターナーの鳥の写真などを使って、雑誌の魅力を高めていった。この雑誌は鳥に関する幅広い話題を取り上げていたが、特に、今では撃ち取るよりも観察する対象にすることが多くなった希少種に重点を置いていた。ウィザビーはまた著名な鳥類学者からも投稿を募り、一九一四年に当時としては驚くほど斬新なテーマだった鳥類の「生態」に関する記事の執筆をホレス・アレクサンダーに依頼した。アレクサンダーはこれを承諾し、彼の記事はウィザビーから熱狂的な支持を受け、ウィザビーはこのテーマを発展させる方法を提案する手紙を出した。しかし、アレクサンダーは、第一次世界大戦の惨禍ですっかり意気消沈して躊躇し、「燃え尽きてしまった」と言いだした。ウィザビーは諦めず、適任者としてエリオット・ハワードに一度は目をつけたものの、ハワードがあまりにも「ひどく理屈っぽい」と感じ、この考えをすぐに否定してしまった。生態学が衰退したわけではなく、成熟するまでにもう少し年数を要したのだった[8]。

ウィザビーはバードウォッチングの発展に大きく貢献した人物で、その功績は計り知れない。ウィザビーが企画・編集を担当した『*The Handbook of British Birds*〔イギリス鳥類図鑑〕』は一九三八〜四一年にかけて出版された。それ以前から、最初の鳥類標識調査（バンディング）計画の一つを開始し、バードウォッチングに新たな刺激を与え、鳥の渡りという謎の中の謎を理解するきっかけをつくった。標識調査は、古代エジプト人が最初に用いた技術を応用し、鳥を捕獲してその足に個別の番号のついた金属リングをつけるものだ。捕獲は

スズメを捕食する「生垣の盗賊」ハイタカ。ジェマイマ・ブラックバーンによる1880年代半ばの絵。

実用的であると同時に、狩猟本能の充足や成功の喜び、鳥との親密な触れ合いなど、情緒的な面ももち合わせている。双眼鏡で見たり、死んだ鳥よりも生きた鳥を手にする方が価値がある。鳥の心臓の鼓動を感じ、羽の質感を感じ、翼や尾の羽の複雑な配置を理解し、その目を見ることができるからだ。これは、ふつうはすばらしいことである。もっとも、相手がキツツキで、手から逃げようとして、あなたの白昼夢と手に穴を開けてしまう場合は別だが。うちの子どもたちが小さい頃、私は庭でハイタカのメスを捕獲した時、爪を避けながら手に持って子どもたちに見せたことがある。その鋭い黄色い目と鋭い爪がヒクヒク動く様子から、この鳥の怒りがひしひしと伝わってきた。子どもたちは恐怖のあまり、二度と鳥を見向きもしなくなったと思う。

二〇世紀のその後の数十年間、標識調査と渡り鳥の研究が盛んになり、鳥類学者たちの間で、スコットランドのフェア島やアイリッシュ海の南に浮かぶ無人島のスコークホームといった沖合の島々が、渡り鳥の行動を観察するのに特に適した場所だという認識が高まった。また、こうした島は珍鳥を見つけて観察するのにもよい場所だった。一九二七年、ロナルド・ロックリーと妻のドリスは、スコークホームに移り住み、海鳥の繁殖と季節ごとに押し寄せる渡り鳥に囲まれて暮らし、イギリス初の野鳥観察所を開設した(9)。

アマチュア鳥類学者の誕生

マックス・ニコルソンは、一九二〇〜三〇年代にかけて、セルース、ハワードやハクスリーなどの研究を称賛する本を次々と出版し、イギリス随一の鳥類学者として頭角を現わした。ニコルソン自身は、先達の好奇心旺盛なバードウォッチングとは異なり、バードウォッチングは役に立つものでなければならないという信念をもち、鳥類の生息数に関する画期的な全国調査をいくつも立ち上げた。

バードウォッチングを再び盛り上げるきっかけになったのは、第二次世界大戦の初期の一九四〇年に出版されたジェームズ・フィッシャーの『*Watching Birds*〔ウォッチング・バード〕』で、序文で当時のバードウォッチングに携わる人々の多様性を強調し、最終的に一〇〇万部以上を売り上げた。戦争に直接参加した人々にとって、鳥を見ることは長く退屈な戦闘の合間の気晴らしになった。また、ドイツの捕虜収容所に収容されていた軍人にとっても、退屈と絶望の解消に鳥が重要な役を演じた。一九三九年にスコークホーム鳥類観測所の監視員を務めたジョン・バクストンは、ロナルド・ロックリーの妹である妻のマージョリーとともに、鳥を観察することで慰めを得た軍人の一人だった。

一九四〇年五月にノルウェーで捕虜となったバクストンは、戦争中、さまざまな収容所で過ごし、仲間の収容者に、目につくさまざまな鳥の行動を観察し、記録するように勧めた。収容所からドイツの鳥類学者エルヴィン・シュトレーゼマンに手紙を出したところ、シュトレーゼマンはすばらしい同僚意識で、彼らの研究に役立つ書籍や足環を送ってくれた。バクストンは、戦争が始まった時、オックスフォード大学の博士課程に在籍していた根っからの学者だった。その後、仲間の捕虜が書き溜めた大量のメモを、シロビタイジョウビタキに関するすばらしいモノグラフに仕上げて、一九五〇年に出版した[10]。

鳥に関心をもつことはそれまでは「かなり変わり者の趣味」だったが、戦争が終わると「国民的娯楽」へと変容していった。しかし、そうするうちにニコルソンが丹精込めて織り上げた「役に立つ鳥類学」のタペストリーがほどけはじめた[11]。目的のある調査か、無目的な観察かという二つの明確な方向性が生まれつつあったが、ある意味では、このような分裂は必然的なものだった。鳥に興味をもつ人が増えるにつれ、全員が「役に立つ」ことに従事するのを期待するのは非現実的だったからだ。

このような分裂で緊張が生まれ、鳥類専門誌の中にも表われた。一九七〇年代にスコーマー島で博士課程に在籍していた私は、「*British Birds*」を読んで、初期には主流の科学的鳥類学者による記事が掲載されていたのに対し、一九六〇年代以降はそうした記事はまれになり、識別や希少種の出現にますます重点が置かれるようになったことに戸惑いを覚えた。このように鳥類学に分岐が生じたことで、一九五四年にプロの鳥類学者であるピーター・ハートリー牧師のように「非科学的なバードウォッチングは……怠惰で無能で、ずさんなバードウォッチングに過ぎない」と断言するなど、激しい感情を表現する人も生まれた[12]。

スコークホーム鳥類観測所のホイールハウスで、テーブルの奥に座るジョン・バクストン、右隣に妻のマージョリー。第二次世界大戦開始の数週間前の1939年8月。

第二次世界大戦中、イギリス兵捕虜の抑留生活を支えた種、シロビタイジョウビタキのオス。

これに対して、アマチュアで、やがてイギリスのスズメ研究の大御所となったデニス・サマーズ＝スミスは、バードウォッチングをするのは「楽譜を持たずにコンサートに行くようなもので、何も不心得なことはない……。科学的な研究をしたり、楽譜を読むのに向いていない人も多くいる。鳥や音楽から喜びを得ることを批判する必要があるだろうか？」と反論している。また、最後にはこう述べている。「科学的な偏屈さはもうやめよう。いくら非難しても他人を惹きつけることはできないが……真の熱意があれば人を魅了する力になるだろう……」。よくぞ言ってくれた(13)！

ハートリーは実のところ、「毎日、何日も同じ鳥を見つづけていれば、科学的な鳥類学の基礎となる体系的な観察をすることができる」と考えて、アマチュアや「裏庭の鳥類学者」を奨励しようとしたが、それは不器用な試みだった。さらに彼は読者を安心させようとして、「科学者の特徴は、冷淡さでも、難解なものを愛することでもなく、むしろ、どんな細かいことも無視せずに、現場や研究でどんな努力も惜しまないほど激しい情熱をもつことだ」と述べ、さらに墓穴を掘ったのだった(14)。

ハートリーは気難しさで知られた人物なので模範になりそうもなかったし、プロの鳥類学者としてアマチュアをうまく研究に誘い込むような表現をすることも想像できない。同時代のエドワード・アームストロングは、好戦的なハートリーよりも温厚な教会関係者で、アマチュアも鳥類学に貢献できることをうまく説いていた。彼は、鳥が行なうディスプレイ〔誇示行動〕を詳細に記述することの可能性を示唆し、そのような情報が欠落している種のリストを提供した。アームストロング自身もアマチュアで、『*Bird Display and Behaviour*〔鳥の誇示と行動〕』（一九四二年）という本を著していたので、急発展している動物行動学の分野と、その学問的スターであるコンラート・ローレンツやニコ・ティンバーゲン（次章で紹介）が、自分たちの研究内容を一般向けに説明していることに触発されたのだ[15]。

ニコルソンの「目的のあるバードウォッチング」は、一九三二年の英国鳥類学協会（ＢＴＯ）の設立につながった。ＢＴＯのおもな役割は鳥の個体数評価であり、調査結果は当初ウィザビーの雑誌に掲載されていた。このアプローチが成功したことで、一九五〇年代には、「*British Birds*」はニコルソンのＢＴＯの機関誌になるのでは、と言われるようになった。しかし、野鳥観察に対する目的の有無が分かれていくにつれ、「*British Birds*」の編集者は、ＢＴＯの科学的調査に関する、不可欠だが退屈な詳細を読者全員が楽しんでいるわけではないことを知った。その結果、一九五四年に「*Bird Study*〔バード・スタディー〕」誌が創刊されて、「*British Birds*」は元のように鳥の識別と希少性に焦点を当てた鳥類専門誌として再出発することになった[16]。

鳥好きの分類

ハートリーとサマーズ＝スミスの論争は、野鳥観察が社会階層を下る際の波乱の様子を象徴している。一八〇〇〜一九〇〇年代初頭にかけて、本格的に鳥に興味をもてたのは裕福な人々だけだった。一九五〇年代になっても、バードウォッチングは、イギリスの「文化生活のほとんどの部門を牛耳る」人々によって支配されつづけていた。つまり、おもに上流階級の白人男性である。鳥への関心が拡大しつづけるうちに、一九七〇年代と八〇年代には、ほとんどのバードウォッチャーが「労働者階級と中流階級という同じ広い社会的背景をもつ」ようになった[17]。

これまでにも、鳥と関わる人々をさまざまなタイプに分類する試みがいくつかなされてきた。たとえば、作家のマーク・コッカーはアマチュア人類学者として、鳥好きな人々を、八つの下位集団が認められる部族に例えている。すなわち、①科学者、②鳥類学者、③バード−ウォッチャー、④バードウォッチャー〔野鳥観察者〕、⑤バーダー、⑥トゥイッチャー、⑦デュード〔気取り屋〕、⑧ロビン・ストローカー〔身近な鳥の愛好者〕である。このうち、科学者と鳥類学者はほぼ完全に一致しているという。次の四つのカテゴリーも共通点が多いが、コッカーは、ふつうの野鳥観察者であるバードウォッチャーと、トレイン・スポッティング〔鉄道マニア〕によく似たバード−ウォッチャー（ハイフンつき）を区別し、さらに、現在最もよく使われている言葉であるバーダーと区別することに腐心している。トゥイッチャーとは、後述するようにレアものを追い求める人のことで、「この世で最も邪悪な生き物……狂信的、自己中心的、無配慮、競争的、反環境的」と見なされることが多い。デュードとは、鳥の知識を身の丈以上にひけらかす気取り屋で、鳥屋界隈の上層ヒエラルキーの人からは普遍的に軽蔑されている。最後の小集団は、コッカーが「ロビン・ストローカー」と呼ぶ、リビングルームの窓から鳥を観察する人たちのことだ。コッカーは、この言葉が軽蔑的に受け取られるといけないので念のためとして、「この人たちがいてこそ鳥類保護が成り立つようなぶ厚い層をなすまっとうな人々」と補足した(18)。

科学者として、私は社会階級、性別、民族性や年齢を含む、もっと広範で客観的な評価が望ましいと思う。コッカーの八つの階級は、その手始めかもしれない。とはいえ、自分がデュードだとかロビン・ストローカーだと認める人はいるだろうか？

鳥に関心のある人を分類する際の大きな難点は、どの分類も排他的でないということだ。うまく切り分けられるほど事が単純なら、どんなに話が早いことか。私は科学者だが、ちょうどこの原稿をしたためている時に、開いたドアから（野生の）ヨーロッパコマドリが飛び込んできた（時折あることだが）ので心がときめいているのだ。

では、言えることは何だろうか。一九〜二〇世紀初頭のヨーロッパ、北米、オーストラリアでは、鳥に対して本格的な関心をもつのは、おもに裕福な中・上流階級の白人に限られ、植民地出身の男性が多かった。これまで見てきたように、鳥への関心は、おもに卵や鳥の剝製を手に入れることが中心だった。あまり知られていないが、当時、イギリスとヨーロッパ大陸では、かごの鳥を一羽以上飼育している家庭が半数ほどもあり、男女を問わずその世話をしていた。一九〇〇年代初頭に始まったバードウォッチングは、その科学的使命はそのままに、殺生から保護への変化を促したが、一部の例外を除いては依然として男性が主体だった。私のように双眼鏡を持って藪《やぶ》の中をはいずり回っていたのは過去の話となり、鳥の観察は優雅で快適なものになってきた。現在ではバードウォッチャーはたいてい木道を歩いて居心地のよい観察小屋に入り、そこから鳥を観察できるくらいだ。一九六〇年代以降、世界の各地で高等教育の普及が進み、女性でも大学で生物学や動物学を学び、鳥類学者となる人も増えてきたが、悲しいかな、上級職はまだ男性が中心である。バードウォッチャーの中でも女性の割合が増え、オーストラリアでは二〇二〇年には女性が男性を上回ると聞いた。もちろん、次の課題は、少数民族が鳥に興味をもつ機会を増やすことだ(19)。

鳥類学に向く人とは

幼い頃、父がバードウォッチングに連れていってくれ、ツァイスのデカレム一〇×五〇双眼鏡を覗かせてくれた（必ずストラップを首にかけておくのだよ！）。私が五歳で弟のマイクが三歳の時、父はエリック・ポウチンの本を一冊ずつくれた。私は『*How to Recognize British Wild Birds*〔イギリスの野鳥の見分け方〕』、弟は『*More About British Wild Birds*〔続イギリスの野鳥について〕』だった。その素朴でユニークな絵は、今でも子ども時代のすばらしい野鳥観察の思い出を呼び起こす。ニコルソンの本を父も読んでいたと思いたいが、そうではないだろう。父がどのようにして鳥に興味をもつようになったのか、聞いておけばよかったと今になって後悔している。父が育てた興味はやがて執着となり、私は学校をさぼってバードウォッチングをする日もあった。私は生物学と美術を除けば、学校で興味を惹かれたものは何もなかった。特に、スポーツと軍隊競技は、まったくといっていいほど関心をもてなかった。スポーツはダメ、兵隊ごっこもダメ、学業もダメ、反抗的な態度をとればますます厳しい仕打ちを受ける、という具合で、私はダメ人間だと思われていた。ある日、父が私を横に呼んで、「いいか、この試験に合格しなければ、お前はリーズの繊維工場で働くしかないぞ」と言ったのだ。それが功を奏して、私は学業に専念するようになった。その後もバードウォッチングは続けていたが、適切な時期にだけ行なっていた。セルースが経験した啓示と同じように、私も啓示を受け、何かを学ぶことが好きだということに気がついた。

私の両親は、二人とも学業に恵まれず、とんでもなく早い時期に学校を出てしまったので、どうして私がこうなったかよくわからない。イングランド北東部のハルで育った父は船に乗ってバレンツ海のトロール船で働き、母はノリッジにあるコールマンのマスタード工場で秘書になった。父は典型的なA型人間で、目標に向かって努力し、達成する人だった。また、母は人生を楽しむタイプで、優れたアマチュア画家でもあった。私はこのような生まれと育ちを経て、バードウォッチングを単なる娯楽に終わらせず、鳥類学者への道を歩むことになったのだ。多くの鳥類学の同僚と同じように、バードウォッチングは私の科学的キャリアへの道筋であり、また並行して今も趣味として続いている。

私は自分の経験を振り返りながら、鳥に興味をもつ若者をアカデミックな鳥類学者に向かわせるもの、つまり鳥を科学的に研究する人になるか、あるいはならないかを促すのは何だろうと考えるようになった。いろいろと話を聞いてみると、つまるところ、「機会」「運」「好奇心」の三つに尽きるという結論に達した。私の場合は、「いい学校」に行かせてもらったことがきっかけで、嫌々ながらも向上心のようなものを身につけることができた。私が幸運だったのは、一九六〇年代半ばに大学制度が変わり、動物学の学位が取れる大学入学コースに入るのに語学の資格が不要になり、理科を二科目だけ（それと、美術も）取ればよいようになったことだ（なんと不思議な制度だろう！）。二つ目の幸運は、自然選択について理解しているロビン・ベイカーという人物がいて、今後生物学が再構築される可能性があるということを教えてくれたことだ。好奇心についていえば、幼い頃から単に見た鳥のリストをつくるだけでなく、鳥についてもっと知りたいと思っていた。どうしてそう思ったのかはわからない。ノーベル賞の受賞者で、免疫寛容や組織移植の研究で有名なピーター・メダワー博士も、同じように、生物学者として大事な特性に「好奇心」を挙げている。彼は、科学者になるには特に賢い必要はない（私の場合はまさに図星だ）が、「常識はなくてはならない」と言った。また、「勤勉さ、目的意識、集中力、逆境に打ち勝つ力」も必要だと言う[20]。

好奇心には、もう一つ興味深い側面がある。私の同僚の科学者たちは、情報やデータ（研究資金や成功もそうだが）に「飢えている」という話をする。ということは、食欲と知識欲を司《つかさど》る脳の領域は同じであり、どちらも報酬を求める活動なので、さほど驚くことではないのかもしれない[21]。

一方、鳥に興味をもつ一〇代の若者が鳥類学者になることを阻むものは何だろうかと考えたこともある。科学や鳥類学の分野に少数民族が少ないことは、（野鳥観察そのものもさることながら）明らかに機会がもたらす影響を示している。また、一九七〇年代以前は、生物学は科学の中でも最も軟弱な科目と考えられていて、頭がよくて科学的な志向があれば、数学、物理学や化学（医学の道に進むことが多い）などが進路として挙げられていた。確かに、私が話を聞いたバードウォッチャーの中には、鳥類学は将来性がないとして、その進路を断念した人もいた。しかし、一九七〇年頃からは、行動生態学の時代が到来し、ほとんどの大学の動物学科が行動生態学者をスタッフに迎えたいと思うようになったのだ。

私の人生に大きな影響を与えたのは、「*British Birds*」誌だ。一九七〇年代、スコーマー島に研究生として滞在していた時、誰かが島に寄贈した「*British Birds*」の七〇巻に及ぶ全巻セットが置いてあり、それが唯一の読み物だった。ウミガラスは繁殖期の初期にはいつもコロニーにいるとは限らず、天候が悪ければさらに不在にすることが多いので、退屈な日々を過ごすことになる。退屈しのぎに「*British Birds*」の全号を読んでいたので、それを専門分野として「*Mastermind*〔マスターマインド〕」ゲームに出演することもできたかもしれない。一番興味をそそられたのは、各号の巻末にある「ノート〔短報〕」と呼ばれる短い記述だった。たいていは、珍しい鳥や季節外れの渡り鳥（六月のアトリ、八月のノハラツグミ、一二月のツバメなど）の目撃（時には射殺）だったが、雷でガンやカモメが数羽死んだという事例や、シェトランド諸島マウサ島のブロッホと呼ばれる塔で見つかったオオウミガラスの骨、同じ巣でヒナに餌をやる四羽のエナガの成鳥など珍しい観察も含まれていた。また、「*British Birds*」を読んでいると、鳥とバードウォッチャーがいかに多様であるかということがよくわかり、その逸話的な観察の中に、鳥類研究の新しい展開の芽があることに気づかされた。(22)

鳥を記録する喜び

バードウォッチングにもさまざまなスタイルがあるが、トゥイッチングといって新しい鳥を見てはリストの数を競うのに拘泥するやり方は、私の興味から最も遠いところだ。私も新しい鳥を見るのは好きだが、珍鳥を見つけるために遠くまで行ったことはほとんどない。とはいえ、かなりの数のトゥイッチャーを目撃してきた。

私が教会堂の最前列の席に座って、スピーチのために自分を奮い立たせていた時のことだ。隣の席の見知らぬ中年女性が私を小突いて、異様な勢いでこう言い放った。「気持ち悪いわね！」。私が何のことかわかりかねていたのを見て、彼女は後ろの席に座っている男女の方に大きく顎をしゃくった。男性の方は地元のバードウォッチング界で伝説的な、ジョン・ホーンバックルという人物なのがわかった。女性の方は彼の新しいパートナーである。私の隣人がこれほどまでに憤慨しているのは、この二人の年齢差のせいだろう。私は何年も前に初めて会ったジョンが、自分の講演に興味をもって来てくれたことを光栄に思った。

ジョンは世界中の誰よりも多くの種類の鳥を観察しており、イギリス屈指のバード・リスターだった。一九〇〇年にフランク・チャップマンが始めた「クリスマス・バード・カウント」をきっかけにアメリカで始まったリスティング活動〔観察した鳥の種数を記録すること〕で、彼はその頂点に立ったのだ。それまで、クリスマスの日にはクリスマス・サイド・ハントといって、一日でどれだけ多くの動物を殺せるかを競う「祝祭の殺戮」が行なわれていたが、チャップマンが行なったバード・カウントは、それに代わって参加者が目にしたすべての鳥類を記録する活動だった。クリスマス・バード・カウントは次第に人気を集め、やがてサイド・ハントをしのぐ市民科学プロジェクトとなり、全米のバードウォッチャーが見たすべての鳥のリストを提供するとともにに、今日まで続く鳥のモニタリングと保護活動の端緒となった[23]。

リスティングはバードウォッチングの核心であり、私が少年時代に知っていたバードウォッチャーたちはみな、出かけるたびに見た鳥をリストアップしていた。リストは個人的な記録だが、また同時に他人と比較する機会でもあり、時には競争相手と切磋琢磨することもあった。一方で、このリストは自己免疫疾患のように、持ち主を内側から蝕んでいくこともあり、それはジョン・ホーンバックルが経験することになった。

一九七六年、私が動物学の講師としてシェフィールドに赴任した当時、地元の鳥類研究会は発足してわずか四年経ったばかりと、若々しさが際立っていた。当時ホーンバックルはブリティッシュ・スチールの上級冶金技師であり、研究会の牽引役として、幹事、会長や年次報告書の編集者を歴任し、一九九一年には全国賞を受賞している。シェフィールド鳥類研究会は、若いバードウォッチャーを奨励し、カササギやミヤマガラス、ホシムクドリなど、当時市の中心部に大量に生息していた鳥の調査を行ない、強欲な猟場の番人から猛禽類を保護するなど、非常に精力的に活動を行なっていた。

そのグループの若いメンバーの中には、うちの学部生も何人かおり、そのうちの一人が、シェフィールドからほど近いピーク・ディストリクト国立公園でハヤブサが一つがい繁殖しているのを発見したと、興奮気味に私に報告してきたことがある。ハヤブサは一九七〇年代に農薬によって激減してしまった後、まだ非常に珍しい存在だった。その学生は私が実際に鳥を見に行けるように、巣の場所を正確に教えてくれた。彼が研究室を出るやいなや、別の若いバードウォッチャーがやってきて、同じ知らせを告げた。私はそ知らぬふりをして、その巣がどこにあるのか聞いてみた。しかし、彼は「教えられません」と言いながら、証拠として三五ミリスライドフィルムで撮った巣の写真を見せてくれた。私は、長年ウミガラスの営巣崖を見てきた経験から、岩肌を写真のように記憶しており、写っている地質からハヤブサの営巣場所がわかるかもしれないと言うと、彼は信じられないという顔をした。そして、ロアルド・ダールの短編小説「味」の中で、不誠実な晩餐客が、特に珍しいワインの産地であるぶどう園を特定できるかどうかを賭ける場面と同じように、私はゆっくりとハヤブサの巣の正確な位置を特定し、学生を呆れさせ、信じがたい気持ちにさせた。私がその学生に真実を打ち明けたのは、それから何年も経ってからだった。[24] ホーンバックルたちはこの巣を二四時間体制で監視し、ヒナが無事に巣立つのを見守った。この鳥たちが先駆者となってハヤブサの個体数がやがて増加し、今ではシェフィールドの市街地にも営巣しているところを、私の研究室の窓からも見ることができる。

ホーンバックルは、少年時代の趣味だった鉄道観察をきっかけに、その魅力に取り憑かれた。一九七〇年、家族でヨークシャーの海岸に行った時、ベンプトン・クリフを訪れ、当時六つがいしかいなかったシロカツオドリの新しいコロニーに魅了された（現在は約一万一〇〇〇組が生息）。翌年、鉄鋼業界の賞で日本に派遣された旅が、三カ月間の世界一周バードウォッチングツアーとなり、その後の人生の方向性を決定づけた。一九九三年一一月に早期退職して翌日からエクアドルへ出かけた。その後は二五年間、世界中を旅し、誰よりも長い野鳥観察リストを作成し、世界で知られている一万種以上のうち九六〇〇種を観察したという。この記録に迫るバードウォッチャーはほんの一握りしかいない。有名なフィービ・スネツィンジャーは、五〇代でがんと診断されてから野鳥観察を始めて、一八年後にマダガスカルで野鳥観察中に交通事故で亡くなるまで、八〇〇〇種以上の野鳥を観察している。ホーンバックルは、究極のリスターだった（熱を入れすぎて、最初の結婚を犠牲にした）。また、熱心な自然保護活動家でもあり、世界各地の鳥類の保護に貢献した。彼もまた、交通事故の後、二〇一八年に亡くなった。

ホーンバックルの物語は、鳥に対する考え方が急速に変化していた時期に重なる。一九六〇年代以降、海外旅行が安価で容易になり、魅力あるエコツーリズムが流行し、フィールドガイドが冬鳥の群れのようにどっと出回るようになり、野鳥愛好家はこれから行く旅行で見られるかもしれない鳥にあらかじめ親しんだり、記憶して空想することもできるようになった。双眼鏡や望遠鏡の性能はますます向上し、デジタルカメラやスマートフォンの登場で、誰もが写真家になれる時代になり、鳥の識別や確認作業は様変わりした。バードウォッチャーの識別技術はますます洗練されてきたので、北米のゴマフスズメ属やイギリスのチフチャフというムシクイ類の細やかな亜種の違いまでも区別するようになった。こうした変化はすべて、イギリスで毎年開催されるバードフェアに反映されている。このイベントには、さまざまなタイプの野鳥愛好家が何千人も集まり、その後世界中で開催されるモデルになった。フェアの深い魅力は、その収益が世界の鳥類保護に使われることだ。また、鳥への関心を共有することで、友情や仲間意識が深まるという側面もある。かつてはセルースや私のような一匹狼が行なっていたバードウォッチングは、今ではより社会的な営みになった。

リスティングやトゥイッチングは、卵や剝製の収集と同じように、異常に固執するようになると鳥好きの範囲の片端に危なっかしく浮かぶ活動であり、違うのは合法性だけだ。[25]

鳥を追跡する技術

鳥に興味をもつ人は世界で数千万人いるといわれている。バードウォッチャーとは何かという正確な定義がないので、正確な数字はないが、イギリスの王立鳥類保護協会の会員数が、イギリスの全政党の会員数の合計よりも多いのは事実だ。鳥への関心は、近年のネイチャー・ライティングやテレビの野生動物番組によって高まっている。特に、デイヴィッド・アッテンボロー卿は俗世の聖人として君臨している。この関心は強い経済力をもっており、ますます洗練されていくし、（そして高価な）機器や衣服、鳥の本、鳥の餌、そしてエコツーリズムの市場をつくり出している。最近の北米の調査では、バードウォッチングは年間約九六〇億ドルの価値があり、約七〇万人の雇用を支え、一七〇億ドルの税収を生み出していると推定されている。[26]

皮肉なことに、鳥に興味をもつ人が増えれば増えるほど、鳥の数はどんどん減っている。より多くの人たちが少なくなっている鳥を探し求めているのだ。

よいニュースは、バードウォッチャーの数の増加と、eBirdやICARUS〔国際動物衛生追跡計画〕のようなすばらしい技術開発によって、多様な形態のバードウォッチングを変革して、目的を与え、ほんの二〇年前には誰も想像できなかったような規模で、鳥の生態に関する知識を向上させていることだ。

二〇〇二年にコーネル大学鳥類学研究所によって創設されたeBirdは、鳥の目撃情報を記録するオンライン・グローバル・データベースで、これまでに五〇万人のバードウォッチャーが約一〇億件の目撃情報を記録している。記録は、ユーザーの位置情報を記録し、迅速に記録を共有することができるアプリを通じて提出される。とはいえ、「鳥の世界では昔からライバル意識、敵意、エゴが渦巻いているため、倫理規定が必要である」ともいわれている。たとえば、誰かの家の庭や裏庭に珍しい鳥がいるとeBirdで発表されると、大勢のバードウォッチャーが現われることになるが、期待されるエチケットをその全員が守るとは限らない。もう一つの問題は、同定である。市民科学のあらゆる種類において、品質管理は重要な問題だ。たとえば、ムナグロノジコとマキバドリ類を見分けるのは、初心者には難しいかもしれない。しかし、eBirdでは、経験豊富な鳥類学者をレビュアーとして登録し、投稿された写真を精査し、誤りを丁寧に訂正することで、同定の問題に対処している。[27]

eBirdは、バードウォッチャーと科学者をかつてないほど密接に結びつける、非常に強力なツールだ。eBirdの記録を注意深く分析することで、全種類について世界の移動ルートをかつてないほど正確に追跡することができるようになった。また、個体数の増減を見分けることも可能であり、次章で紹介するように、時にはこれまで知られていなかった生態の一面を目の当たりにすることもできる。

第11章 鳥類研究ブーム——行動、進化と生態学

クラーク大学で、私は人生の目的を見つけた……そこここにチャレンジがあり、自然は研究して理解してもらえるのを待っているということ。私は「真理の探究」という言葉を初めて理解した。それは秘められた道をたどって、思いもよらない美と真実を発見すること。……なぜかという理由に、あえて仮説を立ててみることだ。

——マーガレット・モース・ナイス（一九七九年）

ある鳥好き夫婦の功績

私は子どもの頃、鳥に夢中だったので、見捨てられたカササギやニシコクマルガラス、ミヤマガラス、モリフクロウ、ホシムクドリなどの幼鳥を育て上げた。人間の赤ん坊と同じように、ヒナは数時間おきに餌を与えなければならないので、経験者ならいかに大変な作業かわかるだろう。しかし、マグダレーナ・ハインロートは、ベルリン動物園の水族館長であった夫のオスカーと暮らすアパートで、三〇年近くにわたり、何千羽もの

幼鳥を卵から育てていたのである（口絵㉛）。

一八七一年、音楽家と学者の家庭に生まれたオスカー・ハインロートは、早熟なまでに利口だった。四歳の時には、鶏小屋にいるニワトリの声をすべて聞き分けることができたという。幼少期には、寝室に鳥小屋をつくって野鳥を飼っていた。当時の一般的な習慣に倣って医者の訓練を受けたが、一八九六年に動物学を学ぶためにベルリンへ行った。一九〇〇年に裕福な個人スポンサーの招きで、ニューギニア沖のビスマルク諸島へ採集に出かけた。セントマタイアス諸島を訪れた際に島民の襲撃を受けて、スポンサーが殺害された。オスカーはマラリアにかかってテントの中で寝ていたので逃げ延びたが、槍で足に傷を負い、一生足を引きずることになった。ベルリンに戻ると、この探検で得られた成果を書き上げて出版した。これは、鳥の研究に対する新しいアプローチの最初のヒントとなった。それまでは、自然史についてはアリストテレスがすべてを解明したと思われており、同様に鳥については、一七〇〇年代後半から一八〇〇年代にかけてヨハン・アンドレアス・ナウマンとその息子ヨハン・フリードリヒが鳥類について同じような発見をしていたので、中央ヨーロッパの鳥類学者たちはもう新しい発見はないだろうと考えていたのだ。オスカーはこの見解を拒み、「ナウマン崇拝の壁を破った」と評価された。彼が最初に鳥類学に取り組んだのは、古典的な鳥の収集旅行だったが、すぐに、共感を呼ぶようなまったく新しい鳥の研究方法を取り入れた[1]。

ベルリン動物園に集められた水鳥（アヒル、ガン、ハクチョウ）は、オスカーが情熱を注いだものだった。オスカーは数年にわたって、その求愛行動を批判的かつ判断力のある目で観察し、記録した。そして、従来、鳥類学者は進化の歴史を知るために解剖学的特徴を用いてきたが、それと同様に鳥の誇示行動も生来のものであり、その進化史を明らかにすることができるのではないかと考えたのだ。この発見は、鳥の進化を解明する

オスカー・ハインロートとマグダレーナ。2人が結婚した1904年に撮影。

鳥類分類学と鳥の自然史をつなぐ架け橋となった。しかし、それ以上に、オスカーのカモの研究は、自然環境における動物の行動を研究する上で、最も重要な基礎となった(2)。

オスカーは一九〇二年にマグダレーナにプロポーズした時、ズグロムシクイを贈り物にした。二人は二年後に結婚したが、二〇代で受けた婦人科手術の影響か、マグダレーナは子を授からなかった。家事ばかりの結婚生活に退屈したマグダレーナは、赤ん坊の代わりに鳥の世話をするようになった。マグダレーナとオスカーは、鳥市場で衰弱したヨーロッパヨタカの幼鳥を二羽購入し、介抱して回復させた。エドマンド・セルースが一八九九年にヨタカについて「*The Zoologist*〔ズーオロジスト〕」誌に寄稿しているが、それがこの鳥を選ぶ理由になったのだろうかとも思い及ぶ。

一九〇〇年代初頭の一〇年間は、鳥類は殺戮とリスティングという爆撃を受けていたので、その世界は焦土と化していたが、鳥の行動と生態に対する人々の関心が火事跡に続々と生えるヤナギランのように、そこここに生まれてきた時代だった。オスカーは、鳥の習性はどこまでが生まれつきで、どこからが学習に起因するのか、と考えるようになった。そして、マグダレーナのすばらしい鳥の飼育設備に、彼は新しい地平を見たのだ。

生物学の中でも最も基本的なこの問題に取り組むことで、マグダレーナは二八年間にわたって鳥を飼育するプロジェクトに着手した。最初は趣味で始めたことが、やがて数十種類の鳥を扱うという執着にまで成長した。これほどまでに熱心に、鳥と密接で親密な関係を築いた人物はほとんどいない。卵の孵化に手を貸すのは、お産のような経験であり、マグダレーナは新米の親がするように、昼夜を問わず赤子に世話と食事を与え、ちゃんと体重が増えるのを見守り、最初の一歩を踏み出したり翼を揺らすのを見ては喜んだ。オスカーとマグダレーナは、さまざまな種がヒナから成鳥になる過程を見ごたえのある写真構成で記録し、それぞれの鳥の行動がどのように生まれ、どのように形成されるかを評価した。それから約三〇年後、オスカーとマグダレーナは小さなキクイタダキから巨大なヒゲワシにいたるまで二八六種の鳥について、発見したことを四巻の大作に記して出版した(3)。

このようなことは、それまで誰もしたことがなかった。読者はそのスケールの大きさと、特にオスカーの写真に感銘を受けた。もっとも、動物園での長い一日を終えた夜、キッチンのテーブルで急いで書いたという文章は、そこまでの評価は得られなかったが。残念なことに、二〇世紀の生物学で最も注目に値するこの研究の成果は、鳥類学の主流に乗ることができなかった。それは、タイミングと言語の問題だった。この本はドイツ語で書かれていたので、英語圏の鳥類学者には理解できなかった。また、オスカーは、生まれか育ちかという難題を解き明かそうとしたが、この研究から一般的な結論を導き出すことはできなかった。そのため、オスカーの推論は個々の生物種の記述の中に埋もれてしまい、読者には全体的なパターンが見えにくくなってしまった。そのため、ハインロート夫妻の四巻は、その分厚さにもかかわらず、歴史の狭間に埋もれてしまったのである。

ある年、マグダレーナはウズラクイナの卵を孵化器で一二個孵化させ、最後に生まれたヒナが小さいのでリリパット〔小人〕と名づけた。リリパットは数年間、自宅のアパートでペットとして飼われ、繁殖期になると絶え間なく大声で「クレック、クレック」と鳴きつづけたので、夫妻の隣人を困らせるほどだった。リリパットはマグダレーナに刷り込まれて、恋をしており、彼女の手と交尾をしようとして、その情熱をあらわにしたのだ。

またある年は、オランダから仕入れたカワウとヘラサギを飼育していた。親鳥が吐き出した魚をヒナに食べさせることを知っていたので、マグダレーナも同じようにした。第6章で紹介した南米の先住民の女性がオウムの飼育で行なったように、生の魚をドロドロにして自分の口からヒナに直接移したが、おそらく彼女にとってはあまり楽しいことではなかっただろう。

ホンケワタガモの卵を手に入れるため、オスカーとマグダレーナはスウェーデンに行き、夜行列車の一等車でベルリンに戻った。帰宅の途中で、大方の卵は足温器で温めていたが、一つはマグダレーナの胸の谷間で「抱卵」していたのである。この卵から生まれたエッダは、当初はメスと思われていたが、成熟してオスだということがわかり、その後、ベルリン動物園のホンケワタガモの全コロニーの父祖となった。

一九三二年までにはプロジェクトが終了したので、マグダレーナはオスカーをベルリンに残し、友人たちとドナウ川で待望の休暇をとった。前年に乳がんを患ったが、乳房切除を二回受けて順調に回復していた。しかし、その休暇中に、がんではなく、若い頃に受けた手術が原因で、合併症が起きてしまった。病状は深刻で、すぐにでも治療が必要な状態だった。電報で知らされたオスカーは、急行列車でブダペストへ向かったが、遅かった。八月一五日に、マグダレーナは腸穿孔により死去した。オスカーは棺を車の屋根に乗せて、ブダペストの火葬場まで運び、その後遺灰を入れた骨壷を膝に抱えて列車でベルリンに戻った(4)。

ドイツの鳥類研究

オスカーは、一年も経たないうちに再婚した。新妻は、科学者カール・フォン・フリッシュの下でミツバチの研究をしていた優秀なカタリーナで、オスカーと同様に鳥好きだった。一九三〇年代は、オスカーとカタリーナにとって、実り多き幸せな時代となった。ヨーロッパの政治情勢が悪化する中、オスカーは親友のエルヴィン・シュトレーゼマンと動物園で鳥のセミナーを毎週開催しつづけていた。

シュトレーゼマンは、ドイツを代表する鳥類学者だった。一九一四年、わずか二五歳で動物学の教科書シリーズに鳥類ハンドブックの執筆を依頼され、一九二一年にはドイツで最高権威である鳥類専門誌「*Journal für Ornithologie*〔鳥類学雑誌〕」の編集者となった。シュトレーゼマンは、鳥の生態や行動など、当時はまだ鳥類学者の大多数にとってなじみが薄かった野外研究をもとにしたものを含む幅広いテーマの論文を奨励し、中央ヨーロッパにおける鳥類学の発展の道を切り開き、鳥類学を生物学の主流に位置づけた。

シュトレーゼマンの先見の明を物語る一例がある。一九二〇年代に、アメリカのマーガレット・モース・ナイスは、オハイオ州の自宅近くでウタスズメの行動と生活史に関する詳細な研究を行なったが、自国では出版はおろか、その研究成果も認められなかった。しかし、彼女の研究の斬新さと質の高さを認めたシュトレーゼマンは、一九三二年に彼女がドイツに渡航できるよう手配し、その研究を自分の雑誌に掲載するよう取り計らった。(5)

シュトレーゼマンは「鳥類学の殿堂の窓とドアを開け、新たな息吹を吹き込んだ」といわれている。第一次世界大戦の影響で出版が遅れたが、一九二七〜三四年にかけて四巻からなる『*Aves*〔鳥綱〕』が出版された。この本が英語に翻訳されていれば、二〇世紀初頭の画期的な鳥の本になっていたことだろう。(6)

一九三〇年代、ハインロートとシュトレーゼマンは、戦争に突入していくドイツの情勢を目にして絶望していたに違いない。一九四五年、ベルリンは連合国軍の爆撃の標的となり、街のインフラはほとんど失われ、動物園の動物もほとんど死んでしまった。オスカーは栄養失調で感染症に侵され、湿った地下室に横たわっていた。死去したのは終戦から三週間後だった。(7)

今ではほとんど忘れられているが、ハインロート夫妻の鳥類学研究は、イギリスのセルースやハワードの研究と同様に、収集家を生物学者に変えるという驚くべき効果をもたらした。現在、ハインロート夫妻は再評価されている。カール・シュルツ＝ハーゲンという医師で、メンヒェングラートバッハを拠点に鳥類学も研究している人物が、彼らの功績を世に知らしめるべく努力を続けてきた。ハインロートの本の写真に触発されたカールは、ハインロートのアーカイブがないかと、一九八〇年代にベルリン国立図書館を訪れた。そこで彼は、一九四〇年代から手つかずだった手紙や日記、数百枚のすばらしい写真の小さなコンタクトプリントなどが入った箱を三五個発見した。戦火を免れたオリジナルの写真乾板が少なくとも数枚は残っているかもしれないと期待したカールは、今度はベルリン動物園の資料館で調査を続けた。三年かけて丁寧に説得し、二〇一九年にようやく動物園の地下室に入る許可が下り、そこで長らく破壊されたと思われていたガラス乾板を八〇〇枚発見した。ハインロート夫妻の手塩にかけたオオタカがバルコニーで（手塩にかけた）キジを殺して食べた写真、ダイニングルームの床に巣をつくったヨタカ、動物園の敷地内で二羽のツルを散歩させた写真などがあった。これらの写真は、二〇世紀の新しい鳥類学の精神を捉えた、科学的な動機に基づいたハインロート夫妻の鳥に対する並外れた共感を示して、その仕事を再評価する最高の証拠となった。(8)

ティンバーゲンによる動物研究の四つの指標

セルースやハワード、J・ハクスリー、ハインロート夫妻が行なった研究は、博物館的鳥類学から生きた鳥類研究へと移行するきっかけとなった。その後、コンラート・ローレンツやニコ・ティンバーゲン、カール・フォン・フリッシュを中心とする動物行動学という新しい分野が登場する基礎となり、とりわけローレンツとティンバーゲンはおもに鳥類に焦点を当てていた。

ティンバーゲンとローレンツは親しい間柄で、それぞれ独特の優れた才能に恵まれ、新しい学問を確立するという共通の目標をもっていた。しかし、人柄には大きな違いがあり、ローレンツの方は今も昔も物議を醸している。ローレンツは若い頃から動物を飼っていて、一九二五年にハインロートの四巻のうちの最初の本を贈られた時、すぐにそのアプローチの可能性を見抜いた。その後彼は、ハインロートを手本にしたが、利用したと言った方がよいかもしれない。科学においては、盗作と着想を区別するのは難しいことがあるが、この場合、ローレンツはハインロートのアイデアの多くを自分のものとして、さらにそれを発展させていったようだ。ローレンツは大いなる野心家だったが、ハインロートはそれほどでもなかった。ローレンツも彼に謝意は示したが、自己宣伝が熱心なのでローレンツの方が称賛を浴びるようになった。動物を飼うことで、ハインロート夫妻とローレンツは至近距離で動物の行動を研究し、犬や猫の飼い主と同じように、見たものを解釈する機会を得ることができた。しかし、ローレンツの興味を大いにかき立てたのは、オスカーが以前に発見した、水鳥の生得的な求愛行動からその進化の歴史がわかるという点だった。

さらに、一九〇〇年代初頭、エストニアの生物学者ヤーコプ・フォン・ユクスキュルは、動物は感覚系によって定義される主観的な世界に棲んでおり、そこでは特定のものだけが重要な「環世界」と呼ばれる世界に棲んでいるという考えを打ち出し、ローレンツにもう一つのインスピレーションを与えている。一生の大半を空中で過ごすアマツバメは、おもに視覚に頼っており、触覚や嗅覚に頼る夜行性のキーウィとはまったく異なる「環世界」をもっている。ハワードは、まさに（あるいは曖昧に）この鳥の世界を知りたいと願って研究していたのだった。ローレンツはこの考え方を取り入れ、特に、鳥の世界で重要なのは、親兄弟やパートナーなどの同種の鳥との相互作用だという概念を理解したのだ。ローレンツが育てたニシコクマルガラスのチョックは、ちょうどマグダレーナのウズラクイナのように、飼い主に求愛給餌するようになり、彼はそのことを強く実感した。

ティンバーゲンは、野鳥や他の動物が日常生活を営む様子を観察するという、まったく異なるアプローチで研究を進めていた。ローレンツとティンバーゲンは一九三六年に初めて出会い、翌年にはティンバーゲン夫妻がローレンツ一家のもとに滞在して生涯にわたる友好関係を築いた。二人の行動研究へのアプローチは、ティンバーゲンはハンターのようでローレンツは農民のようと異なっていたが、二人は手に手を携えて互いのアイデアを貪欲に吸収しながら、当時「エソロジー」と呼ばれていた動物行動学という新しい学問を構築しはじめた(9)。

つまるところ、ローレンツとティンバーゲンは、コシコクマルガラスやセグロカモメのような鳥の行動から、人間について何らかのことがわかるのではないかという興味を抱いていたのだ。鳥と人間の間には多くの類似点があり、それが示唆するところは確かにあった。また、対象を好きにならずにその種の行動を研究することはほとんどできないので、鳥に対する彼らの思いはますます強くなった。環世界という概念と、鳥であるとはどういうことなのかを理解することが、彼らの活動の中心だった。二人は第二次世界大戦の惨禍を体制の両側で生き抜いたわけだが、この概念を自分たちにも適用していたのだろうかと、しばしば考えてしまう。ティンバーゲンは、オランダに侵攻したナチスによって、妻と幼い子どもたちから引き離され、二年間も投獄された。オーストリアのローレンツは、新体制下での仕事を求めて、日和見的にナチ党に入党した。一九四四年にはソ連軍に捕らえられ、一九四八年まで捕虜となる。一九四九年に再会した二人は、意見の相違はあったものの友情を再開し、ともに動物行動学の普及と発展に努めた(10)。

ティンバーゲンが一九六三年に発表した論文に、すべてが集約されている。彼の「エソロジーの目的と方法について」は、動物の行動を研究し、理解するための四つの異なる方法を明らかにした。それによれば行動の研究は、①時とともに行動がどのように進化してきたか、②現在の生存と繁殖の価値（適応的意義）、③動物の成長とともに行動がどう発達するか、それが生来のものか学習によるものか、④異なる行動の根本的な生理的原因、という四種類の方法で調査できる、いやすべきものなのだという。ティンバーゲンとローレンツは、ミツバチのダンス言語を解明したカール・フォン・フリッシュとともに、動物行動学の創始者として一九七三年にノーベル生理学・医学賞を共同受賞している[11]。

ノーベル賞は往々にして過去の研究・発見に対して授与されるものだが、実際、一九七三年にはティンバーゲンとローレンツの研究は急速に時代遅れになりつつあった。私は博士課程で、ティンバーゲン流に、ウミガラスが発する社会的シグナルの全レパートリーをカタログ化し、写真に収めて、その社会の環世界を理解しようと試みたが、身をもってそのことを悟らされた。この作業に多大な労力を要したのに、博士論文の審査官からその章を「古くさい」と一蹴された時は、落胆したものだ。実は、ティンバーゲンとローレンツのアプローチに刺激された鳥のディスプレイに関する記述は、『*Birds of the Western Palearctic*〔旧北区西部の鳥類〕』や『*Birds of the World*〔世界の鳥〕』といったハンドブックに掲載される種の解説の基礎であり、本当は時代を超えたものだということを私は後になって知った。

また、鳥の誇示行動の描写は、ティンバーゲンによる四つの方法の二つ目である、行動の生存価値と繁殖価値について考える新しいアプローチへの道を開くのに役立った。前提は、ある行動が存在するならば、それが何らかの形で鳥が生き残り、子孫を残す可能性を高めるに違いない、という点である。課題は、特定の行動がどのように適応的なのかを発見することだった。セグロカモメの「ロングコール」のような誇示行動の価値を解明するのは難しい。しかし、カモメがキツネやハリネズミに対して見せるモビングのような行動の解明はもっと簡単なことがわかった。ティンバーゲンが得意とする一連の洗練された野外実験を通じて、ティンバーゲンと彼の学生たちは、モビングは繁殖コロニーから捕食者を遠ざけるのに役立つので適応的であるということを示したのだ。

ティンバーゲンがモビングの価値を見出すことに成功した理由の一つは、この行動がカモメのコロニーのほとんどのメンバーによる共同作業だからである。ティンバーゲンは、モビングが個々のカモメにどのような利益をもたらすか、あるいは、モビング中にキツネに捕まらないように単に後ろに下がって他のカモメにリスクを負わせるカモメがいたら、それで報われるのかについて、明確に論じてはいない。というのも、当時、ほとんどの生物学者は、自然選択の作用が明確に働く対象は個体であるということを考えていなかったのだ。その結果、当時の動物行動学の研究のほとんどは、生存価値の問題に対して口先だけの言及にとどまっていた。(12)

皮肉なことに、ティンバーゲンが研究室を構えていたオックスフォードの建物は、鳥類生態学者のデイヴィッド・ラックがいた場所でもあった。ティンバーゲンとは異なり、ラックは自然選択の仕組みを明瞭に理解していた。もし二人が手を組んでいたら、ラックの進化論の枠組みとティンバーゲンの実験的アプローチの組み合わせで、さらに偉大な成果を上げることができただろう。しかし、その成果は、別の人たちからもたらされることになる。(13)

自然選択が働くのは個か種か

ラックは、自然選択を研究の指針とする数少ない生物学者の一人だった。時には、意見の異なる他の研究者から難題を突きつけられ、それに立ち向かわざるを得ないこともあった。アバディーン大学の自然史教授だったヴェロ・コプナー・ウィン＝エドワーズがその代表的な人物である。私は早熟にも一〇代の頃に、アオサギの行動を理解するために、ラックとウィン＝エドワーズの両氏に手紙を出した。ラックの返事は数行だったが、ウィン＝エドワーズの手紙は裏表にびっしりタイプ書きした用紙が二枚あり、少年時代のバードウォッチングの思い出を語ってくれた（驚くべきことに、私と同じ場所で観察していたのだそうだ）。その手紙は今も手元にあり、とても励みになった。

ウィン＝エドワーズは、自然選択は種や集団に作用すると考えていた。たとえば、動物は食料が不足しそうになると、繁殖を控えて個体数を抑制する、という考え方だ。この問題で、紳士的な態度ながら、ラックと何度もぶつかり合った。ウィン＝エドワーズは、ダーウィンに匹敵するような直感的な（そして擬人化された）アイデアの魅力に誘惑され、それが論理的でないということを認めようとしなかった。しかし、ラックは、ある動物が繁殖を避けるような遺伝子は、その後の世代には残らないことを説明した。(14)

ウィン＝エドワーズは自らの説をより強固なものにしようと、一九六二年に『*Animal Dispersion in Relation to Social Behaviour*〔社会行動に関連した動物の分散〕』という大著を出版した。しかし、この本は個体選択説を信奉する人々を激怒させ、彼の命取りになった。アメリカの生物学者ジョージ・ウィリアムズは、ウィン＝エドワーズの本が出版された時、進化に関する自著の執筆に追われていたが、その本を読んでより強調するように書き直しをし、一九六六年に出版された『適応と自然選択』は、後に続く者の道標になった。

ウィリアムズの知的系統を受け継いだ人に、当時ブリストル大学のジェフリー・パーカーとハーバード大学のロバート（ボブ）・トリヴァースの二人がいた。私は学部生の頃、幸運にも、彼らの研究について（その一部は出版前に）話を聞くことができた。パーカーはフンバエを研究していて、産卵のために牛糞に集まってきたメスに受精させるためにオスが競争することを示した。ダーウィンが言ったことやそのために誰もが信じ込んでいることに反して、メスのハエは一夫一妻制ではなく、日常的に複数のオスと交尾していたのだ。パーカーは、オスはメスと交尾すると、そのメスが卵を産むまで、文字通りしがみつこうとすることを発見した。そうすれば初めて、あらかじめプログラムされた小さなフンバエの脳の中で、その卵がライバルの精子ではなく、自分の精子によって受精したことを確認できるからだ。パーカーの巧妙な実験が示すように、生まれる子どものほとんどは、メスが卵を産む前に最後に交尾したオスの子なのだ。交尾後にメスにしがみつくことをパーカーは「交尾後配偶者防衛」と呼んでいる。トリヴァースは、オフィスの窓の外の棚にいるドバトも配偶者防衛（メイトガード）を行なうことに注目していた。オスは、自分の配偶者と他のオスの間に身を入れて、ねぐらにつく。[15] 遺伝的子孫を残すという点では、利己主義が功を奏するのだ。

学部生時代にパーカーとトリヴァースの研究を聞いたことが、私の人生の転機となった。個体選択（と性）の考えにすっかり魅了されたので、後にデイヴィッド・ラックと面接した際に自然選択についてそう話したこともあって、博士課程への進学が決まったのだろうと思う。トリヴァースとパーカーは発想の大転換を起こす先陣を切った二人だったが、続いて、オックスフォード大学のリチャード・ドーキンスとジョン・クレブスなどが中心となって熱烈に推進することになった。私の博士課程が、オックスフォード大学で行動生態学が誕生した時期と重なったのは、非常に幸運なことだった。[16]

鳥の行動に関するこの新しいアプローチのスタートは、あまり安定した状態ではなかったが、それは必然だっただろう。核心となる個体選択という考え方が、泥沼化した過去から抜け出せずにいたのがおもな原因だ、と私は考えている。それを推し進めるには、何か弾みとなるような本が必要だった。協同繁殖するカケスを研究していたアメリカの鳥類学者ジェラム・ブラウンが一九七五年に発表した『*The Evolution of Behavior*〔行動の進化〕』がその先駆けとなるはずだったが、同年末に出版されたエドワード・O・ウィルソンの

『*Sociobiology*〔社会生物学〕』の陰で、目立たなくなってしまった。ウィルソンは社会性昆虫の専門家であり、その著書は、第二次世界大戦とナチス政権の恐怖以来、立ち入り禁止区域となっていた人間の行動の進化、すなわち遺伝的基盤について論じたこともあって、異例の反響を呼んだ。左翼の生物学者たちは、ウィルソンの著書が右翼の政治的政策を正当化していると考え、ウィルソンはこれを激しく否定した。この論争は、二〇〇〇年にフィンランドの社会学者ウリカ・セーゲルストローレによる大ヒット作『社会生物学論争史』が出版されて初めて収束に向かうことになる。政治はさておき、『社会生物学』は動物生物学者たちに、行動を研究する新しい方法を考えさせることになった。しかし、ウィルソンは選択がどのように機能するかを明確にしなかったため、まだ問題が残っていた。[17]

ドーキンスが助け舟を出した。一九七六年に出版された『利己的な遺伝子』は、エレガントで明晰な文章で、個体選択のすばらしさを説いている。遺伝子に焦点を当てたのは天才的であり、遺伝子が「利己的」であるかもしれないという考えは、人々の想像力をかき立てるものだった。この本はたちまちベストセラーとなり、生物学の学部生にとって必読書となった（現在もそうである）。一方でメディア界にこの新規な考えが浸透するには時間がかかり、一九八〇～九〇年代にかけてテレビの野生動物ドキュメンタリーのプレゼンターたちは、なぜ動物が特定の行動をとるのか、それは種の保存のためであるというウィン＝エドワーズ式考えを売り込み、大衆に誤った情報を与えつづけた。そうした中で、デイヴィッド・アッテンボロー卿は数少ない例外だった。

行動生態学の躍進

行動生態学を成功に導いたのは、予測、一般性、そして鳥という三つの要素だった。個体選択という考え方は、ティンバーゲンやローレンツのエソロジー〔動物行動学〕にはなかったが、この分野の理論的な上部構造を提供したのだ。学生時代の私は、ジョン・クレブスとの短い会話で、このことを強く意識させられた。ウミガラスに興味をもっていた私は、シロカツオドリの行動研究で（少なくとも私の中では）有名だと思っていた海鳥生物学者のブライアン・ネルソンが、なぜ新しい動きに参加しないのかと彼に尋ねた。クレブスは「ネルソンは理論の検証をしないからだ」と答えたので、私は一瞬で脳内の霧が晴れたように感じた。私がすべきことは、仮説（アイデア）を立て、そこから何かしらの予測を立て、それを検証するエレガントな方法を見つけることだ。それらを検証すれば、ＹＥＳかＮＯか、真か偽かという答えが得られるのだ。行動生態学は今や本物の科学であり、私たちは鳥や自然界をよりよく理解するために、一般に「科学的方法」と呼ばれる方法を用いていたのだ[18]。

昆虫、爬虫類や鳥類などさまざまな種類の動物のメスは、繁殖期に複数のオスと交尾することが多い。その結果、精子競争が起こり、オスが自分の父性を守ったり、自分の精子をより効果的に受精させようとするが、その方法には多くの共通点がある。このような「一般則」を発見することが重要になったので、急に、鳥だけに興味をもっていれば済むというわけにはいかなくなった。研究者としては、もっと幅広く資料を読まなくてはならない。他の誰かが魚や爬虫類、コウモリで発見したことが、鳥に関する自分の考えに影響を与え、形成する可能性があるからだ[19]。

鳥の観察をしていたバードウォッチャーから、行動生態学を研究する学術的なキャリアを手に入れるようになった人も数多く出現した。また、それまでバードウォッチャーではなかった科学者たちも、行動生態学のアイデアを検証するための対象として、鳥が役に立つことを見出した。鳥類は美しくて何よりも目につきやすいし、豊富で多様性に富んでいるので、新しいアイデアを試すのに最適な動物群なのだ。ある時期、鳥の研究は非常に生産的で有益かつ豊富だったため、ある学術誌の上級編集者は、分類学上の不均衡を懸念し、今後は鳥に関する論文を受け入れないと宣言したほどだ。とはいえ、質の高い鳥類学の論文を喜んで受理してくれる雑誌は他にたくさんあり、行動生態学の革命によって鳥類の知識に拍車がかかり、さらに前進を続けている。(20)

鳥類学と「利己的な遺伝子」

進化の思考におけるこのような革命が起きて、鳥の研究は特に評価されるようになったものの、一部の人々の間では旧態依然とした習慣が根強く残っていた。私がシェフィールド大学で講師を始めた当初、動物学部は内分泌学者ばかりで、私の野外研究を「バードｰウォッチング」(マーク・コッカーのいうところの「野鳥観察者」ですらない)と呼び、不信と軽蔑の念で迎えられた。妻の実家でも同じように、私がカササギを観察して何の研究をしているのか、義母は理解に苦しんでいた。「私でも裏庭でカササギを観察できるけど、あなたがやっていることと何が違うの?」。もし私が、仮説を検証するためにデータを集めているのだと説明したら、相手を見下す気取り屋のように聞こえてしまうと思ったので、その場はお茶を濁したが、研究の目的を理解してもらうのは簡単ではないと思い知らされた大事な教訓だった。

ジェマイマ・ブラックバーンによるカッコウの絵。1860 ～ 80 年頃の作品。

鳥類生物学に見られるいくつかの側面（特に托卵、協同繁殖、配偶システムなど）は、行動生態学にとって完璧な実験場となった。なぜなら、一見すると、選択は個体に対して働くという考え方に疑問を投げかけるように思えたからだ。

カッコウは、他の種をだまして子どもを育てさせるという習性があり、何世紀にもわたって人々の反感を買い、困惑させつづけてきた。ダーウィンが自然選択の考え方を導入した後でさえ、カッコウがマキバタヒバリなどのさまざまな宿主の種を犠牲にして繁殖に成功するのは、筋が通らないと思う人は数多くいた。驚くべきことに、生物学者が自然選択を完全に理解するのに一九七〇年代までかかったにもかかわらず、ダーウィン自身は一八五〇年代には、托卵がどのように進化しうるかを完全に認識していた。ダーウィンの考えは、進化論の第一原理から導かれた仮説であり、ニック・デイヴィスは一九八〇年代にケンブリッジ大学でその仮説の検証を始めた。デイヴィスやアメリカのスティーブ・ロスステイーンのような人々がエレガントかつ効果的にダーウィンの考えを確認したことで、その後、一つの下位学問分野を生み出すことになった。現在では、托卵が何度も進化してきたこと、托卵性の鳥は種によって異なった托卵方法を進化させてきたことがわかっている。

カッコウは孵化したばかりのヒナのうちに、宿主の卵やヒナを巣から放り出し、結果的に育ての親の労力を独占してしまう。しかし、宿主に対してもっと残酷な種もいる。ヒメハチクイの真っ暗な巣穴の中にいるノドグロミツオシエは、卵から生まれた時、上顎の先端に凶暴な突起を備えていて、これで巣の仲間を殺す。私は幸運にも、クレア・スポッティスウッドがザンビアで行なったノドグロミツオシエの調査に同行することができた。彼女は小型赤外線カメラを使って、宿主のヒナが殺される様子を観察していた。これらの研究から明らかになったことの一つは、寄生者と宿主の間で軍拡競争が続いているということである。寄生者がチャンスを拡大する戦略を進化させるや否や、宿主側にはその影響を最小化または無効化する対抗戦略を進化させるように強い選択圧がかかるからだ[21]。

前章で、一九〇七年の「*British Birds*」誌のノート〔短報〕に掲載されていた、エナガの成鳥が四羽で巣内のヒナの世話をしているという話を紹介した。当時はこれが異常なことだと思われていたのだろう。しかし、それは実の親以外の個体が子育てを手伝うという、協同繁殖の初期の記録だったのだ。ダーウィン自身も、ハチやスズメバチ、アリなど、ワーカーが巣の仲間を助けるために繁殖を見合わせるような一見利他的な行動については、自然選択に反しているように思われたので、その説明に苦慮していた。その答えは利己的遺伝子思考の大勝利の一つで、ドーキンスが影響力のある本を書く一〇年前に発表された。これは、子孫は親だけでなく、他の親族（血縁者）とも遺伝子を共有しており、自分が繁殖しなくても、親族を助けることで、個体は自分の遺伝子を次世代に伝えることができるということを、ウィリアム・ビル・ドナルド・ハミルトンが解明したのだ。ハミルトンの当初の目的は、社会性昆虫の利他主義を説明することだったが、血縁選択は、エナガ、ルリオーストラリアムシクイ、アラビアヤブチメドリ、ドングリキツツキなどの鳥類の協同繁殖も説明することができるようになった[22]。

利己的な遺伝子という考え方に対するもう一つの挑戦は、一夫一妻制からの逸脱だった。種の利益を最大にするようなシステムでは、どの個体もパートナーを確保できるように性比が等しくなるのが自明のことと、直感的にも思える。しかし、すべての動物や鳥が一夫一妻制でつがいを形成するというわけではない。コクホウオウ、クロライチョウ、エリマキシギやノガンのように、一羽のオスが複数のメスと交尾する一夫多妻制の種もあれば、アメリカイソシギ、ヒレアシシギ類のように、一羽のメスが複数のオスと交尾する一妻多夫制の種もある（口絵㉙㉚）。このように相異なる配偶システムを説明するには利己的遺伝子のような仮説が必要であり、一九七〇年代半ばから鳥類学者の間で盛んに研究が行なわれるようになった。その結果、種による生態の違いが、自らの繁殖を最大化するために複数のパートナーをもつのがオス側かメス側かという違いを生み出しているということがわかった。

鳥類の多くは、私たちと同じように一夫一妻制のようなので、一夫一妻制は退屈で、研究テーマとしてはさほど魅力がないと考えられていた。ところが、一夫一妻制は当初考えられていたよりもずっと興味をそそるものだということが判明した[23]。

カササギの配偶者防衛

ジェフリー・パーカーのフンバエの研究に触発されたので、私は学部生の頃、鳥類にも乱婚と配偶者防衛があるのではないかと考えていた。しかし、鳥が一夫一妻制なのは「誰でも知っている」ことで、ダーウィン自身もそう言っていたし、オックスフォードで私の師だったデイヴィッド・ラックもそう言っていたのだから、時間の無駄だと言われた。鳥の行動に関する記述をできるだけ多く読んでみると、ヴィクトリア朝時代の節操の堅い考え方の名残があり、他の項目はくわしく説明されているにもかかわらず、交尾に関することはまったく無視されていることに気がついた。明らかに、一九六〇年代の性の革命があったにもかかわらず、鳥類学の神聖な壁はまだ突破されていなかったのだ。それでも、一九〇一年にエドマンド・セルースが行なったクロウタドリの観察などに、心強いヒントを見つけることができた。「オスはメスの後をずっとついて回り、メスが跳ねていくところに跳ねていく……オスはメスを護衛したり、観察したりで忙しい」。完璧だ！　私は何かをつかんだと思った。あとはふさわしい研究種を選び、オスがパートナーの近くにいることと受精率との関係をマッピングした必要なデータを収集するだけだ。私はカササギを選んだ(24)。

当時、メスの鳥の受精可能な時期がいつなのかは誰も正確には知らなかったが、産卵の数日前〜産卵中である可能性が最も高く、まさにその時にオスのカササギがパートナーの最も近くでつきまとっているのを見つけた。では、実際にオスは何から守っているのだろうか。私は、フンバエと同様に、他のオスの性的な誘いからメスを守るのだと考えていた。しかし、毎日、毎日、望遠鏡でカササギを覗いていても、その証拠はほとんどない。私は、配偶者防衛は保険のようなもので、ほとんどの場合必要ないのだと思い、自分を慰めていた。そしてついに、カササギにとって配偶者を防衛することの有効性とはいわないまでも、その価値を思いもよらないほど劇的に見せつけられる日が来たのだ。

私はあるつがいが巣をつくる様子を数日間観察していた。オスは執拗にパートナーの後を追いかけ、彼女が歩けば歩き、彼女が飛べば飛び、何時間も何時間もその後を追っていたのだ。この春は寒くて厳しい気候だったが、この日は初めて暖かい日差しが射し込んだ。オスは石垣の上に座り、数メートル先で採餌しているパートナーを眺めていた。その様子を観察していると、驚いたことに、オスが居眠りをしはじめたようで、頭が石垣の高さより低く沈んでいた。そして、私とほとんど同時に、隣のなわばりのオスもそれに気づき、あっという間に飛んできて「私の」メスにマウントしたのだ。私は信じられない思いで見ていた。眠っていたオスが目を覚ますと、侵入者は素早く引き下がり、オスはパートナーを追いかけて巣に戻った。まるで「もうたくさんだ！」とでも言いたげに。しかし、行為は行なわれた。行為とはカササギのつがい外交尾のことであり、その結果、一羽またはそれ以上のつがい外子が生まれたかもしれない。この時、侵入者が成功したかどうかを知るすべはなかった。分子レベルの父子鑑定はまだ先の話だったからだ。しかし、メスが受精可能な時期に、このような露骨な寝取り行為を目撃したことは十分であり、私の配偶者防衛仮説にすばらしい彩りを添えることになった。[25]

鳥類理解の深まり

行動生態学の革命により、鳥類学者には何百もの仕事がもたらされた。鳥は研究対象として最も人気のある動物の一つで、大学はいずこも行動生態学の講座を開講したがった。バードウォッチャーとして大学に入学した多くの学部生は、この新しい考え方がもたらす進化の論理に惹かれて、科学者に変身した。この方法論は、二〇世紀前半のエソロジーには不可能だった方法だが、今日では彼らのアイデアを検証可能なものにしたのだ。

このような背景から、鳥の行動に対する理解と評価が飛躍的に高まったことは言うまでもない。一九六〇年には、鳥類に関する論文は年間二五〇〇本程度だったが、二〇二〇年には二万本近くまで増加した。行動生態学の登場である。一九九〇年代になると、ティンバーゲンの「適応的意義」のみにスポットライトを当てるだけではなく、夜空に弧を描くサーチライトのように、他の三つの問いかけも包含した、より包括的な答えが求められるようになった。私は、鳥類の精子競争に関する研究の中で、メスの複数のパートナーのうち、どのパートナーが卵を受精させるかを決定する生理学的プロセスを探求してきた[26]。

一九九〇年代から今日にいたるまで、鳥類研究者はその視野を広げつづけている。進化論的な枠組みはそのままに、群集生態学、生態系生態学、系統分類学、比較解剖学、生理学、保全生物学など、実にさまざまな分野でより深い洞察と、場合によっては真の理解を得ることができるようになった。行動生態学は利己的な遺伝子の考え方と相まって大きな成功を収め、その開始以来五〇年経った現在でも、鳥の研究において活発で動きの速い分野でありつづけている。私がバードウォッチング（第10章）と本章で取り上げた生物学、そして次章の保全生物学の話を通して伝えたいことは、鳥に対する理解と、何より我々と鳥との関係は、進化しつづけているということだ。

第12章　人類による大量絶滅

私は、聖書のサマリア人の物語をもう一度書こうと思う。その人は、人間は自制できる最終段階に来ていると感じている。エチオピア高原のホオアカトキやチュコト半島のヘラシギにとっても最後の日に……しかしこの人物は、背を向けず、自分なりの方法で援助の手を差し伸べようと決心するのだ。

――バリー・ロペス（二〇一九年）

消費の末の絶滅

アルフレッド・ニュートンは、ヴィクトリア朝時代の鳥類学者の中でも最も偉大な人物だったが、知ったかぶり、先延ばし主義、完璧主義、女嫌い、保守主義、愛書家で俗物という面ももっていた。一九〇七年六月七日、うっ血性心不全のため八七歳で死去し、死と絶滅の研究に没頭していた彼のキャリアは終わりを告げた。ニュートンが鳥類学者として名声があるのは、ケンブリッジ大学の動物学・比較解剖学初代教授で、イギリス鳥学会の創設者の一人（機関誌『The Ibis』の編集者）、さらに一八九六年に出版された『*Dictionary of Birds*（鳥類事典）』のブレーンとして、鳥に関して百科全書的な知識をもっていたからだ(1)。

ニュートンは名門のケンブリッジ大学出身の典型的な名士で、結婚せずに、所属していたマグダレン・カレッジの世話になりながら、そこで生涯を終えた。熱心で学識も豊かで、鳥に少しでも興味を示す学部生（当時は全員男性）を大いに励ました。この時代には、著名な鳥類学者が何人もいたが、ニュートンは最も影響力のある人物だった(2)。しかし、その優れた学識にもかかわらず、ニュートンは真の意味での科学的発見をすることはなかった。書物や事実、卵や博物館の剝製を熱心に収集していたが、理論や推測を毛嫌いしていたのだ。しかし、ニュートンの成果、つまり英雄として称賛されるべきことは、鳥類保護という事業を立ち上げたことである。

一八四〇年代半ばまでには、イギリス中に鉄道網という奇跡的技術が完成し、イギリスのどの大都市からも人が簡単に移動できるようになった。新鮮な海の空気と冷たい海水が健康と幸福のためによいと言われ、スカボローやブリドリントンといった海沿いのリゾート地が賑わった。ブリドリントンから小舟を借りれば、フランバラ岬のベンプトンにある高さ一二〇メートル以上の白亜の崖のふもとまで行き、海上でも営巣地でも空中でも、ミツユビカモメの射撃を思う存分堪能することができた。ここでは、幸せとは火を噴いた銃のことだった。ヴィクトリア朝時代、この岬の海鳥たちは、毎年ウミガラスとオオハシウミガラスの卵を大量に採取するためにロープで降りてくる「クリマー」と呼ばれる農場労働者や、ショットガンで武装して海からやってくる人々によって、大きな打撃を受けていた。「イギリス各地から射撃好きの一団がフランバラを訪れ……周囲に悲しい惨状をまき散らした。殺戮には何の利益も伴わない。不幸な鳥たちは、哀れにも単に狙いを定めるため

巣立ちにあたって、ヒナを海へ連れ出すオオウミガラスのオス。

の標的にしかならず、大抵は落ちたところに放置された[3]」

一八六八年にノリッジで開催されたイギリス科学振興協会の会合でニュートンは講演し、サギ類や狩猟鳥類（「射撃好き」が撃つ対象として）を保護する法律は長年存在したが、海鳥や猛禽、庭に来るような一般の鳥にはそうした保護がないことを聴衆に指摘した。「海鳥については、ある程度感情移入があることを認めざるを得ない。これほど残酷に迫害される動物はいないからだ。繁殖期になると、海鳥たちは警戒心や疑い深い習性をかなぐり捨てて、我々の岸辺にやってくる……。撃たれた鳥はそれぞれ親であり、子どもはその結果飢え死にすることになるのだ[4]」

ニュートンは、ベンプトンのある狩猟家が一シーズンで四〇〇〇羽のミツユビカモメを殺したと主張していることや、ロンドンの高級帽子店からこの小さなカモメを一万羽注文されたという者もいたことを紹介した。ニュートンの「禁猟期」の呼びかけは広く一般に支持されたが、不用意にも殺戮の責任は部外者ではなく地元ブリドリントンの人にあると示唆したことで多少効果が削がれた。

ニュートンは、以前から鳥類保護への情熱をもっていた。一八五八年、二九歳の時、友人のジョン・ウォーリーとともに、オオウミガラスの生き残りを見つけようとアイスランドへ旅立ったが、失敗に終わった。最後の二羽は、一八四四年にアイスランドの南西端から約一六キロメートル離れたエルデイ島で殺されていたのだ。海が荒れてエルデイ島にたどり着けないことに業を煮やしたニュートンとウォーリーは、一八四四年の旅に参加した人たちにインタビューすることにした。そして、ある種が現存種から絶滅種へと変わる瞬間を正確に記述した、前例のない記録を手に入れたのである。その後二五年間、ニュートンはこの鳥と希少な卵に関する情報を収集しつづけた。しかし、一八八五年、比較的無名だったサイミントン・グリーヴに先を越され、この象徴的でカリスマ的な海鳥の決定的な解説をする計画は頓挫してしまった(5)。

アイスランドでの二カ月間、オオウミガラスの亡霊に悩まされたことが、その後のニュートンのキャリアを大きく変えることになった。一番重要なのは、絶滅が科学的調査の対象になるという認識をしたことである。当時は、かつて大量に生息していたオオウミガラスのような種が、人間の手によって完全に消滅してしまうとはほとんど考えられなかったからだ。しかし、その六〇年前の一七八五年、冒険家のジョージ・カートライトは、ニューファンドランド北東部沿岸のファンク島で行なわれていたオオウミガラスの容赦ない商業的殺戮に驚愕し、「殺戮をやめない限り、この種全体はほとんどいなくなってしまう」とコメントしていた。その鳥がますます希少になるにつれ、卵や剝製の市場価格が高騰し、さらに殺戮が続けられたために、まさにその事態が起きたのだ(6)。

ニュートンの関心は、インド洋のマスカリーン諸島（マダガスカルの東七〇〇～一〇〇〇キロメートル）に生息していたドードー、ロドリゲスドードー、モーリシャスインコなどの絶滅した鳥や、イギリスで絶滅したノガンなどにも及んだ。ダーウィンの『種の起源』が出版されて、絶滅は自然選択の長期的なダイナミズムの必然的な帰結であることが認識されると、ニュートンの保守的な性格にしては逆説的なことに、絶滅に対する科学的関心はさらに強まった。

ニュートンが鳥類保護に情熱を燃やしたのは、始祖鳥のような自然絶滅と、人間が引き起こしたオオウミガラスのような非自然絶滅の対比があったからだ。ニュートンの考えでは、自然現象によって絶滅した種は、より適応性の高い別の種に取って代わられる。しかし、非自然的な絶滅の悲劇は、その種が置き換わることなく、生命の木の枝の間に埋められない隙間ができてしまうことだと考えた。

ニュートンの感傷的な憤りは科学に根ざすもので、そのような損失があると、人はその種について学ぶことができず、自然の仕組みを理解するのがさらに困難になると考えたからである。一八〇〇年代半ばのヴィクトリア朝時代には動物に対する不必要な残虐行為を問題視する人が多くなっていたが、その頃、ニュートンは迫害された鳥への配慮をめぐってジレンマに陥っていた。彼はセンチメンタリストを「いかなる理由でも鳥の殺戮に反対する」人と、「人間の自然に対する支配力を認めつつ、その乱用を戒める」人に分けて、自分の考えを正当化した。後者の中には、科学のために鳥を殺し、卵を採取する鳥類学者も含まれた。しかし、最終的にオオウミガラスを絶滅させたのは、科学者とその鳥類コレクターだったという矛盾は解消できなかった。

動物に対する感傷は、「非科学的」で、かつ「男らしくない」とされ、ダーウィン自身もこの論争に巻き込まれた。動物好きを自認するダーウィンは、残虐行為を忌み嫌う一方で、生理学や医学の理解を深めるために、動物（通常は犬）の生体実験が必要だということは認めていた。同僚の動物学者に宛てた手紙の中でこう述べている。「生体解剖についての私の意見を尋ねられれば、生理学の真の研究のためには正当化されるが、忌まわしく憎むべき単なる好奇心のためには正当化されないということに、私はまったく同意である」。ダーウィンの見解は、人間もそれ以外も動物に変わりはないという信念から必然的に導き出されたものだ。[7]

ニュートンは、人間が絶滅を引き起こす原因になりうるという衝撃的な事実を目の当たりにして、保護主義に目覚め、自分では思いがけなくも同情的なアプローチをとらざるを得なくなった。その違いは、彼が極端なセンチメンタリストと捉えた人たちは、個々の動物に対する残虐行為を危惧していたのに対して、ニュートンの懸念は、世界的な種全体やあるいは地域個体群に向けられていたことだ。

ニュートンの考えは、「ヴィクトリア朝のイギリスと科学の歴史において、科学と感情の境界、自然を語る権威をもつ者ともたざる者の境界が引き直された、ある特定の瞬間」という転換点を示すものだった。[8] 絶滅した鳥類や絶滅寸前の鳥類を研究したことで、ニュートンは、地質学者や古生物学者とは異なる、絶滅の過程を理解することができた。絶滅がどのように起こるかを理解したニュートンは、他のナチュラリストとともに、保護活動の実際について助言するという前例のない立場に立ち、さらに大事なことに、より一般性のある動物保護運動のガイドラインの制作者になった。それまでの動物を対象とした保護法は、狩場で対象となる動物を密猟者から保護するために地主が制定していたものだった。ナチュラリストが主導権を握る時がやってきたのだ。

海鳥保護のいきさつ

ニュートンのイギリス科学振興協会の講演を受け、ブリドリントン修道院教会の永久院長であったヘンリー・フレデリック・バーンズ＝ローレンスは、地元の聖職者とナチュラリストの集会を招集した。その目的は、地元の海鳥に害を与えているという濡れ衣を着せられたブリドリントンの住民をなだめることもあったが、おもにフランバラ岬での海鳥の殺戮をやめさせることだった。その熱心な支持者の一人に、地元の有名な鳥類作家であるフランシス・オーペン・モリス牧師がおり、「タイムズ」紙に宛てた書簡の中で、「シェフィールドの町からツアー客が押し寄せては、無防備で臆病な鳥たちに卑怯で無慈悲な殺戮を仕掛けており、最近その虐殺癖が悪評を買っている」と記述している[9]。

アマチュア動物学者で海軍司令官のヒュー・ホレイショ・ナッカーは、毎年繁殖期に「荒くれ者」たちがフランバラで一〇万羽以上の海鳥を殺していることを計算で明らかにし、バーンズ＝ローレンスは問題の深刻さを確信したのだった[10]。

その結果、モリス自身の他にも、博物学者で作家のフランク・バックランド、公共事業で「ブリドリントンの父」と呼ばれた事務弁護士トマス・ハーランド、地元保守党議員のクリストファー・サイクスら名士たちの支持を得て、海鳥保護協会が発足し、サイクスは、法案を国会に提出することになった。サイクスは一八六九年三月六日に海鳥支援の演説をしたが、気の毒なことに、四年前に当選してから下院で初めて行なった演説だった。この請願の後で、雑誌「*Vanity Fair*〔ヴァニティ・フェア〕」には彼のナイーブさ（gullibility《ガリビリティ》）を暗喩して、「カモメ（gull《ガル》）のお仲間」とサイクスの戯画が掲載された。サイクスの地位は不安定だったが、海鳥の

1900年代初頭、ヨークシャーのベンプトンで海鳥を狙う「荒くれ者たち」。

殺戮を禁止する法案は可決され、同年末に王立承認が下りた。

しかし、鳥類保護の法制化は簡単にはいかず、ニュートンはその後一一年間にわたり、影響力のありそうな人物に何十通もの手紙を書き、精力的にキャンペーンを展開した。というのも、この法案には、射撃の良し悪し以外にも、社会階級による俗物根性や矛盾が見え隠れしていたからだ。モリスが「タイムズ」紙に出した別の書簡で、恥ずかしげもなく紳士然として明かしたように、この法案は特に労働者階級の銃猟家に向けられたもので、「もちろん、スポーツマンは対象外である」。ヴィトリア女王の娘婿のクリスチャン王子は、法案を強力に支持する一人だが、超法規的立場〔法律の適用を受けない〕の人物だった。彼は、何の矛盾も感じずに、ベンプトンの海鳥の卵をバルモラル城に送ってくれるようバーンズ＝ローレンスに依頼している。ニュートン自身も、「海鳥の卵は田舎の人が食べるために採っている」「貧しい家庭の多くは（海鳥の）卵を採取してまっとうな生活をしている」「セント・キルダ群島のように、ほとんど海鳥に依存している地元の人々もいる」として、卵の採取は法案から除外すべきだと主張した。そう、ニュートン自身も自分の博物館のために卵を収集していたのだ。[11]

ある鳥猟家は、新法に反対して「*Yorkshire Gazette*〔ヨークシャー・ガゼット〕」紙で「海鳥は撃つためでなければ、人間にとって何の役に立つのか、何の飾りなのか」と問いかけている。しかし、この法律にも効力があった。一八六九年七月一〇日、法律に違反して公然と二八羽の鳥を撃ったシェフィールドのタスカー氏が逮捕され、三ポンド一九シリング（一羽につき二シリング六ペンスの罰金と九シリングの費用）が科せられたことを、バーンズ＝ローレンスは満足げに日記に記している。「ありがたいことだ」と、バーンズ＝ローレンスは安堵のため息をついた。[12]

海鳥保護法が国会を通過したのは、海鳥の保護よりも、人命や生活を守る目的の方が大きかった。繁殖地における海鳥の鳴き声は、霧に閉ざされた船乗りに岩場が近いことを示す証になるし、海鳥の群れは漁師に網を打つ場所を指し示し、耕うん作業の後をついていくカモメは無数の害虫を食べて農民の助けになると主張されたのだ。

この法律が成立した一年後、海鳥の数が明らかに増加したことが確認され、ニュートンは、この法律が少なくともフランバラではウミガラスを絶滅の危機から救ったと主張する。しかし、この地ではその後も数年にわたり、ミツユビカモメを射殺して起訴されるケースが続いた。[13]

海鳥の保護がベンプトンで始まったという事実は、私の心を和ませてくれる。というのも、私はこの歴史あるコロニーと海鳥の保護に強い関わりをもっているからだ。ベンプトンは私の故郷や今の住居であるシェフィールドにも一番近く、アクセスしやすい海鳥の生息地だ。私が博士課程の研究をしていた時、おもな研究地はスコーマー島だったが、そこに行けない時は、ベンプトンで冬の夜明けを何度も過ごしたものだ。保護の結果、ウミガラスをはじめとする海鳥の数は、私が一九七三年に初めてベンプトンを訪れて以来、大幅に増加した。当時はまだ海鳥センターができる前で、繁殖期以外にはほとんど人が訪れないため、とても人里離れた場所のように感じられた。私は日の出前に現地に到着し、幾重にも厚着をして崖の上に屈み込むと鳥が姿を現わすのを待った。聞こえるのは風の音と、眼下の白亜の岩に砕ける波の音だけだった。東の水平線に最初の光の筋が現われると、海からウミガラスが一斉にやってきて、パートナーとの再会を祝う挨拶の陽気な大合唱がわき上がった。しだいに明るさが増してきて、私の脳内にエンドルフィンが充満する中、つがいの絆を愛撫や交尾によって再確認するウミガラスたちの行動を観察し、注意深く記録を取ったものだ。

一八六九年に制定された海鳥保護法はアルフレッド・ニュートンが重要な役割を担った法律であり、不十分ながらも第一歩を踏み出した。この法律は、一六四〇年代から続く動物保護運動の集大成であり、鳥類学上の金字塔であると同時に、将来の保護活動を予見させるものだった。[14]

動物虐待に対する人々の意見を変えるのは、困難で長期にわたる事業だった。たとえば、一八〇〇年代初頭に、牛攻めと闘鶏を規制しようとするイギリス最初の試みが行なわれたが、議会では不信と嘲笑にさらされた。その反対派は「次の段階はハエと甲虫の保護だろう」と述べた。[15] このように動物を守ろうとする試みは、すべて抵抗と嘲笑にさらされるようだった。しかし、最終的には、一八二四年に愛好家グループが英国動物虐待防止協会（SPCA）を設立し、一八四〇年にはヴィクトリア女王から認可を受けるにいたった。これまで見てきたように、動物愛護を支持していたのはトマス・ハーディやジョン・ラスキンといった作家をはじめとする知識階級や貴族階級であり、動物愛護を推進すると同時に、人間社会の危険要素を抑制することを使命としていたので、王室の後援はほぼ不可欠だったのだ。ハリエット・リトヴォが『階級としての動物』で述べているように、虐待行為を「下層階級の性癖」と見なすことで、「(RSPCAの〔Rは Royal、王認の意味〕)潜在的後援者が心地よく、魅力的に感じる道徳的区別」が生まれた。一八二四年のRSPCAの最初の会議で示されたように、動物に対する虐待行為を防止するだけでなく、「下層民の間に、上級民のように考えて行動させるような、ある程度の道徳的感情を広める」ことを目的としていた[16]。その方法の一つは、おもに家畜という「苦しむ動物」を「高貴で無私無欲」の召使い(アンナ・スーウェルの『*Black Beauty*〔黒馬物語〕』を思い起こさせる)で、虐待する側を「都市の無産階級(プロレタリアート)の粗野な一員」として描き、人々の感情に訴えることだった[17]。感性に訴えるという手段は、一八六〇年代にけフランバラで罪なき海鳥の虐殺を防ぐのに力を貸し、その後もすべての鳥類保護において重要な役割を担ってきた。

ファッションと羽

ベンプトンで射殺されたミツユビカモメの幾分かは、海から引き上げてブリドリントンに運ばれ、翼と胸部の羽をとって洗浄された。羽がかなり大量に得られると、ロンドンのファッション・ハウスへ運ばれ、羽飾り職人によって精巧で高価な婦人用の頭飾りに加工された[18]。

ミツユビカモメなどの鳥や、白サギ、極楽鳥、フウキンチョウ、ハチドリといったもっとエキゾチックな種の翼や尾、羽を取り入れた帽子は、エドワード朝時代のファッションの代名詞となった。こうした羽飾りはそれを身につける人の地位や魅力を高めるというのが売り文句だった。もちろん、羽の元の持ち主である鳥もそうだったし（このことは明示されなかったが）、羽飾りは、アメリカ大陸や南太平洋、アフリカの原住民も他の形で使っていたのだ。ロンドン、パリ、ニューヨークの羽採取業者やファッション・ハウスにとって、羽は非常に大きな利益をもたらした。

イギリスの工業地帯にあるランカシャーの町ディズベリーに住むエミリー・ウィリアムソンは、羽の取引によって引き起こされる残酷な行為と鳥の命の重大な損失に憤慨していた。彼女は、友人のエッタ・レモンとともに一八八九年「鳥類保護協会」を設立した。この団体の当初のメンバーは、女性（それもほとんどが裕福な女性）だけだったが、その目的は「殺生を伴う婦人帽」の着用に終止符を打つことだった。設立間もないこの協会に最初に寄付をしたのは、まさにアルフレッド・ニュートンだった。また、もう一人、ウィリアム・ヘンリー・ハドソンという愛鳥家で作家の男性が協力者になった。ハドソンは反ダーウィン主義者でセンチメンタリストであり、ニュートンとはまったく異なる人物だったが、まさに協会が必要としていた人物だった。この協会は、一九〇四年に王室認可を受け、「英国王立鳥類保護協会（ＲＳＰＢ）」となった。しかし、羽輸入法が制定されたのは一九二一年になってのことだった。

北米でも、ほぼ同じ経緯で、フローレンス・メリアム・ベイリー、ハリエット・ヘメンウェイ、その従姉妹のミナ・ホールという裕福で人脈のある女性が三人で、羽取引のボイコットを周囲に呼びかけ、一八九六年にヘメンウェイとホールが、鳥類保護の広報を目的としてマサチューセッツ・ナショナル・オーデュボン協会を創設した。一九一八年に渡り鳥保護条約法が制定されて、羽貿易は終わりを告げた。北米では、ジョン・ミューアやヘンリー・デイヴィッド・ソローといった二大自然主義者が鳥類保護においてイギリスよりも先行していた。彼らは一八五〇年代から、ジョン・ジェームズ・オーデュボンを有名に（あるいは悪名高く）した鳥殺しのマントを見事に捨て去った。ソローは、一八五三年の時点で、「カモやタカのような内気な鳥を観察するために……スパイグラス〔望遠鏡〕を持ち歩くのは悪くないではないか」と考えていた[19]。科学的なアメリカ鳥学会でさえ、J・A・アレンの指揮の下、一八八六年に鳥類の法的保護を保証する委員会を設立している。私が「でさえ」と言ったのは、イギリス鳥学会はヴィクトリア朝の「収集という伝染病」を克服するのに、さらに六〇年もかかったからだ[20]。

鳥類保護の第一歩

羽採取のための鳥の殺傷は違法となったが、少なくともイリシャコ、キジ、ライチョウ、水鳥、渉禽類など、食肉の価値のある「狩猟鳥」については、遊び半分の殺戮はまだ認められていた。また、学術用に鳥やその卵を収集することも認められていた。食卓に上る鳥も、博物館の棚に並べられる鳥も、その数は、羽取引による大量殺戮に比べれば、はるかに少なかった。貴族も科学者も法律の外にいたのである。前者は法律をつくる立場だからであり、科学者（アラン・ヒュームのような収集家）もその活動は価値があると見なされたからだ。

二〇世紀の最初の数十年間は、鳥類に対する考え方が変化した時代だった。狩猟鳥の捕獲は現在も続いており、論争の的になってはいるが、科学のための卵や標本の収集は衰退し、代わって、前章で見たようにバードウォッチングが始まり、鳥がどのように生活しているかに関心が高まった（口絵㉒㉓）。

一九二〇年代までに、マックス・ニコルソンが、鳥類保護の第一歩は鳥の数を把握することだと考えた。そこでニコルソンは重要な全国調査を開始した。この考えは新しいものではなく、一八六一年にアルフレッド・ニュートンが鳥類のセンサス〔国勢調査〕を提案したのが始まりである。これは友人のジョン・ウォーリーが「イギリスの鳥類学の主要な要件」だと考えて提唱したからだ。ニュートンは、一八五九年にウォーリーが亡くなってから、全国的な鳥類センサスの長所と短所を書き記した。彼は、そのような調査をどうやって実現するか、その方法に苦心したが、その利点は明らかだと述べている。ダーウィンの『種の起源』が出版された直後で、「生存競争」という言葉が人々の耳に大きく響いている最中に、ニュートンは鳥の生息数を知ることで、こうした根本的な問題をより深く理解できると考えたのだ。ニュートンは、全国センサスは「国内のほぼすべての鳥類学者の協力」があって初めて実施できると予見していた。(21)

ニコルソンによる最初の調査は一九二八年に行なわれ、イングランドとウェールズにおいてアオサギのコロニーを調べてその数を評価するというセンサスで、四〇〇人以上ものボランティアが参加した。この調査は現在もなお、続けられている。一九六〇年代、私自身がこの種に惹かれたのは、長期的なモニタリングの対象となった最初の鳥として、アオサギが象徴的な地位を占めていたことも理由の一つだった。一九二八年当時、アオサギは保護を必要とされていなかったが、ニコルソンは抜かりがなかった。サギは木のてっぺんに巣をつくるので容易に数を把握することができ、他の種のモニタリング計画の貴重な実験台となったのだ。アオサギの調査に続いて、一九三一年にもボランティアによるセンサスが行なわれ、羽取引によって生息数が激減したカンムリカイツブリに焦点が当てられた。この調査は、ニコルソンに触発された二人の若者が、緊迫した面接をした後に企画したものだった。フィル・ホロムとトム・ハリソンは当時はまだ二〇代で、その後鳥類学の分野で大きな功績を残した。ホロム（「ジェントル・フィル」と呼ばれ、権威者になった）はイギリスでも一番有名な鳥類学者の一人となり、一九五四年にはイギリス初の鳥類フィールドガイドを共同執筆している。ハリソンは早熟で賢い一方で「世界一不愉快な人物」と言われるほど驚くべき傲慢な人物だったが、その後、鳥類学者、ジャーナリスト、軍人、考古学者、作家、自然保護論者として卓越した業績を残した。ニコルソン自身も、一九六一年に世界自然保護基金（ＷＷＦ）を設立するなど、自然保護において並々ならぬ功績を残している。カンムリカイツブリの調査は一三〇〇人のボランティアによって行なわれ、将来、さらに多くの種について同様の調査が行なわれることを予見させるものになった。ニュートンが予想した通りに、これらの調査はアマチュアが中心になって行なわれた。しかし、各種の鳥の個体数を正確に信頼度高くモニタリングする手法を確立するには、しばらく時間がかかった。一九六〇年代後半から　イギリスでは英国鳥類学協会〔ＢＴＯ〕、アメリカではコーネル大学鳥類学研究所がボランティアのネットワークを組織して努力を促すことによって、それぞれの国の鳥類の個体数の状況を明確に把握できるようになった。その結果、世界各地で多くの鳥類の数が減少しており、その減少に歯止めがかからないことが明らかになった。(22)

ウミガラスと私

私は、ニコルソンが提唱した「役に立つ」野鳥観察という言葉を呪文のように耳にして育った。一〇代の頃、私は母のローバーミニを駆って何キロメートルも走り回り、ミヤマガラスやアオサギのコロニーを数えて、その調査結果を発表したこともあった。すると何か役に立つことをした、という満足感をすぐに得ることができた。それとは対照的に、私のもう一つの情熱である鳥の行動研究は、怒ったアオガラをカスミ網〔小型鳥類を捕獲するための細い糸でできた網）から外すのと同じくらい手がかかることのように思えた。その方法を誰かから教えてもらうまでは。

一一歳の頃、私の将来を鳥類学の方向へ向ける出来事が二つあった。一つは、母の叔父で、熱心なバードウォッチャーだった大叔父のロイが、私が観察したことを記録したり絵を描くようにと、表紙に氏名と"Bird Notes"とエンボス加工された特注のノートをプレゼントしてくれたことだ。このシンプルだが心のこもった贈り物で、私にとってバードウォッチングは何にも代えがたい大きなものになり、野心に火をつけることになったのだ。二つ目の出来事は、ウェールズ北部で休暇を過ごしていたある夏の晴れた日、父に連れられてリーン半島の先端にあり、アニス・エンリーと呼ばれるバードシー島に行った時のことだった。ワタリガラス、ベニハシガラス、オオハシウミガラスやウミガラスに囲まれたその場所で、私は島で暮らすという夢を抱くようになった。一日の終わりに父と船に向かって歩いていると、膝の上にフィールドノートを広げ、望遠鏡で海鳥を観察している青年とすれ違った。父は彼に挨拶した後、歩きながら私に向かって、「お前も大きくなったら、あんなことができるようになるかもしれないぞ」と言ったのだ。

ニューカッスル大学の二年生の時、オックスフォード大学のエドワード・グレイ野外鳥類研究所が主催する学部生向けの鳥学会議が開催され、その詳細が学内掲示板に貼り出されているのを見た。バードウォッチング仲間のロブ・テイラーと私は一緒に参加し、セント・ヒューズ・カレッジの硬い座席に座って数日間、研究所長のデイヴィッド・ラックやその学究的仲間に感嘆し、学生たちが研究について話すのを聞いていた。そしてそれまで人前で話したこともなかったのに、私は世間知らずにも自分のアオサギの調査について話すと申し出たのだ。私の発表はひどいものだったと思うが、それでもラックは、ウェールズのスコーマー島でウミガラスを研究するために、博士課程に来ないかと誘ってくれた。私は自分の幸運を信じられない気持ちで、突然、私の人生のさまざまな未解決の糸が、何か実質的なものに織り上がっていくように思えた。

オオウミガラスは今では絶滅してしまったが、イギリス南部では、その近縁種であるニシツノメドリやオオハシウミガラスなども減少しており、その理由は誰にもわかっていなかった。私の博士号取得の目標は、その答えを見つけることだった。私は三人組の大学院生の一人だった。隣のスコークホルム島ではクレア・ロイドがオオハシウミガラスの研究を行ない、スコーマー島ではルース・アシュクロフトがニシツノメドリを、私はウミガラスを研究することになっていた。

デイヴィッド・ラックは、鳥の個体群の権威であり、高い評価を得ている著書もいくつもあるので、まさに適任者だと思った。

私は学部を卒業した一九七二年にスコーマーでの研究を始め、博士課程の研究は一九七三〜七五年にかけて続いた。当時は、巨大タンカーの腹から流出した原油によって、ウミガラスなどの海鳥が致命的に汚染される痛ましい光景を目にすることが多かった。スコーマー島などのウミスズメ類が減少していることに愕然とした私は、できる限りのことをしたいと考え、まずはウミガラスの生態を理解することから始めた。同時に、「私の」ウミガラスを見れば見るほど、彼らの社会生活の複雑さと繊細さに心を奪われた。ウミガラスは、ツノメドリほどかわいらしくもカラフルでもないので、カリスマ性に乏しいが、ニワトリほどの大きさの鳥が、騒々しい隣人たちに囲まれながら、不安定で吹きさらしの断崖の岩棚に一つだけ洋ナシ形の卵を産んでは孵化させる生活をしている。そのための複雑な適応の仕組みには、とりわけ魅力があった。

一九七〇年代には、自然保護は学問的に立派なものとは見なされていなかったので、個体群生物学と行動学の両方を学んだことは、私にとって有利に働いた。自然保護は確かに重要だが、当時のイギリス政府当局は、鳥類の保護は政府の科学研究協議会ではなく、慈善団体の資金で行なわれるべきものと考えていた。つまり、学術的なキャリアを積みたいのであれば、「本格的な科学」、この場合は行動生態学に焦点を当てるべきであり、私はそのように行動した。同時に、私は自分の研究が自然保護にどのように貢献できるかも考えつづけた。幸いなことに、その後数十年の間に、自然保護を効果的に行なうには「本格的な科学」が必要だということを当局も理解してきた。個体群が機能する仕組みを知るのは立派な研究である。しかし、研究助成金を獲得したり、大学が求めるような「学問的帝国」を構築したり、自分自身の昇進のためにも大量の科学的データが必要になる。そのため、研究対象がウミガラスほど長寿の鳥だと、結果を得るまでにあまりにも時間がかかりすぎることに私はまもなく気がついた。

一九二〇年代にニコルソンが看破したように、どんな種においても個体群動態の研究には「数を知ること」が基本である。幸いにもスコーマー島の初代所長デイヴィッド・ソンダースは、一九六〇年代初頭から毎年、島内の海鳥をすべて数えていたので、その結果、ウミガラスが減少しつづけていることが確認できたのだ。当時は比較的少なかったとはいえ、スコーマー島のウミガラスを数えるには大変な労力が必要で、崖下へボートで近づき、気持ちが悪くなるほど揺られながらも双眼鏡で数えていたのだ。もっと効率よく調査する必要があったので、私は陸上から数えられるような場所を見つけて、その場所で数が変化すれば母集団全体の変化を忠実に反映するような「調査プロット」〔サンプルエリア〕とした。また、繁殖期は四カ月にもわたるが、そのうち一番効率よく数を数えられる時期を調べた。四〜七月にかけて毎日鳥を数えてみると、繁殖期の中で最も数の変動が少ない時期、つまり鳥が抱卵している時期を特定できたので、その答えが見つかった。一貫した数え方を工夫することは、信頼性を高める鍵だった。

個体群の「仕組み」、つまりこの場合はなぜ個体数が減少しているのかを知るための第二段階として、鳥の寿命と子孫の数を知る必要がある。個体群が安定した状態を保つためには、この二つが長期的にバランスよく保たれなければならない。鳥の寿命は、最終的には一年ごとの「生存率」によって決まるが、そのためには、鳥の個体を遠くから攪乱せずに特定できるようにする必要がある。それには、鳥を何羽かあらかじめ捕まえて、個体ごとに決まった番号を刻印した足環で標識をつけるのだ。ある年から次の年まで生き残った鳥の割合をもって、生存率の指標とした。ウミガラスの場合は、生き残っている鳥のほとんどが毎年崖の上の小さな同じ繁殖場所に戻ってくるので、この方法はうまく機能する。しかし、ウミガラスは実に密集したコロニーで繁殖するので、足環の色を見ようとすると、混雑したサッカースタンアムで観客の靴下を見るようなことになる。

ウミガラスを捕獲するのは大変なことだった（口絵㉞）。フェロー式の「フレイグ」と呼ばれるかぎ形の長い棒を使って安全に鳥を岩棚から持ち上げられる場所に到達するには、毎回、崖を登り降りする必要があった[23]。ウミガラスは、カモメ、カラスや人間などの捕食者が近づくと、飛び去らずに卵やヒナにしがみつくことから、かつて「愚かなウミガラス」として知られていた。人間の捕食者にとっては、このような愚かな行為は、ウミガラスを比較的容易に捕らえられるので、ありがたいことだった。もちろん、ウミガラスが人間という捕食者に遭遇したのはごく最近のことで、離島や狭い崖っぷちで繁殖してキツネなどの陸上捕食者を避けるのが一般的である。カモメやカラスから身を守るには、密集した集団でじっと座っていることが有効なのだ。

ウミガラス研究の魅力

　私は、安全ヘルメットにハーネスという出で立ちで、崖面に打ちつけた二本のハーケンにロープでしっかりと固定されている。手には、伸縮自在で超軽量の釣り竿を携えている。その先端には先がかぎ形になったミニチュアの羊飼いの杖のような棒が取りつけてある。私は岩棚のほんの数メートル上にいて、そこにはウミガラスが騒がしく群れているが、かつて考えられていたほど愚かではない。私がこれ以上近づくと、彼らは逃げてしまう。それは一番望ましくないことなので、この長い竿はできるだけ混乱を避けながらも、彼らを捕らえるための道具なのだ。

　登攀《とうはん》の疲れと緊張で暑くなり、ヘルメットのストラップから汗が流れ落ちては目に入る。すぐに拭けばいいのだが、ここまで来るだけで手がウミガラスの糞だらけになってしまったので、かつて同僚が経験したような目の感染症のリスクは避けたいのだ。汗を振り払い、目の前の鳥を注意深く観察しながら待つ。彼らも緊張しているが、じっと耐えている。私は三〇年以上、毎年この岩棚でウミガラスを捕まえているので、彼らは私に慣れているだろうと自分に言い聞かせる。「おお、また来てくれたな！」。多くの鳥は以前の足環をつけているので、私は足環のない鳥を特に探している。見つけると、急な動きをしないように気をつけながら、ゆっくりと足元に向かって竿先を滑らせる。まるで、縁日のアヒル釣りのようだ。不格好な外見とは裏腹に、私の竿をかわそうと思えば、ウミガラスはタップダンスの名手のような敏捷な動きをするのだ。

　怪訝そうな顔をしているので、一旦停止する。すると、幸いにも羽音がして、もう一羽のウミガラスが近くにやってきた。鳥が一瞬そちらに気を取られて目をそらしたので、私はそっとその足首にフックをかけた。かかった！　そして、私は実にゆっくりと、鳥を私の方へたぐり寄せる。鳥は不思議そうにしている。「上の棚にいる怪物の方へ引き寄せられるのは、どんな謎の力なのだろう?」とでも思っているようだ。私は両手で鳥を捕らえ、羽ばたきができないように翼を体に固定するが、一キログラムもある筋肉の塊に鋭いくちばしがついているのだから、慎重にせざるを得ない。幸い、オオハシウミガラスやニシツノメドリと違って、ウミガラスはおとなしい捕虜で、攻撃してくることはほとんどない。

　私は、鳥の足を前側に向けて脇に抱えた。バンディング用の袋から特殊なペンチと二つのリング〔足環〕を取り出す。一つは鳥の寿命よりも長持ちするように設計された金属製リングで、もう一つはプラスチック製のカラーリングだ。カラーリングには一つひとつに異なる番号が刻印してあり、望遠鏡を使えば、一キロメートル先からでも読み取れるようになっている。どちらの足環も装着はやっかいだ。ギルモット〔ウミガラス〕スペシャルと呼ばれる金属リングは、岩で擦れて番号が消えないように設計されているが、鳥の脚に正しく装着するのは本当にコツがいる。私は何十年もこれをつけているのでもはや何とも思わないが、新人にこの方法を教えようとすると、その難しさが身にしみてわかるのだ。カラーリングもとても丈夫なので、鳥の脚に装着する時は専用のペンチが必要で、ペンチが滑らないようにリングを親指に当てておかなければならない。足環を何百個もつけると、親指はまるで押し潰されたような感覚になる。それぞれの脚に足環をつけたら、フィールドアシスタントに番号を伝え、正しく記されているかダブルチェックして、崖から離れる方向へ向けて、鳥を空中に放す。「やれやれ！」。そして、また次の鳥へ……。五〇羽ほどを捕獲しなければならないが、できるだけ早く作業して鳥への攪乱を最小限にとどめたい。次の鳥を探していると、また羽音がして、先ほど足環をつけた鳥が巣棚に戻ってきた。私の方を嫌な顔で見やりながらも卵の上に座るのだ。

私にとってウミガラスの捕獲は楽しい。緊張するし、汚れ仕事だが、標識をつけた鳥を一〇年、二〇年、三〇年と見つづけられるかもしれないと思うと、感激もひとしおだ。また、ビロードのような頭の羽や、黒褐色の優しい目など、手にした時の感触も好きだ。鳥との距離の近さ、鳴き声や匂いに加え、三、四人の仲間と行なうチームワークの意識が、この体験をほとんどスピリチュアルなものにしている。実際、ウミガラスを捕獲してバンディングする日は、毎年のハイライトであり、その最後には必ずチームの記念写真を撮って成功を祝うことにしている。

バンディングの際に金属リングだけの鳥を見かけたら、その鳥がカラーリングを紛失した可能性を考えて、捕まえてみることにしている。私は一度そういう鳥を引っかけて、足環を見ずに同僚に渡したことがある。すると同僚は「超スゲー、外国の足環だ！」と叫んだ。そうだったのだ。数年前、ゴットランド島沖のバルト海に浮かぶストラ・カールスオ島でスウェーデンの研究者がヒナのうちに標識をつけたウミガラスが、スコーマー島へ移住してきて繁殖することになったのだ。珍しい移住の例である。魔法のようだ。

一日の作業が終わると、私と同僚は安全ロープからカラビナを外して荷物をまとめ、（別のロープに取りつけて）崖を登り上部へ戻る。生存率を推定するためにリングをつけた鳥の個体数がさらに増えたのだ。現在、最高齢の鳥は三〇代後半で、平均して約九五パーセントが翌年も生存しており、繁殖期間は平均して約二五年あることになる。

個体数方程式のもう一つの変数は「生産性」と呼ばれ、生み出される子どもの数のことだ。ウミガラスは鮮やかな色の大きな卵を一つ産むが、その卵の一端は非常に尖っており、むき出しの岩肌で安定がよい形をして

ウミガラス類。左から、眼鏡模様のあるウミガラスの夏羽、冬羽、オオハシウミガラスの幼鳥または冬羽。ジェマイマ・ブラックバーンによる1800年代後半の絵。

いる。[24] ウミガラスの卵には鮮やかな色と多様な模様がついているが、それは数多い隣人の卵の中から親鳥が自分の卵を識別するのに役立つように進化したものだ。ウミガラスの卵は比較的大きい（人間の赤子の体格に換算すれば七キログラムに相当）が、密集しているし、抱卵中の親鳥がぴったりと覆っていることもあって、非常に見づらい。卵を産んだつがいの数と、三二日間抱卵した後に、孵化した卵の数を知る必要がある。そのために、私たちは対岸の崖に小さな木造小屋を設置して中に座り、毎日八時間かけてコロニーをざっと見渡して、それぞれの鳥の体の下にある卵の有無を確認する。隣人同士の喧嘩や、カモメやワタリガラスなどの捕食者に卵を奪われるなどの事故によって卵を失ってしまうウミガラスもいる。卵が孵化すると、ヒナは動き回るようになるし、一日に何度も親から餌をもらうので、存在を記録しやすくなる。三週間もすると、まだ飛べない状態で、ヒナは父親に連れられて岩棚から海へと飛び出し、泳ぎ出す。この調査地では、コロニーを離れるまで生き延びるヒナを産むつがいの割合は全体の約八〇パーセントに及ぶ。

生産性と生存率のバランスがとれていれば、個体群は十分安定するのだろうか？　その他にも、若鳥が繁殖を開始する年齢と、その年齢まで生き残る割合など、関わる要因はいくつかある。最初に繁殖する年齢を突き止める方法は単純で、ヒナの時に標識をつけられた鳥（つまり年齢がわかっている）を探し、最初に繁殖した時期を記録すればよい（しかし手間がかかる）。一般的には七歳だが、四歳で繁殖を開始するものもおり、一〇歳でもまだ配偶者がいない恵まれない鳥もいる。また、標識をつけたヒナのうち約半数が、最終的にコロニーに戻って繁殖する。一般の鳥類では幼鳥の生存率はたいてい数パーセントに過ぎないので、この割合は非常に高いものだ。スコーマー島の個体群が着実に増えているのは、幼鳥の生存率が高いことに加えて、成鳥の生存率の高さ、繁殖成功率の高さが要因である。簡単なことのように聞こえるが、これを立証するには、実に三〇年の歳月と何千時間もの調査が必要だった。[25]

気候変動から受ける影響

私たちの研究によって個体群が増大する仕組みは明らかになったが、なぜそうなったのか、その理由はわからない。一番明らかな答えは、前よりも餌が増えたということだが、ウミガラスが依存する魚の量を確定するのは非常に難しい。一九七〇年代に個体数が激減した要因の一つは油汚染だったが、それはここ数十年で改善している。スコーマー島のウミガラスのコロニーは一八九〇年代と一九三〇年代に撮影された写真があり、それを見ると、当時の個体数は膨大で、おそらく一〇万つがいほどいたと思われる。一九四五年までに、第二次世界大戦中に魚雷を受けた船舶から油が大量に噴出して、南イングランドのウミガラス、オオハシウミガラス、ニシツノメドリの九五パーセントが死滅した。スコーマー島のウミガラスは、一九七〇年代の約二〇〇〇つがいという低水準から、現在では二万五〇〇〇つがいまで増加したので、私たちの研究によれば、何も支障がなければ、五〇年後には一九三〇年のレベルにまで回復しているかもしれない。(26)

しかし、それは何も問題が起きなければという条件つきだ。六月に私と一緒に崖の上に座って、調査コロニーを眺めてみよう。賑やかな岩棚を双眼鏡で見渡せば、卵を抱いたりヒナを育てたりしている大量のウミガラスが目に飛び込んでくるはずだ。世界と一体になったウミガラスの存在は、とてもすばらしく見える。しかし、四八年間にわたり毎年コツコツとモニタリングを続けてきた私の長期的な視点で見ると、スコーマー島のウミガラスは、私が一九七〇年代に観察を始めた時よりも二週間ほど早く繁殖しはじめていることがわかる。二週間くらいたいしたことはないように聞こえるかもしれないが、これは大きな変化なのだ。スコーマーのウミガラスだけでなく、多くの鳥類が二〇年前よりもずっと早く繁殖するようになり、その原因は気候変動にあるのだ。(27)

今のところ、スコーマー島のウミガラスでは、繁殖時期が早まることでとりたてて悪影響は見られていない。しかし、ヒナを育てるのに必要な餌には一番入手しやすい時期があるが、気候変動によって鳥の繁殖時期がずれたために、この二つの時期にミスマッチ〔ずれ〕が生じて、悲惨なことになっている鳥類もすでに出現している。このまま温暖化が進めば、スコーマーのウミガラスがこのような被害を受けるのは時間の問題と思わざるを得ない。このような被害は、突然やってくる場合もあれば、年々忍び寄ってくることもある。これは、他の地域での出来事からも明らかだ。いずれにしても、継続的なモニタリングは不可欠である。(28)

ウミガラスの個体数は、大西洋北東部の他の場所では激減していることを考えると、スコーマー島で増加しているのは驚異的なことだ。フェロー諸島、ノルウェー沿岸、アイスランド周辺にかつて生息していた膨大な数のウミガラスは、この五〇年間でほとんど姿を消してしまったからだ。シェトランド諸島でも同様で、ここ数年、餌不足のためにウミガラスはまったく繁殖できないでいる。これらの地域では、気候変動により、ウミガラスが依存する魚が繁殖地の範囲外に追いやられている。ちょうど、かつてはすぐ近くにスーパーマーケットがあり、歩いて一週間分の買い物に行ったものだが、今では店が五〇キロメートルも離れた場所にしかなくなり、車もないようなものだ。スコットランドのフォース湾にあるメイ島では、二〇〇七年にウミガラスが卵を形成するのに十分な餌があったが、その卵が孵化する頃には魚がいなくなり、ヒナは岩棚で餓死してしまった。また、二〇一五～一六年にかけては、北米西海岸沖の海水温が急激に上昇し、魚が壊滅的に減少したことで、そこのウミガラスに前例のない打撃を与えた。ウミガラスの成鳥が五〇万羽以上と、他の海鳥種も同程度の数が死亡した。(29)

長期研究の意義

ウミガラスでも、他のどんな種でも、五〇年近くも長期研究を続けるのは愛のなせる業《わざ》である。もっと楽な時間の過ごし方はいくらでもあるはずだ。私がウミガラスに熱中する理由は三つの要因がある。つまり、他の鳥類がほとんど経験しないような社会や、環境の課題に対処するために進化してきたその姿に魅了されたこと、繁殖地の美しさが感動を呼ぶレベルであること、そしておそらく最大の理由は、自分の種が及ぼす脅威からこの種を保護したいという責任感だろう。生物学者が行なう研究は、保全とはかけ離れていると思われることがよくある。カラーリングを探して観察するのは、まるで道楽のように思えるかもしれないが、生存率を測定するためなのだ。生存率は個体群の状態を知る上で最も大事な指標の一つで、特に微妙な長期的変化を検出する上で貴重なものである。ウミガラスの親鳥がヒナに与えるためにコロニーに持ち込む魚の種類を特定するのは、海の状況を知る上で貴重な指標となる。数年前、スコーマー島のウミガラスがヒナに与えている餌が、栄養豊富なニシンではなくて、弱くて水っぽいタラのような魚に変わったことがあった。それは海洋環境が悪化したためと考えられている。数年後には再びニシンが主要な餌となったのは幸いなことだった。

長期研究の利点は他にもある。第一に、かなり明白なことだが、研究対象種に深く精通すれば、数年ばかり観察した程度よりも、その種の生態をもっと包括的に理解できる。第二に、一貫性をもって作業を行なうことができる。毎年同じ手順を踏まなければ、生存率やヒナの食性などを、前年と比較することは困難だからだ。このようなことは、常識だと思われるかもしれないが、ピーター・メダワーが指摘したように、常識というものは案外一般的ではないのだ。

アルフレッド・ニュートンは偉ぶった人だったが、私と気の合うところもありそうだ。もし彼が今生きていたら、鳥類学において調査やセンサスが日常的に行なわれ、かつ重要な役割を果たすようになったことを喜ぶだろうし、鳥に関する知識が大幅に増えたことを喜んでくれるはずである。しかし、人間活動の結果で、絶滅の危機に瀕している鳥類の数がこれほど多いことには、ほとほと呆れ返るだろう。両手にステッキをついて、「エクスティンクション・レベリオン〔人類の活動が地球環境に及ぼす影響と、その解決に向けた政治的対策の欠如を訴える市民運動〕」とともに、人類の活動様式を変えようと訴えかけることだろう。

エピローグ

世界は野生の内にこそ保たれている

――ヘンリー・デイヴィッド・ソロー（一八六二年）

『ウォーキング』大西直樹訳

新時代への転換点

二〇二一年に、新型コロナウイルス感染症のCOVID-19が流行する中でこの章を書いていて、二〇年ほど前に出版されたマルコム・グラッドウェルの『急に売れ始めるにはワケがある』を思い出した。この本は、アイデアの広がりをウイルスに例えている。タイムラグがあった後、突然にウイルスが「ティッピング・ポイント〔転機〕を迎え」、急増しはじめることがある。グラッドウェルの本の批評家の中には、この本を「ひどくあたりまえのこと」の研究だと考える人もいたが、それでもベストセラーになった。二〇二〇～二一年にかけて、COVID-19という感染症のパンデミック、気候変動による大規模な森林火災や洪水、そして未曽有の人類移住や世界中の社会不安など、さまざまな恐ろしい出来事が起こったが、こうした事象が私たちの地球への接し方を変える転機になるだろうかとも思う[1]。

二〇〇三年に起きたＳＡＲＳ、二〇〇九年の豚インフルエンザ、二〇一四年のエボラ出血熱と、相次いで難を逃れたのは幸いだったが、世界的に感染症が大流行するのはほぼ必然だった。そして、何十年にもわたって否定されつづけてきた気候変動が、突然、現実のものとなり、重大な脅威になるのが明白になった。また、パンデミック期は、科学に対する考え方の転換点となる可能性がある。科学がなければ、ＣＯＶＩＤ-19のウイルスは解明されず、さらに大事なことには、私たちを守るワクチンも開発できなかっただろう。

私はこの大流行を契機に、自然に対する私たちの態度が根本的に変化するとよいと望んでいるが、他にもそう思う人は多いだろう。つまり、私たちは地球に依存しているということと、地球が適切に機能するためには慎重に管理する必要があるという点を理解することだ。現在わかってきたように、このことは、なりふり構わずに欲を追求するショートターミスト〔短期志向主義者〕と、将来を見据えてより共感をもつ人々との間でくり広げられる戦いの結果にかかっているのだろう。

何よりも、パンデミックの最中にはロックダウンが相次いだことで、クリスマスや冠婚葬祭などのような社会的な集まりや儀式が、私たちの帰属意識や幸福感にとってきわめて重要だということが強調された。未曽有の規模で社会的機能を剝奪するという望まない実験が引き起こされたわけだが、その結果、人間の生活において儀式が果たす役割と、それが祖先にとってもいかに重要だったかをより理解できるようになった。エル・タホ洞の壁に描かれた絵は、私たちの祝祭の飾りつけに相当するもので、ハンダ湿地のよく肥えたノガンを一緒に食べるなど絆の儀式の一部と考えることもできるかもしれない。

古代のギリシャやローマでは、エジプト人の鳥崇拝が否定されていた。このようなエリート意識は、植民地に侵略した者が他国の先住民に向ける態度に典型的にみられるが、富裕層が貧困層に向けたり、宗教的信条が異なる国民集団の間でもみられる態度である。新旧の石器時代の人々がなぜ洞窟や岩窟に動物の絵を描いたのか、エジプト人がなぜトキやハヤブサをミイラにしたのか、今日の考古学者はまだ理解できていない。スペイン人の征服者たちは、アステカやインカの民によるケツァールなどの鳥崇拝を理解しようとはしなかったし、私はイヌイットが語る鳥にまつわる物語を残念ながら理解できなかった。

現在、異なる信念体系を受け入れて、科学に基づいた私たちの生命観と同等の重みを与えようという動きがある。私たちに理解できない文化であっても、もっと共感をもって接することは、人類史でくり返された残忍な植民地主義を解毒するのになくてはならない薬になる。一方で、自然界の仕組みについて、すべての解釈が等しく妥当なのかどうかということも問われるべきだろう。特定の文化圏では多くの人々に受け入れられていることでも、他の文化圏ではそうでないものもある。たとえば、COVID-19感染症の予防法は科学によって成し遂げられたが、先住民の知識で開発できたとは到底思えないからだ[2]。

私たちは、信念体系は国が異なれば違いがあると思いがちだが、実は同じ文化圏内でも差異があるし、富や教育機会の違いで格差が生じることもよくある。たとえば、卑近な例だが、アマチュアとプロの鳥類学者とでは、鳥類研究の論文に対する理解度に差がある。テレビで有名な鳥類学者に、私と同僚が書いた「ウミガラスはなぜ洋ナシ形の卵を産むのか」という長年の疑問を解決する科学論文のコピーを送った時、私はこのことを思い知らされて、みぞおちにパンチを食らったような気がした。相手は「何のことかさっぱりわからない」と言ったのだ。相手が科学的訓練を積んでいると思い込んでいたのが間違いだった。そして、あたりまえだと思い込んでいたことがいかに多いかを、自分で認識していなかったことに、科学者として愕然とした。私はさっそく、もっとわかりやすい解説文を書こうと思い立った。

実際、野鳥愛好家の間では、科学的研究の書き方や発表の仕方についての不平がよく聞かれる。このことは、科学者もいわゆる一般向けに解説を書くことを求められる立派な理由になる。イギリスの科学研究協議会は、ふつう、研究費を申請する人に「非専門家に適した」平易な説明を申請書に含めるよう求めている。こうした応募書類を審査する際に、私はいつもこの部分を最初に読む。研究の目的を理解するためだけでなく、申請者の心の中が驚くほど透けて見えるからだ。申請者が自分の考えを単純明快に表現できなくて、がっかりすることもけっこう多い。ここには不思議なパラドックスがある。学部生だった頃は、科学の方法についてほとんど知らないで、大学院で前期（修士）や、時には後期（博士）という訓練を受けて初めて、科学的アプローチの特徴である言葉や表現方法を習得する。しかし、その技術は一度獲得したが最後、二度と解除できないようにもみえる。科学的トレーニングの儀式は、表現を一方向にしか流さないようにする心の弁のようなものだ。(3)

本書を書くにあたって、一番興味深かった発見は、中世の黙示録のイメージについてだった。私は世俗の育ちなので、漠然とこうしたイメージは地獄を表わすという程度で、まったく理解していなかった。二〇二〇年、二〇二一年とCOVID-19感染症の死者数が増えつづける中で、ペストの時代に生きていた人々と同じように、私たちも「審判の日」に向かって突き進んでいるのだろうかと考えた。一九八〇年代に放映されたバリー・ハインズ監督のテレビ映画「SF　核戦争後の未来・スレッズ」は、核戦争の惨状を私たちの居間と意識の中にもたらした。シェフィールドを舞台にした作品だったので、私にとっては特に印象が深かったこともある。ハインズが力強く描いた社会秩序の崩壊、無政府状態、そして人々が必死で食料を求める姿は、それ以来、わたしの心を捉えつづけている。この感覚は、バリー・ロペスも同じように感じている。

自分自身をもっとよく知りたい、特に恐怖の根源と本質を理解したいという願望は、今、薄暗がりの世界で妖怪のように我々の前に迫ってきている。呼吸できない空気、住処を追われた人類、第六の絶滅、統治不能の政治的暴徒といった殺戮の光景の上に不気味な夜明けがやってくる(4)。

このようなことから、私はフェロー諸島の島民が鳥の捕獲を擁護して継続したいと言っていたのを思い出した。もし彼らの経済を支える漁業やサケの養殖が失敗したら、一八〇〇年代にアイルランド人がジャガイモ疫病で飢饉に見舞われたのと同様に、貧困に陥ってしまうだろう。海鳥(とゴンドウクジラ)の捕獲に関する伝統的な知識と慣習を維持することは、フェロー諸島の未来に対する保険なのだ。狩猟そのものには反対でも、彼らの言い分は理解できる。

もしも、あるいは、黙示録のような状況に直面することになれば、一〇〇年余りの間に苦労して得た鳥に対する共感も、一瞬にして海の藻屑と消えるだろう。共感は、少なくともある方面にとっては、十分な資源があってこそ生まれる贅沢である。豊かならば自動的に共感が生まれるわけではない。むしろ、鶏小屋やカモメのコロニーに入り込んだキツネが、当面の必要を満たした後も余剰な殺生を続けるのと同じように、豊かさがさらなる欲望を引き起こす場合もあるのだ。キツネは好機は逃さず、余った分は後で食べるように進化してきたからだ。

私自身、ある夏、カナダのラブラドール州でこの現象を目撃した。冬の終わりに氷が後退し、ホッキョクギツネが数頭ばかり海鳥の島に取り残された。ホッキョクギツネはおもにツノメドリを殺して回り、繁殖期が終わって残った数少ない鳥が島を去るまで、延々と殺戮を続けた[1]。また、ラブラドールでは、地球温暖化の影響で冬の海氷が減少し、タテゴトアザラシが海氷の上ではなく本土の海岸で出産するようになった。このため、地元の人々は海氷が張る年よりも多くのアザラシの子を殺して毛皮を得ることができ、まさに天からの授かりものとなった。この前代未聞の収穫を聞いた時、私はその残虐さにぞっとした。後年、カナダ政府から事実上見捨てられてしまい、その後は数十年も困窮を強いられたという現地民の話を聞いて、初めてそうだろうと納得がいった。

自然への共感

人と鳥との関係を形成するのに、科学が果たした役割について、私は長いこと興味を抱いてきた。『人間と自然界』を著したキース・トマスは、一六〇〇年代に科学が発展したことで、自然を搾取する態度から、自然界をより共感的に見るようになったと論じている。これに対して、小説家ジョン・ファウルズは『*The Tree*〔樹〕』の中で、リンネやダーウィンのような科学者は、命名したり記述することに執着した結果、私たちを自然から遠ざけてしまったと、反対の主張をしている。自然との関係における最悪の時期は、ヴィクトリア朝時代だとファウルズは述べているが、私もそう思う。鳥類学者は、科学と植民地主義の名の下に、鳥やその他の動物を殺して収集し、博物館に収蔵することに力を注いだのだ。ヴィクトリア朝では、鳥を単に食物、羽、糞（肥料）という実用性の観点から、あるいは生命の木における位置を探る知的パズルとして見ていたのだという。「今や私たちの生活のあらゆる側面に、理由や機能、収穫量などを求める依存性が浸透したので、それは事実上、快楽と同義語になっている……現代において地獄とは、無目的である」(6)

一見、トマスとファウルズの見解の相違は大きく見えるが、実はそれほどでもない。また、両者の見解は排他的でもない。ここで紹介したように、私たちと鳥の関係は歴史を通じておもに搾取の関係だったが、古代エジプトのトキ、アステカのケツァール、フェロー諸島のシロカツオドリ、エドマンド・セルースが観察したヨーロッパヨタカなどのように、もっと精神性の高い糸も織り交ぜられてきた。それ以前より崇高で共感に基づいたこの鳥類観は、二〇世紀初頭になって始まったものだが、実用性優先をじわりと追いやっていることに、私は非常に心強さを感じている。

Fowles〔ファウルズ〕という姓は文字通り"fowl"〔野鳥〕を意味する。ファウルズは反科学、反ダーウィンの立場だが、私の感覚では、科学、特にダーウィンに始まる動物行動学、生態学、進化論の分野は、私たちをより鳥に近づけてくれたと思っている。ファウルズの見解には大いに同感できるところもあるが、見方が近視眼的であり、ヴィクトリア朝以前の数千年にわたる鳥類の搾取と、一九〇〇年前後からの態度の変化の両方を見落としている。ヴィクトリア朝時代だけに焦点を絞ったことで、根拠の弱い主張になってしまった。

科学とは不思議なもので、一般大衆が科学者にもつイメージは、冷静で無感動な獣のような人間というものがよくある。科学のプロセスでは、客観的かつ批判的に証拠を評価することが強いられるわけだが、鳥を研究する科学者はバードウォッチングから出発した人も多く、鳥の間に身を置いてその習性を研究することで心に響くような体験を味わうことがよくあり、鳥に対する共感をもちつづけるし、それを発展させていくということもあまり知られていない。また、いわゆる「ニュー・ネイチャー・ライティング」の中には、自然に対する客観的な反応と主観的な反応をうまく融合させ、チャールズ・パーシー・スノーの言う「二つの文化」の橋渡しをするものがある。(7)

心のときめきと科学

一九〇〇年代初頭、アメリカでフローレンス・メリアム・ベイリーやイギリスでエドマンド・セルースが、鳥に共感する態度を提唱していたまさにその頃に「エンパシー〔共感〕」という言葉が英語に入ってきたのは驚くべき偶然だと思える。心理学では、冷静な「認知的共感」から感涙にむせぶような「情動的共感」まで連続しており、その間に「同情的共感」（論理と感情の間のつり合い）があると認めている。共感は生まれと育ちの両方によって決定されるが、それは他の多くの性格特性と同様だ。思いやりのある同情的共感は学習できること、また、人は信念や価値観の似た人に対してはより共感的に行動しやすいことが研究で示されている。それを考えると、ベルナルディーノ・デ・サアグンやフランシスコ・エルナンデスがメキシコ先住民との間に築いた関係（第6章）は特に注目に値する。

鳥や自然界への共感がかつてないほど高まっている時代だが、COVID-19感染症の大流行が地球への関心に転機をもたらすとすれば、こうした共感がさらに必要だろう。それは簡単なことではなさそうだ。そして、人間と自然は相互作用すれば心理的な恩恵を得られることがわかってきた一方で、自然界に接する機会が激減しているのは、さらに皮肉なことである。(8) この問題を解決する方法はいくつかあるが、一つは知識を深めることだ。アートギャラリーや遺跡を訪れる際に、その展示物を生み出した人々について何か知識を得ていた方が、より充実した時間を過ごせることはよく知られている。同様に、鳥の行動、生態、構造や進化について知識を得ることで、鳥に対する価値観を一変させる効果がある。私は幼い頃から鳥に対してある種の共感を抱いていたが、二〇代前半、スコーマー島での博士課程の研究中に起きたある出来事で、その共感は新たなレベルへと高められた。

ある日、目の前の岩棚で観察していたウミガラスが、数百メートル先の海上にいる自分のパートナーを認識していることに気づいたのだ。その相手は、私の目には茶色の点としか見えない距離だった。その鳥が飛んできてパートナーのそばに着いた時、私はこれまでの経験にもかかわらず、彼らの能力を過小評価していたことを実感した。この一件で、私は鳥であるとはどういうことなのかと、想像しないではいられなかった。誰もがこのような経験をできるわけではないが、その話を伝えたり、文章に書いたり、学生に教えることで、他の人に気づいてもらえるだろう。

最近、若い環境保護活動家が台頭しているのは頼もしい限りで、地球に対する懸念の転換点をもたらす可能性があるのは彼らの存在だ。その動機は、何もしなければどうなるかという「恐れ」と、自然界の仕組みに対する「ｗｏｎｄｅｒ〔驚き〕」が混在しているが、一番重要なのは、自然界というスペクタクルを高く評価していることだ。ｗｏｎｄｅｒ〔不思議に思うこと〕は、科学と共感という別々の糸を一つの織物にすることができる方法でもある。

私と鳥との関係で最もやりがいを感じたことの一つは、二〇一八年に、学部生のグループに初めて鳥を紹介した時だった。私は奨学金つきの指導賞を受賞したので、何かしらの指導に費やせる費用を手にした。ロンドンで授賞式が行なわれ、受賞者は一人ひとりが賞金の使い道を発表するよう求められた。受賞者たちは次々と、授業を改良したり、活性化させる方法を述べていった。私は一年生のクラス全員を連れてベンプトンの海鳥のコロニーを観察するという計画をしていたが、それが反対されるのではないかとヒヤヒヤしていた。しかし、そんなことはなかった。

その日がやってきた。大学の図書館の前にずらりとバスが並んだ。学部生にとっては朝八時という集合時間は早いが、全員そろっていた。

二時間後、私たちはコロニーに到着し、紺碧の空の下で輝く白亜の崖の上を歩いた。崖は高さが一二〇メートル以上あり、鳥たちでごった返していた。ミツユビカモメ、ウミガラス、ニシツノメドリ、フルマカモメにシロカツオドリ……。あたりには鳥の姿と匂いと鳴き声が満ちて、私には学生たちの興奮が伝わってきた。事前に、海鳥の珍しい生態や生活史、そしてこの五〇年間で世界的にその数が半減していることは説明しておいた。また、同僚のキース・クラークソンにも参加してもらうことにしていた。キースは一九七〇年代に学部生で、地元のハヤブサの居場所を明かさなかった人物だ（第10章）。彼は現在、ヨークシャーの海岸にあるベンプトン保護区でサイトマネージャーを務めている。キースはカリスマ性のある情熱家なので、学生たちの心に火をつけている様子を見ながら、私は誇りと興奮で胸がいっぱいになった。

さらにバスでブリドリントン港まで行き、そこで遊覧船ヨークシャー・ベルに乗り込み、海鳥を海から眺めることにした。船長の計らいで、崖の下にそっと入り込み、鳥の群れのすぐそばまで接近したが、鳥たちは意外なほど気にする様子を見せなかった。

コロニーは不協和音を奏で、匂いを放ち、並外れた生命力で脈打つ活気に満ちた超巨大組織のようで、私たちもまるで海鳥のコロニーの一員になったかのような気がした。くちばしにニシンを一匹ずつ縦にくわえたウミガラスが群れになって通り過ぎ、船首の下にはニシツノメドリとオオハシウミガラスの一団が泳いでいる、上空ではシロカツオドリが翼竜のように舞っている。一〇〇人の学部生の表情を見ていると、私の四〇年間の教員生活でも最もうれしい経験の一つになった。そのうちの一人でも二人でも鳥への共感を深めてくれたのなら、これ以上の喜びはないと思った。

謝辞

鳥の世界について、また鳥が私たちの生活をいかに豊かにしているかについて、以前は何も知られていなかったが、その知識は増えつづけている。私たちは幸運にも専門家の多い世界に住んでおり、本書で取り上げるいくつかのテーマについて、その助言を仰ぐことができた。調査や執筆を通じて、私はよいアドバイスに恵まれてきた。この場を借りて、私を援助してくれた多くの人々に感謝したい。

まず最初に、本書の企画を優しくも粘り強く勧めてくれたエージェントのフェリシティ・ブライアンに心からの感謝を捧げたい。彼女がその努力の成果を見届けられずに逝ったことが、ひたすら残念でならない。

名前のとりとめもない羅列にならないようにおもに章ごとに整理した。二〇一七年、南スペインのうららかな晴れた朝に、カディス大学のマリア・ラサリク・ゴンザレス、アントニオ・ラモス・ギル、カルメン・フェルナンデスと合流してクエバ・デル・タホ・デ・ラス・フィグラス（エル・タホ洞）を訪問した時から始まっている。この訪問を許可してくれたアンダルシア自治州に感謝する。マリアの知識と画像を共有する熱意と寛容さには、本当に感心させられた。この章では、フランシスコ・バレラ・エルナンデス、ジェフ・ハンコック、ホセ・マニュエル・ロペス・バスケス（ハンダ湿地協会会長）、マルティ・マス・コルネラ、ジャン・クロット、（ウィラビー・ヴァーナーの日記を出版した）ジム・ウィテカーなど、さまざまな形で協力してくれた人たちがいる。またイギリスのダラム大学の人類学教授であるアンドレア・ピラストロとポール・ペティットは、ペニー・ウィルソンとともに、私のために洞窟美術における鳥についての一日会議を快く開催してくれた。

エジプトの専門知識については、トキとタカのミイラを調査させてくれたトリングの自然史博物館のR・B・パーキンソン、ポール・ニコルソン、ナイジェル・ハーコート・ブラウン、ローゼン・ベイユール＝ルスア、ダグラス・ラッセル、ジョアン・クーパーに、また鳥のミイラの研究に関して教えてくれたマンチェスター大学のリディア・マックナイトに感謝している。

友人のジェレミー・マイノットには、ギリシャ・ローマ時代について多くの有益な助言をもらった。特にファン・アマトのように、フラミンゴの舌について調査する機会をつくってくれたさまざまな人々に感謝している。また、ニコラ・ヘミングス、ハーマン・バークフート、リック・ライト、アルノー・ベシェ、ニコラ・バチェッティも、フラミンゴの舌を分けてくれるというので、まだ引き受けたい気持ちもある。

中世の鷹狩りについては、ボードワン・ヴァン・デン・アベール、マット・ゲージ、カール＝ハインツ・ゲアマン、マイケル・ウォーレンに感謝の意を表する。また、ウィリアム・ブランズドン・ヤップについてくわしく調べるのに協力してくれた人々にも感謝する。ジム・レナルズ、ローリー・フィンレイスン、パット・バトラー、ジェレミー・グリーンウッド、ニック・デイヴィス、リース・グリーン、クリス・ペリンズ、イアン・ニュートン、キャロル・ショウェル（BTOの司書）、ジェーン・ホイットル、およびヤップの姪御であるキャサリン・バターワース。

二〇一二年から二〇一六年にかけて、リーヴァーヒューム・トラストの助成を受けてウィラビー国際ネットワークを構成した同僚たち、特にドロシー・ジョンストン、マーク・グリーングラス、イザベル・シャルマンティエ、楠川幸子、ポール・J・スミス、アンナ・マリエ・ルース、カルロ・ヴィオラニに、フランシス・ウィラビーとジョン・レイ、および彼らの世界をより理解する機会を与えてもらったことを感謝している。新大陸に関する情報やアドバイスについては、アレクサンダー・リース、エイミー・ボーノ、エルケ・ブヨク、クリスティーン・ジャクソン、マーシー・ノートン、ペニー・オルセン、セベスチャン・クループ、ポール・ヘミイ、クリス・プレストン、レベッカ・ティレットとウリナ ルブラックに感謝したい。

フェロー諸島では、シュードゥア・ハンマーとその家族、インガ・トラレニの寛大なもてなしを受け、イェンス・キエルト・イェンセン、ベアガー・オルセン、ハンス・アンドリアス・ソルワラ、ヤクプ・ライナート・ハンセン、キム・シモンセン、マリタ・グルクレット、ジェイミー・トンプソン、エドヴァート・フーリユイ、そしてスクヴォイの住民（チェーンダンスを見物させてくれた）とともにこの旅に大きな感銘をもらった。この章に関連するその他の海鳥の情報については、サラ ワンレス、マイク・ハリス、ジョン・ラブ、ティコ・アンカー＝ニルセンに非常に感謝している。

ジョン・ホームズは、シェフィールドに滞在中にラファエル前派と科学とのつながりについて講演をした際に、きわめて短時間だが話を聞くことができ、感謝したい。

ロバート・プリス＝ジョーンズ（一九七〇年代前半に博士課程の大学院生だった時に初めて会った）、ジュリアン・ヒューム、ナイジェル・カラー、シャマル・ラクシュミナラヤンからは、アラン・オクタヴィアン・ヒュームに関する貴重な助言をいただいた。ジョナサン・エルフィックとクリスティーン・ジャクソンからは、鳥類画家に関する有益な情報を得た。また、美術館コレクションの本質的な価値について意見を聞かせてくれたダグラス・ラッセルをはじめとする多くの博物館学芸員にも感謝したい。

バードウォッチング仲間では、特にブライアン・バーナクル、レオ・バッテン、ケン・ブレイク、ニール・バックネル、アンディー・クラーク、マーク・コッカー、ジョン・エア、ロジャー・ジョリフ、ディック・ニユーウェル、リチャード・ポーター、ロジャー・リディントン、デイヴィッド・ウッドから情報提供を受けた。ベンプトンとその海鳥の歴史について、知識を提供していただいた方々も忘れられない。エリザベス・ボードマン、リンダ・エリス、マーガレット・トラヴェス、そして特にキース・クラークソンに感謝したい。

また、特定の章に限らず協力していただいた方々には、特に深くお礼を申し上げたい。スー・バーンズ、パトリシア・ブレッケ、ニコラ・ヘミングス、アラン・ノックス、スコット・ピトニック、トム・ピザーリ、アン・シルフ（ロンドン動物学会）。また、クリス・エベレストはシェフィールド大学図書館を退職する前、私のために多くの無名の文献を探し出してくれ、彼の後任者も協力してくれた。特に、ビル・スウェインソン、カール・シュルツ＝ハーゲン、ボブ・モンゴメリ、ジェレミー・マイノットの四人の友人の協力、刺激、サポートに感謝している。ボブとジェレミーはこの原稿をすべて読み、的確なコメントと長年にわたって賢明な助言を与えてくれた。特に、優れたコピー編集をしてくれたトレヴォー・ホーウッド、丹念に校正してくれたキット・シェパード、原稿を読みコメントをくれたベータリーダーたちに感謝している。また、アトラス・コンタクト・パブリッシャーズのキャスパー・ダラート、エージェントのキャリー・プリット、ヴァイキング／ペンギンのすばらしい編集者トム・キリンベックとそのチームの熱心なサポートに感謝したい。

これまで私はたいてい、南スペインの山中で鳥に囲まれながら著書（少なくとも一部は）を書いてきた。本書は、新型コロナ禍で制約があったため、その地からの刺激を受けながらも、おもにシェフィールドの自宅で執筆した。その間、ずっと忍耐してくれた妻ミリアムに感謝したい。

訳者あとがき

著者ティム・バークヘッドはオックスフォード大学でウミガラスの繁殖生態と生存率などの研究を行ない博士号を取得した後に、シェフィールド大学の動物学教室で長く教鞭をとった鳥類学者だ。また、一九七〇年代にジェフリー・パーカーが提唱した「精子競争」という仮説を検証して、『乱交の生物学』（二〇〇三年）を著し、性選択の過程に交尾後に生じる精子間の競争が及ぼす影響を考察して、一夫一妻制が一般的と考えられていた鳥類の配偶システムを見直すきっかけをつくった著名な行動生態学者でもある。

著者も述べているが、自然の驚異や不思議を一般の人々に知ってもらう大事さを認識して、一般向け著書もたくさん書いている。近年では『鳥たちの驚異的な感覚世界』（二〇一二年）や『鳥の卵』（二〇一八年）などがある。

著書の中でも、『*Ten Thousand Birds: Ornithology Since Darwin*〔一万種の鳥――ダーウィン以後の鳥類学〕』（二〇一四年）は、ダーウィン以後の鳥類学の歴史をまとめた力作だ。鳥類学者にとっては興味深い内容だが、五〇〇ページを超える大作なので、敷居が高い感は否めない。そこで、一般向けの“*Birds and Us*”が出版されたのは喜ばしい限りだ。本書は、先史時代の岩絵や古代エジプトの墓壁画などを含めて、人間と鳥の関わりを幅広く扱っているので、鳥類学や考古学に興味をもつ人はもとより、アートに関心のある読者も人と鳥が織りなす歴史の旅を楽しめるだろう。

著者の息子が学校の先生に父親の職業を尋ねられて、「乱交の教授です」と答えたというエピソードを披露するあたり、ユーモアのある人となりが見えてくる。バークヘッドは研究や著作・教育にとどまらず、"New Networks for Nature"という組織を仲間とともに二〇〇九年に立ち上げた（https://www.newnetworksfornature.org.uk/）。これは自然を愛する多様なクリエイターたちが連携をとり、これまでの経済や政治を中心とした狭い見方ではなく、幅広い見地から自然の恩恵や保全について見直しをしようとする組織である。会員は、バークヘッドのような研究者はもとより、著作家や詩人、音楽家など、多様な分野にわたっている。会員に共通していることは、イギリスの野生生物や自然環境から、日々の暮らしや仕事上のインスピレーションを受けている点である。

日本では、平安貴族が季節を知る一つのしるしとして鳥の渡来に注目していたことは和歌などからもよく知られている。また、江戸期には本草学などの発達によって、鳥に対する知識そのものも著しく増えていたことが文書や絵画からわかっている。近年では、『万葉の鳥』（二〇二一年）や『日本書紀の鳥』（二〇二二年）などのように古代の資料における鳥の研究も増加してきた。さらに、『時間軸で探る日本の鳥』（二〇二一年）のように、日本の鳥類を通時的に捉える研究も試みられるようになった。

バードウォッチングは欧米で生まれたが、日本では、日本野鳥の会の創始者である中西悟堂が一九三四年に富士山の裾野で行なった鳥巣見学の会が最初だそうだ。同好の士とともに広々とした野外に赴いて、きれいな野鳥を見つけるのは実に楽しい活動である。その後、こうした活動は活発になり、やがては観察だけではなく、『時間軸で探る日本の鳥』で詳述されているように、一般人も調査や研究活動に参加するようになった。一九七〇年代に当時の環境庁による第一回全国鳥類繁殖分布調査は、日本野鳥の会が全国の会員の協力を得て行なった活動である（https://www.bird-atlas.jp/）。その後、この分布調査は二〇年ごとに行なわれて、二〇一〇年代に第三回を迎えた。このように三回行なったことで初めて、日本においても、全国の鳥の分布パターンや個体数の変動が科学的に見えてきたのだ。こうした調査や研究ができたのは、鳥好きなだけでなく、野鳥のために手を貸したいという保全意識の高い人が多数いたからである。ニコルソン流の「役に立つ鳥類学」が日本にも定着した証と言えるだろう。

　翻訳にあたって、外国の鳥類の和名はＩＯＣの世界の鳥リストに従った。また、決まった訳語がない種には仮の和名を提案した。たとえば、“Blue-throated Hillstar”という南米の新種（二〇一八年）には、「アオノドヤマハチドリ」という仮和名を付した。

　また、訳語はできるだけ統一するようにしたが、日本語と英語で概念の範囲が異なる場合は統一が難しい場合があった。加えて、本書は一般向けに書かれているので、用語の使用が学問的に厳密ではない場合もある。たとえば、“natural history”という英語には、一般に博物誌、博物学、自然史などの訳語が当てられるが、時代の変化とともに用語の守備範囲も変わったので、歴史的経緯と文脈に応じて訳し分けた。また、“Codex”は「冊子型をした写本などの文書」を意味するが、「フィレンツェ写本」や「メンドーサ絵文書」などのように異なる訳が定着しているものもある。そこで、コデックスというカタカナ語と和訳を並記しておいた。さらに、団体名として、イギリス最古の自然科学者の学術団体である“The Royal Society《ロイヤル・ソサエティ》 (of London)”は、「王立協会」という訳が定着しているが、この“Royal”は王室による認可を受けたという意味であり、科学的学会なので、「王認学会」という訳語を使った。

　種名が特定できる生物は学名を示して索引に取り入れたが、英語の一般名しかわからない生物の名は総合的に判断した場合もあった。たとえば、小文字の“partridge”は、キジ科の小型狩猟鳥を指す広義の用語で、イワシャコ類やヤマウズラ類、コジュケイなども含む。イギリスでは自然分布するのはヨーロッパヤマウズラだが、後年になってヨーロッパ大陸に広く分布するイワシャコ属のアカアシイワシャコが移入され、南部に定着している。そこで、本書ではイギリス国内については、自然分布のヨーロッパヤマウズラを、古代ギリシャを含むヨーロッパ南部については、イワシャコを当てた。

翻訳にあたり、相談に乗っていただいたティム・バークヘッド、久井貴世、髙橋芽衣（敬称略）の各氏には、この場を借りて、お礼を申し上げたい。

本書は二〇一九年に始まった新型コロナウイルスの世界的流行の最中に執筆されたが、二〇二二年の現在でもまだ収まるにはいたらない。一方、鳥インフルエンザに感染する野鳥や家禽が後を絶たない。こうした状況を目の当たりにして、人間も野鳥も自然という共通の土台の上で暮らしていることをいやが上にも思い知らされる。しかも、人間が近視眼的な活動を追求した結果、気候や生態系がかつてないほどの急激な変動にさらされている。これまでに人間が培ってきた鳥や自然との関係は今後、どのようになっていくのだろうか？　その鍵は、私たちが過去の関係性の歴史を振り返ることと、そこから得られる知恵を長期的展望に立って利用できるかどうかにかかってくるだろう。

二〇二二年一二月　黒沢令子

p.259 from Yarrell (1843)
p.262 courtesy of Alan Blackburn
p.265 上：courtesy of S. Sutcliffe 下：from Yarrell (1843)
p.281 courtesy of Klaus Nigge and Staatsbibliothek zu Berlin
p.296 Birds from Moidart and elsewhere (Plate 50) (8510260351)/Blackburn, Jemima/ Wikimedia Commons
p.304 drawn by David Quinn
p.309 courtesy of Mrs M. Traves
p.324 courtesy of Alan Blackburn

図版クレジット

〈本文〉

p.14　courtesy of J. Whitaker
p.17　from Molina (1913)
p.20　from Breuil and Burkitt (1929)
p.22　A dictionary of birds(1893) (14748139251)/Internet Archive Book Images/Wikimedia Commons; from Newton (1869)
p.27　from Breuil and Burkitt (1929)
p.36　from Wilkinson (1878)
p.41　上 : from Davies (1900–1901)　下：from Gardiner (1928); redrawn by David Quinn
p.45　from *the Description de l'Égypte: Antiquités* (plates vol. II, 1812)
p.70　上：from Douglas (1714)　下：photo by Tim Birkhead
p.92　from Frederick II's manuscript *De arte venandi cum avibus*
p.105　A history of British birds, indigenous and migratory- including their organization, habits, and relation; remarks on classification and nomenclature; an account of the principal organs of birds, and (14564350818)/Internet Archive Book Images/Wikimedia Commons; from MacGillivray (1852)
p.108　左：Man Belon/Pierre Belon/Wikimedia Commons　右：Bird Belon/Pierre Belon/Wikimedia Commons; from Belon (1555)
p.111　De humani corporis fabrica(26)/Andreas Vesalius/Wikimedia Commons
p.112　from Volcher Coiter (1575)
p.114　from Belon (1555)
p.136　上：from Clusius (1605)　中：from Adriaen van de Venne (1626)　下：from Ray (1678)
p.138　Jacht op dodo's door Willem van West-Zanen uit 1602/Unknown, was published alongside the journal of Willem van Westsanen/Wikimedia Commons; from Soeteboom et al. (1648)
p.140　from Ray (1678)
p.150　Aztec Warriors (Florentine Codex)/The Field Museum Library/Wikimedia Commons
p.164　photo by Tim Birkhead
p.168　from Debes (1676)
p.170　Wormius' Great Auk/Ole Worm - Olaus Wormius/Wikimedia Commons; from Worm (1655)
p.174　from Jensen (2010)
p.178　courtesy of J.K.Jensen
p.182　from Yarrell (1843)
p.191　courtesy of University of Aberdeen
p.211　from Chitty (1974)
p.217　courtesy of Rob Fairley
p.223　from Brehm (1867)
p.230　from Gessner (1555)
p.232　photo by Tim Birkhead
p.242　painted by Per Alström
p.257　courtesy of K. E. L. Simmons

図版クレジット

〈口絵〉

① Tim Birkhead

② Tomb of Nebamun/Wikimedia Commons

③ Edwin Longsden Long - Alethe Attendant of the Sacred Ibis in the Temple of Isis at/Wikimedia Commons

④ El Jem Museum (3)/Effi Schweizer/Wikimedia Commons

⑤ Slovakia Jakub Bogdani20/Jozef Kotulič/Wikimedia Commons

⑥・⑦ Tim Birkhead

⑧ BayeuxTapestryScene13/Image on web site of Ulrich Harsh/Wikimedia Commons

⑨ National Library Vienna

⑩ Wikimedia Commons

⑪ Meister des Hartford-Stilllebens - Stillleben mit Vögeln/Wikimedia Commons

⑫ Pisanello - Codex Vallardi 2464/Wikimedia Commons

⑬ Pisanello - Codex Vallardi 2465 r/Wikimedia Commons

⑭ Codex Mendoza folio 47r/Wikimedia Commons

⑮ Feather headdress Moctezuma II/Thomas Ledl/Wikimedia Commons

⑯ Tim Birkhead

⑰ courtesy of Alan Blackburn

⑱ John everett millais ruling passion/Wikimedia Commons

⑲ MonographTrochi3Goul 0188/John Gould/Wikimedia Commons; from Gould (1861)

⑳ A monograph of the Trochilidæ, or family of humming-birds (Plate 172) (8185355145)/Gould, John; Hullmandel & Walton; Richter, Henry Constantine; Walter & Cohn/Wikimedia Commons; from Gould (1861)

㉑ A monograph of the Trogonidae, or family of trogons (40527373152)/John Gould/Wikimedia Commons; from Gould (1838)

㉒・㉓ from Harting (1901)

㉔〜㉘ from Morris (1850–57)

㉙ Bird illustration by Elizabeth Gould for Birds of Australia, digitally enhanced from rawpixel's own facsimile book508/Rawpixel/Wikimedia Commons

㉚ Rostratula benghalensis 1921/Henrik Grönvold/Wikimedia Commons; from Baker (1921)

㉛ courtesy of Klaus Nigge and Staatsbibliothek zu Berlin

㉜ Caracara cheriway by Audubon/John James Audubon/Wikimedia Commons

㉝ Stray feathers. Journal of ornithology for India and its dependencies (1875) (14746766061)/Internet Archive Book Images/Wikimedia Commons

㉞ Tim Birkhead

1550–1650. *English Literary History* 81: 1111–48.

West, M. and King, A. P. (1990). Mozart's starling. *American Scientist* 78: 106–14.

Whitaker, J. (2002) (ed.). *The Natural History Diaries of Willoughby Verner: Being an Account of His Natural History Expeditions, 1867–1890*. Peregrine Press, Leeds.

White, G. (1789). *The Natural History and Antiquities of Selborne*. B. White and Son, London.（ギルバート・ホワイト『セルボーンの博物誌』新妻昭夫訳・解説、小学館、1997）

Whitehead, P. J. P. (1976: 411). The original drawings for the *Historia naturalis Brasiliae* of Piso and Marcgrave (1648). *Journal of the Society for the Bibliography of Natural History* 7: 409–22.

Whittington-Egan, R. (2014). *The Natural History Man: A Life of the Reverend J. G. Wood*. Cappella Archive, Malvern.

Wilde, W. R. (1840). *Narrative of a Voyage to Madeira, Tenerife and Along the Shores of the Mediterranean*. Curry, Dublin.

Wilkin, S. (1835). *Sir Thomas Browne's Works*. Pickering, London.

Wilkinson, J. G. (1878). *Manners and Customs of the Ancient Egyptians*. Murray, London.

Willemsen, C. A. (1943). *Die Falkenjagd. Bilder aus dem Falkenbuch Kaiser Friedrichs II*. Insel, Leipzig.

Williams, G. C. (1966). *Adaptation and Natural Selection*. Princeton University Press, Princeton.（George Christopher Williams『適応と自然選択　近代進化論批評』辻和希訳、共立出版、2022）

Williamson, K. (1948). *The Atlantic Islands: A Study of the Faeroe Life and Scene*. Collins, London.

Witherby, H. F. et al. (1938–1941). *The Handbook of British Birds* (5 vols.). Witherby, London.

Wollaston, A. F. R. (1921). *A Life of Alfred Newton, Professor of Comparative Anatomy, Cambridge University, 1866–1907*. Murray, London.

Wood, C. A. and Fyfe, F. M. (1943). *The Art of Falconry, Being the De Arte Venandi cum Avibus of Frederick II of Hohenstaufen*. Stanford University Press, Stanford.

Wood, J. G. (1862). *The Illustrated Natural History: Birds*. Routledge, London.

Worm, O. (1655). *Museum Wormianum*. Elzevier, Leiden.

Wylie, J. (1987). *The Faroe Islands: Interpretations of History*. University of Kentucky Press, Lexington.

Wynne-Edwards, V. C. (1962). *Animal Dispersion in Relation to Social Behaviour*. Oliver and Boyd, Edinburgh.

Yapp, W. B. (1979). The birds of English medieval manuscripts. *Journal of Medieval History* 5: 315–48.

—— (1981). *Birds in Medieval Manuscripts*. British Library, London.

—— (1982). Birds in captivity in the Middle Ages. *Archives of Natural History* 10: 479–500.

—— (1983). The illustrations of birds in the Vatican manuscript of *De art venandi cum avibus* of Frederick II. *Annals of Science* 40: 597–634.

—— (1987). Animals in medieval art: the Bayeux Tapestry as an example. *Journal of Medieval History* 13: 15–73.

Yarrell, W. (1843). *A History of British Birds* (3 vols.). Van Voorst, London.

Turberville, G. (1575). *The Booke of Faulconrie or Hauking*. Facsimile, New York, 1969.

Urry, A. (2021). Hearsay, gossip, misapprehension: Alfred Newton's secondhand histories of extinction. *Archives of Natural History* 48: 244–62.

Usick, P. (2007). Review of Bednarski's 'Holding Egypt . . .'. *Journal of Egyptian Archaeology* 93: 308–10.

Vansleb, M. (1678). *The Present State of Egypt, or, A New Relation of a Late Voyage into That Kingdom Performed in the Years 1672 and 1673*. John Starkey, London.

Varey, S. (2001). Francisco Hernández, Renaissance man. Pp. 33–40 in Varey et al. (2001).

Varey, S. (2001) (ed.). *The Mexican Treasury: The Writings of Dr Francisco Hernández*. Stanford University Press, Stanford.

Varey, S., Chabran, R. and Weiner, D. B. (2001). *Searching for the Secrets of Nature: The Life and Works of Dr Francisco Hernández*. Stanford University Press, Stanford.

Vaughan, R. (1998). *Seabird City: Guide to the Breeding Seabirds of the Flamborough Headland*. Smith Settle, Otley.

Vaurie, C. (1971). Birds in the prayer-book of Bonne of Luxembourg. *Bulletin of the Metropolitan Museum of Art*, New York 29: 279–81.

Venturi, A. (1904). *Storia dell'arte Italiana*. Hoepli, Milan.

Verner, W. W. C. (1909). *My Life Among the Wild Birds in Spain*. J. Bale, Sons and Danielsson Limited, London.

—— (1911). Letters from wilder Spain. *Saturday Review*112: 360–61, 395–7, 422–4, 458–9, 483–4, 518–19.

—— (1914). Prehistoric man in southern Spain. *Country Life* 911: 901–4; 914: 41–5; and 916: 114–18.

Villing, A. et al. (2013). *Naukratis: Greeks in Egypt*. British Museum Press, London.

von den Driesch, A. et al. (2005). Mummifed, deifed and buried at Hermopolis Magna – the sacred ibis birds from Tuna el-Gebel, Middle Egypt. *Ägypten und Levante / Egypt and the Levant* 15: 203–44.

Votier, S. et al. (2009). Changes in the timing of egg-laying of a colonial seabird in relation to population size and environmental conditions. *Marine Ecology Progress Series* 393: 225–33.

Wagstafe, R. and Fidler, J. H. (1955). *Preservation of Natural History Specimens*. Riverside Press, New York.

Wallace, D. I. M. (2004). *Beguiled by Birds*. Helm, London.

Wallace, L. (2005). *Leonard Jenyns: Darwin's Lifelong Friend*. Bath Royal Literary and Scientifc Institution, Bath.

Wallace, R. L. (1887). *British Cage Birds*. Upcott Gill, London.

Walters, M. P. (2005). My life with eggs. *Zoologische Mededelingen* 79: 5–18.

Warnett, J. M. et al. (2020). The Oxford Dodo. Seeing more than ever before: X-ray micro-CT scanning, specimen acquisition and provenance. *Historical Biology*, https://doi.org/10.1080/08912963.2020.1782396.

Wasef, S. et al. (2019). Mitogenomic diversity in sacred ibis mummies sheds light on early Egyptian practices. *PLoS ONE* 14(11): e0223964, https://doi.org/10.1371/journal.pone.0223964.

Waterton, C. (1871). *Essays on Natural History*. Warne, London.

Watson, R. N. (2014). Protestant animals: Puritan sects and English animal-protection sentiments,

Smith, P. (2007). On toucans and hornbills: readings in early modern ornithology from Belon to Bufon. Pp. 75 – 119 in K. A. E. Enekel and M. S. Smith (eds.), *Early Modern Zoology: The Construction of Animals in Science, Literature and the Visual Arts*. Brill, Leiden.

Snetsinger, P. (2003). *Birding on Borrowed Time*. American Birding Association, Colorado Springs.

Snow, C. P. (1959). *The Two Cultures and the Scientific Revolution*. Cambridge University Press, Cambridge.（チャールズ・P・スノー『二つの文化と科学革命　新装版』松井巻之助訳、みすず書房、2021）

Soares de Souza, G. (1851). *Tratado descriptivo do Brasil em 1587*. Instituto Histórico e Geográfco Brasileiro, Rio de Janeiro.

Soeteboom, H. (1648) (ed.). *Schipper Willem van West-Zanen's Reys na de Oost-Indien, A°1602 &c . . .* H. Soeteboom, Amsterdam.

Soga, M. and Gaston, K. J. (2020). The ecology of human–nature interactions. *Proceedings of the Royal Society B* 287: 20191882, http://dx.doi.org/10.1098/rspb.2019.1882.

Sossinka, R. (1982). Domestication in birds. *Avian Biology* 6: 373–403.

Stacey, P. and Koenig, W. (2008) (eds.). *Cooperative Breeding in Birds: Long Term Studies and Behaviour.* Cambridge University Press, Cambridge.

Stresemann, E. (1975). *Ornithology: From Aristotle to the Present*. Harvard University Press, Cambridge, MA. Published originally in 1951 as *Entwicklung Der Ornithologie von Aristotles bis zur Gegenwart*.

Strickland, H. E. and Melville, A. G. (1848). *The Dodo and Its Kindred*. Reeve, Benham and Reeve. London.

Strutt, J. (1842). *The Sports and Pastimes of the People of England*. Bohn, London.

Sulloway, F. (1996). *Born to Rebel: Birth Order, Family Dynamics, and Creative Lives*. Pantheon, New York.

Summers-Smith, D., Yeates, G. K. and Scott, R. R. (1954). Scientifc ornithology. *Bird Study* 1: 71–2.

Syme, P. (1823). *A Treatise on British Song-birds*. Anderson, Edinburgh.

Teixeira, D. M. (1985). Plumagens aberrantes em psittacidae neotropicais. *Revista Brasileira de Biologia* 45: 143–8.

Thomas, K. (1983). *Man and the Natural World: Changing Attitudes in England, 1500–1800*. Allen Lane, London.（キース・トマス『人間と自然界　近代イギリスにおける自然観の変遷』山内昶監訳、法政大学出版局、1989）

Thoreau, H. (1853 – 4). *The Writings of Henry David Thoreau: Journal, vol. V: March 5, 1853 – November 30, 1853*. Princeton University Press, Princeton.

—— (1862). Walking. *The Atlantic*, June 1862.（ヘンリー・D・ソロー『ウォーキング』大西直樹訳、春風社、2005）

Tinbergen, N. (1953). *The Herring Gull's World*. Collins, London.（N・ティンバーゲン『セグロカモメの世界』今西錦司監修、安部直哉・斎藤隆史訳、思索社、1975）

—— (1960). The evolution of behavior in gulls. *Scientifc American* 203: 118–33.

—— (1963). Aims and methods of Ethology. *Zeitschrift für Tierpsychologie* 20: 410–33.

Topsell, E. (1972). *The Fowles of Heauen or History of Birdes*. University of Texas Press, Austin.

Traves, G. (2006). *Flamborough: A Major Fishing Station*. Privately printed.

Tree, I. (1991). *The Bird Man: A Biography of John Gould*. Ebury Press, London.

Original Research and Observation in the Science, Art, and Literature of Medicine, Preventive and Curative (8 vols.), vol. II. Longmans, Green, London.

Ridley, M. (2020). *How Innovation Works*. Fourth Estate, London.（マット・リドレー『人類とイノベーション　世界は「自由」と「失敗」で進化する』大田直子訳、ニューズピックス、2021）

Ritvo, H. (1989). *The Animal Estate.* Harvard University Press, Cambridge, MA.（ハリエット・リトヴォ『階級としての動物　ヴィクトリア時代の英国人と動物たち』三好みゆき訳、国文社、2001）

Robinson, G. (2003). *The Sinews of Falconry: From Earliest Times Until the Epoch of the 1950–65 Pesticide Crisis*. Privately printed.

Rothschild, M. (1983). *Dear Lord Rothschild: Birds, Butterfies and History*. Hutchinson, London.

Sahagún (1981). *Florentine Codex*, ed. C. E. Dibble and J. O. Anderson. Monographs of the School of American Research and the Museum of New Mexico 14, part XII.

Sancho de la Hoz, P. (1535). Relación para S. M. de lo sucedido en la conquista. Pp. 117–79 in H. H. Urteaga (1938) (ed.), *Los cronistas de la conquista*. Desclée de Brouwer, Paris.

Schulze-Hagen, K. and Birkhead, T. R. (2015). The ethology and life history of birds: the forgotten contribution of Oskar, Magdalena and Katharina Heinroth. *Journal of Ornithology* 156: 9–18.

Schulze-Hagen, K. and Kaiser, G. (2020). *Die Vogel-WG: Die Heinroths ihre 1000 Vogelund.* Knesebeck, Munich.

Schulze-Hagen, K. et al. (2003). Avian taxidermy in Europe from the Middle Ages to the Renaissance. *Journal of Ornithology* 144: 459–78.

Secord, J. A. (2000). *Victorian Sensation*. University of Chicago Press, Chicago.

Segerstråle, U. (2000). *Defenders of the Truth: The Battle for Science in the Sociology Debate and Beyond.* Oxford University Press, Oxford.（ウリカ・セーゲルストローレ『社会生物学論争史　誰もが真理を擁護していた　1・2』垂水雄二訳、みすず書房、2005）

Selous, E. (1899). An observational diary of the habits of night-jars, mostly of a sitting pair. *Zoologist* 3: 388–402.

—— (1901). *Bird Watching*. J. M. Dent, London.

Shapiro, B. et al. (2002). Flight of the Dodo. *Science* 295: 1683.

Shrubb, M. (2013). *Feasting, Fowling and Feathers: A History of the Exploitation of Wild Birds*. Poyser, London.

Sick, H. (1993). *Birds in Brazil: A Natural History*, trans. W. Belton. Princeton University Press, Princeton.

Singer, C. (1931). *A Short History of Biology*. Clarendon Press, Oxford.

Smellie, W. (1790). *The Philosophy of Natural History*. The Heirs of Charles Elliot, Edinburgh.

Smith, E. F. G. et al. (1991). A new species of shrike (Laniidae: *Laniarius*) from Somalia, verifed by DNA sequence data from the only known individual. *Ibis* 133: 227–35.

Smith, F. (1835). *The Canary: Its Varieties, Management and Breeding*. Groombridge, London.

Smith, J. (1999). The cuckoo's contested history. *Trends in Ecology and Evolution* 14: 415.

—— (2006). *Charles Darwin and Victorian Visual Culture*. Cambridge University Press, Cambridge.

Smith, J. E. H. (2018). The ibis and the crocodile: Napoleon's Egyptian campaign and evolutionary theory in France, 1801–1835. *Republic of Letters* 6: 1–20.

Perelló, E. H. (1988). Abate H. Breuil y coronel W. Verner: textos sobre la cueva de la Pileta. Pp. 173 – 81 in *Actas del Congreso Internacional 'El Estrecho de Gibraltar' Ceuta, 1987*. Universidad Nacional de Educación a Distancia, Madrid.

Peterson, R. T., Mountford, G. and Hollom, P. A. D. (1954). *A Field Guide to the Birds of Britain and Europe*. Collins, London.

Phillips, R. A. and Hamer, K. C. (1999). Lipid reserves, fasting capability and the evolution of nestling obesity in Procellariiform seabirds. *Proceedings of the Royal Society B* 266: 1329–34.

Piatt, J. et al. (2020). Extreme mortality and reproductive failure of Common Murres resulting from the northeast Pacifc marine heatwave of 2014 – 2016. *PLoS ONE* 15(1): e0226087, https://doi.org/10.1371/journal.pone.0226087.

Pierson, P. O. (2001). Philip II: Imperial obligations and scientifc vision. Pp. 11–18 in Varey et al. (2001).

Piso, G. and Marcgrave, G. (1648). *Historia naturalis Brasiliae*. Hackium, Leiden.

Pizzari, T. et al. (2003). Sophisticated sperm allocation in male fowl. *Nature* 426: 70–74.

Pliny (1885). *Naturalis Historia*, Book X: *The Natural History of Birds*. Taylor and Francis, London.（プリニウス『プリニウスの博物誌２　縮刷第２版』中野定雄・中野里美・中野美代訳、雄山閣、2021）

Porter, R. (2015). Obituary: PAD Hollom. *Sandgrouse* 37: 111–12.

Pricket, A. (1610). A larger discourse of the same voyage, and the successe thereof. Pp. 98–136 in G. M. Asher (ed.) (2016), *Henry Hudson the Navigator: The Original Documents in Which His Career is Recorded*. Hakluyt Society, London.

Prys-Jones, R., Adams, M. and Russell, D. G. (2019). Theft from the Natural History Museum's bird collection – what can we learn? *Alauda* 87: 73–82.

Randall, J. (2004) (ed.). *Traditions of Seabird Fowling in the North Atlantic Region*. Islands Book Trust, Inverness.

Ransome, A. (1947). *Great Northern*? Jonathan Cape, London.（アーサー・ランサム『シロクマ号となぞの鳥　上・下』神宮輝夫訳、岩波書店、2016）

Rasmussen, P. C. and Collar, N. J. (1999). Major specimen fraud in the Forest Owlet *Heteroglaux (Athene* auct.) *blewitti*. *Ibis* 141: 11–21.

Raven, C. E. (1942). *John Ray, Naturalist: His Life and Works*. Cambridge University Press, Cambridge.

Ray, J. (1678). *The Ornithology of Francis Willughby*. Martyn, London.

—— (1714). *The Wisdom of God Manifested in the Works of the Creation*. Originally published 1691. Samuel Smith, London.

Réaumur, M. de (1750). *The Art of Hatching and Bringing up Domes-tick Fowls of all Kinds at any Time of the Year, either by means of the heat of Hot-beds, or that of Common Fire*. Royal Academy of Sciences, Paris.

Reeds, K. (2002). What the Nahua knew: review of Varey et al. (2001). *Nature* 416: 369–70.

Remsen, J. V. (1995). The importance of continued collecting of bird specimens to ornithology and bird conservation. *Bird Conservation International* 5: 145–80.

Rennie, J. (1835). *The Faculties of Birds*. Knight, under the superintendence of the Society for the Difusion of Useful Knowledge, London.

Richardson, B. W. (1885). Vesalius, and the Birth of Anatomy. In *The Asclepiad: A Book of*

Fleischer, Leipzig.
Nelson, B. (1978). *The Gannet*. Poyser, Berkhamsted.
Nelson, J. B. (2013). *On the Rocks*. Langford, Langtoft.
Newmyer S. T. (2011). *Animals in Greek and Roman Thought: A Sourcebook*. Routledge, New York.
Newton, A. (1861). On the possibility of taking an ornithological census. *Ibis* 3: 190–96.
—— (1869). The zoological aspect of game laws: Address to the British Association, Section D, August 1868. Repr. 1893 in Society for the Protection of Birds, *Third Annual Report*, Appendix: 24–31.
—— (1896). *A Dictionary of Birds*. Black, London.
Newton, I. and Olsen, P. (1990) (eds.). *Birds of Prey*. Murdoch, Sydney.
Nguembock, B. et al. (2008). Phylogeny of *Lanairius*: molecular data reveal *L*. liberatus synonymous with *L*. erlangeri and 'plumage coloration' as unreliable morphological characters for defning species and species groups. *Molecular Phylogenetics and Evolution* 48: 396–407.
Nice, M. M. (1979). *Research is a Passion with Me*. Consolidated Amethyst Publications, Toronto.
Nicholson, E. M. (1926). *Birds in England*. Chapman and Hall, London.
Niemann, D. (2013). *Birds in a Cage*. Short, London.
Nieremberg, J. E. (1635). *Historia naturae, maxime peregrinae, libris XVI*. Antwerp.
Nørrevang, A. (1958). On the breeding biology of the guillemot *(Uria aalge)*. *Dansk Ornitologisk Forenings Tidsskrift* 53: 48-74.
Norton, M. (2012). Going to the birds. Pp. 53–83 in P. Findlen (ed.), *Early Modern Things: Objects and Their Histories, 1500–1800*. Routledge, London.
—— (2019). The quetzal takes fight: microhistory, Mesoamerican knowledge, and early modern natural history. Pp. 119–47 in J. M. Arredondo and R. Bauer (eds.), *Translating Nature: Cross-Cultural Histories of Early Modern Science*. University of Pennsylvania Press, Philadelphia.
Oggins, R. (2004). *The Kings and Their Hawks: Falconry in Medieval England*. Yale University Press, New Haven.
Ogilvie, M., Ferguson-Lees, J. and Chandler, R. (2007). A history of British Birds. *British Birds* 100: 3–15.
Olsen, I. (2003). Bestandsudviklingen af ynglefuglene på Skúvoy, Farøerne 1961–2001 [Population development of breeding birds on Skúvoy, Faroe Islands, 1961–2001]. *Dansk Ornitologisk Forenings Tidsskrift* 97: 199–209.
Otero, X. L. et al. (2018). Seabird colonies as important global drivers in the nitrogen and phosphorus cycles. *Nature Communications* 9: 246, https://doi.org/10.1038/s41467-017-02446-8.
Oviedo Gonzalo Fernández de Valdés (1526). *La natural y hystoria de la Indias*. Toledo.
Owen-Crocker, G. R. (2005). Squawk talk: commentary by birds in the Bayeux Tapestry. *Anglo-Saxon England* 34: 237–54.
Pálsson, G. (in press). *An Awkward Extinction*. Princeton University Press, Princeton.
Pantsov, A. and Levine, S. I. (2013). *Mao: The Real Story*. Simon and Schuster, London.
Parkinson, R. (2008). *The Painted Tomb-Chapel of Nebamun*. British Museum Press, London.
Parry, J. and. Greenwood, J. (2020). *Emma Turner: A Life Looking at Birds*. Norfolk and Norwich Naturalists' Society, Norwich.

Magnus, O. (1555). *Historia om de nordiska folken*. Stockholm.

Manley, D. and Ree, P. (2001). *Henry Salt: Artist, Traveller, Diplomat, Egyptologist*. Libri, London.

Markham, C. (1875). Papers on the Greenland Eskimos. In: *A Selection of Papers on Arctic Geography and Ethnology*. Murray, London.

Markham, G. (1621). *Hungers Prevention: or The Whole Art of Fowling By Water and Land*. Holme and Langley, London.

Marshall, C. H. T. (1912). Mr. Hume's work as an ornithologist. *India*, 2 August 1912: 57–8.

Martin, G. T. (1981). *The Sacred Animal Necropolis at North Saqqara*. Egypt Exploration Society, London.

Martin, M. (1698). *A Late Voyage to St Kilda*. Brown and Godwin, London.

McCouat, P. (2015). Lost masterpieces of ancient Egyptian art from the Nebamun tomb-chapel *Journal of Art in Society*, www. artinsociety.com/lost-masterpieces-of-ancient-egyptian-artfrom-the-nebamun-tomb-chapel.html.

McGhie, H. A. (2017). *Henry Dresser and Victorian Ornithology: Birds, Books and Business*. University of Manchester Press, Manchester.

Meade, J. et al. (2012). The population increase of common guillemots *Uria aalge* on Skomer Island is explained by intrinsic demographic properties. *Journal of Avian Biology* 44: 55–61.

Mearns, B. and Mearns, R. (1998). *The Bird Collectors*. Poyser, London.

Medawar, P. J.（1979）. *Advice to a Young Scientist*. Basic Books, New York.（ピーター・B・メダワー『若き科学者へ　新版』鎮目恭夫訳、みすず書房、2016）

Medawar, P. J. and Medawar, J. S.（1983）. *Aristotle to Zoos*. Harvard University Press, Cambridge, MA.（P・B・メダワー・J・S・メダワー『アリストテレスから動物園まで　生物学の哲学辞典』長野敬ほか訳、みすず書房、1993）

Merriam, F. (1889). *Birds Through an Opera Glass*. Houghton Mifin, New York.

Miller, J. (1991). *Charles II*. Weidenfeld and Nicolson, London.

Milsom, T. (2020). *Henry Seehbom's Ornithology*. Privately published.

Molina, V. (1913). Arqueología y prehistoria de la provincial de Cádiz en Lebria y Medinasidonia. *Boletín de la Real Academia de la Historia*: 554–62.

Morris, F. O. (1850–57). *A History of British Birds* (8 vols.). Groom-bridge, London.

—— (1867). Letter to *The Times*, 3 April 1867.

—— (1868). Letter to *The Times*, 25 August 1868.

Morris, M. C. F. (1897). *Francis Orpen Morris: A Memoir*. Nimmo, London.

Moser, S. (2020). *Painting Antiquity: Ancient Egypt in the Art of Lawrence Alma-Tadema, Edward Poynter and Edwin Long*. Oxford University Press, Oxford.

Moss, S. (2004). *A Bird in the Bush: A Social History of Birdwatching*. Aurum Press, London.

Mufett, T. (1655). *Health's Improvement*. Thomson, London.

Mullens, W. H. and Swan, H. K. (1917). *A Bibliography of British Ornithology*. Macmillan, London.

Mynott, J. (2009). *Birdscapes: Birds in Our Imagination and Experience*. Princeton University Press, Princeton.

—— (2018). *Birds in the Ancient World: Winged Words*. Oxford University Press, Oxford.

Nash, T. (1633). *Quaternio, the foure-fold Way to a happie Life*. Dawson, London.

Naumann, J. A and Naumann, J. F. (1820–60). *Naturgeschichte der Vögel Deutschlands*. E.

界へようこそ』蓮尾純子訳、平河出版社、1991）

—— (1968). *Ecological Adaptations for Breeding in Birds*. Methuen, London.

Lamichhaney, S. et al. (2015). Evolution of Darwin's fnches and their beaks revealed by genome sequencing. *Nature* 518: 371–5.

—— (2016). A beak size locus in Darwin's fnches facilitated character displacement during a drought. *Science* 352: 470–74.

Landauer, W. (1961). *Hatchability of Chicken Eggs as Infuenced by Environment and Heredity*. Storrs Agricultural Experiment Station, Storrs, CT.

Landt, G. (1810). *A description of the Feroe Islands*. Longman, Hurst, Rees and Orme, London.

Lau, J. K. L. et al. (2020). Shared striatal activity in decisions to satisfy curiosity and hunger at the risk of electric shocks. *Nature Human Behaviour* 4: 531–43 (2020), https://doi.org/10.1038/s41562-020-0848-3.

Lazarich, M., Ramos-Gil, A. and González-Pérez, J. L. (2019). Prehistoric bird watching in southern Iberia? The rock art of Tajo de las Figuras reconsidered. *Environmental Archaeology*, 24: 387–99, https://doi.org/10.1080/14614103.2018.1563372.

Lecky, W. H. L. (1913 edn). *History of European Morals from Augustus to Charlemagne*. Longmans, New York.

Leroi, A. M.（2014）. *The Lagoon: How Aristotle Invented Science*. Bloomsbury, London.（アルマン・マリー・ルロワ『アリストテレス生物学の創造　上・下』森夏樹訳、みすず書房、2019）

Lockley, A. (2013). *Island Child: My Life on Skokholm with R. M. Lockley*. Gwasg Carreg Gwalch, Llanrwst.

Lockley, R. M. (1947). *Letters from Skokholm*. Dent, London.

Lones, T. E. (1912). *Aristotle's Researches in Natural Science*. West, Newman and Co., London.

Lopez, B. (2019). *Horizon*. Bodley Head, London.

López-Ocón, L. (2001). The circulation of the work of Hernández in nineteenth-century Spain. Pp. 183–93 in Varey et al. (2001).

Lorenz, K.（1952）. *King Solomon's Ring*. Methuen, London.（コンラート・ローレンツ『ソロモンの指環　動物行動学入門　改訂版』日高敏隆訳、早川書房、1987）

Loss, S. R., Will, T. and Marra, P. P.（2012）. The impact of free-ranging domestic cats on wildlife in the United States. *Nature Communications* 4: 1396, https://doi.org/10.1038/ncomms2380.

Lovegrove, R. (2007). *Silent Fields: The Long Decline of a Nation's Wildlife*. Oxford University Press, Oxford.

Lowe, F. (1954). *The Heron*. Collins, London.

Lyles, A. (1988). *Turner and Natural History at Farnley Park*. Tate Gallery, London.

Mabey, R. (1986). *Gilbert White: A Biography of the Author of the Natural History of Selborne*. Profle, London.

Macaulay, K. (1764). *The History of St Kilda*. Becket and de Hondt, London.

MacGillivray, W. (1837–52). *A History of British Birds, Indigenous and Migratory* (5 vols.). Scott, Webster and Geary, London.

Macias, S. (2011). *Mosaicos de Mértola: a arte bizantina no ocidente mediterrânico*. Câmara Municipal de Mértola, Mértola.

Macpherson, H. A. (1896). *A History of Fowling*. Douglas, Edinburgh.

ソン『レオナルド・ダ・ヴィンチ　上・下』土方奈美訳、文藝春秋、2022）
Jackson, C. E.（1993）. *Great Bird Paintings of the World*, vol. 1. Antique Collectors' Club, Woodbridge.
Jacob, G. (1718). *The Compleat Sportsman*. Nutt and Gosling, London.
Jacobs, N. J. (2016). *Birders of Africa: History of a Network*. Yale University Press, New Haven.
James, M. R. (1925). An English medieval sketch-book, no. 1916 in the Pepysian Library, Magdalene College Cambridge. *The Thirteenth Volume of the Walpole Society* 13: 1–17.
Jensen, J.-K. (2010). *Puffin Fowling: A Fowling Day on Nólsoy*. Sjónband, Tórshavn.
—— (2012). *The Fulmar on the Faroe Islands* (in Faroese). Ritograk, Tórshavn.
Jenyns, L. (1846). *Observations in Natural History*. Van Voorst, London.
Joensen, A. H. (1963). Ynglefuglene på Skúvoy, Færøerne, deres udbredelse og antal. *Dansk Ornitologisk Forenings Tidsskrift* 57: 1–18.
Jofe, S. N. and Buchanan, V. (2016). The Andreas Vesalius woodblocks: a four-hundred-year journey from creation to destruction. *Acta Medico-Historia Adriatica* 14: 347–72.
Johns, C. A. (1862). *British Birds in Their Haunts*. SPCK, London.
Johnson, K. W.（2018）. *The Feather Thief: Beauty, Obsession and the Natural History Heist of the Century*. Penguin, London.（カーク・ウォレス・ジョンソン『大英自然史博物館珍鳥標本盗難事件　なぜ美しい羽は狙われたのか』矢野真千子訳、化学同人、2019）
Johnston, D. W. (2004). The earliest illustrations and descriptions of the cardinal. *Banisteria* 24: 3–7.
King, A. (2019). *The Divine in the Commonplace: Reverent Natural History and the Novel in Britain*. Cambridge University Press, Cambridge.
King, H. (2012). *Peruvian Featherworks*. Yale University Press, New Haven and London.
King, M. L. (1980). Book-lined cells: women and humanism in early Italian Renaissance. Pp. 66–90 in P. H. Labalme (ed.), *Beyond Their Sex: Learned Women of the European Past*. New York University Press, New York.
Kingsley, C. (1871). *At Last: A Christmas in the West Indies*. Macmillan, London.
Kinlen, L. (2018). Eliot Howard's 'law of territory' in birds: the infuence of Charles Mofatt and Edmund Selous. *Archives of Natural History* 45: 54–68.
Kioko, J., Smith, D. and Kifner, C. (2015). Uses of birds for ethno medicine among the Maasai people in Monduli district, northern Tanzania. *International Journal of Ethnobiology and Ethnomedicine* 1: 1–13.
Kleczkowska, K. (2015). Bird communication in ancient Greek and Roman thought. *Maska* 28. 95–106.
Knox, A. (1993). Richard Meinertzhagen: a case of fraud examined. *Ibis* 135: 320–25.
Krebs, J. R. and Davies, N. B. (1978). *Behavioural Ecology*. Blackwell, Oxford.（J・R・クレブス、N・B・デイビス『進化からみた行動生態学』山岸哲・巌佐庸監訳、蒼樹書房、1994）
Krüger, T. et al. (2020). Persecution and statutory protection have driven Rook *Corvus frugilegus* population dynamics over the past 120 years in NW Germany. *Journal of Ornithology* 16: 569–84.
Kruuk, H. (2003). *Niko's Nature: The Life of Niko Tinbergen and His Science of Animal Behaviour*. Oxford University Press, Oxford.
Lack, D.（1965）. *Enjoying Ornithology*. Methuen, London.（デイヴィッド・ラック『鳥学の世

Hartley, P. H. T. (1954). Back garden ornithology. *Bird Study* 1: 18–27.

Harwood, D. (1928). *Love for Animals and How It Developed in Great Britain*. Columbia University Press, New York.

Haskins, C. H. (1921). The 'De Arte Venandi cum Avibus' of the Emperor Frederick II. *English Historical Review* 36: 334–55.

Heimann, Judith M. (1998). *The Most Ofending Soul Alive: Tom Harrisson and His Remarkable Life*. University of Hawaii Press, Honolulu.

Heinroth, O. (1911). Beitrag zur Biologie, namentlich Ethologie und Psychologie der Anatiden. Ber V. *Internat OrnithologKongr Berlin 1910*: 589–702.

Heinroth, O. and Heinroth, M. (1924–33). *Die Vögel Mitteleuropas in allen Lebens- und Entwicklungsstufen photographisch aufgenommen und in ihrem Seelenleben bei der Aufzucht vom Ei ab beobachtet* [*The Birds of Central Europe – Photographed in All Stages of Life and Development and Observed in Their Mental Life During Rearing from the Egg*] (4 vols.). Hugo Behrmühler Verlag, Berlin.

Herrmann, B. et al. (2006). Chlamydophila psittaci in Fulmars, the Faroe Islands. *Emerging Infectious Diseases* 12: 330–32.

Hesse, S. (2010). Die Neue Welt in Stuttgart: Die Kunstkammer Herzog Friedrichs I und der Auufzug zum Ringrennen a 25 Februar 1599. Pp. 139–66 in J. Kremer, S. Lorenz and P. Rückert (eds.), *Hofkultur um 1600. Die Hofmusik Herzog Friedrichs I. von Württemberg und ihr kulturelles Umfeld*. Thorbecke, Ostfldern.

Hickling, J. (2021). The *vera causa* of endangered species legislation. Alfred Newton and the Wild Bird Preservation Acts, 1869–1894. *Journal of the History of Biology*, https://doi.org/ 10.1007/ s10739-021-09633-w.

Hill, D. (1988). *Turner's Birds*. Phaidon, London.

Holden, A. and Holden, P. (2017). *Natural Selection*. Artangel, London.

Holden, C. F. (1875). *Holden's Book on Birds*. New-York Bird-Store, Boston.

Holmes, J. (2018). *The Pre-Raphaelites and Science*. Yale University Press, New Haven.

Holmes, R. (2010). The Royal Society's lost women scientists. *Guardian*, 21 November 2010, www.theguardian.com/science/ 2010/nov/21/royal-society-lost-women-scientists.

Houlihan, P. (1986). *Birds of Ancient Egypt*. Aris and Phillips, Warminster.

Howard, H. E. (1920). *Territory in Bird Life*. Murray, London.

Huang, J. et al. (2020). Historical comparison of gender inequality in scientifc careers across countries and disciplines. *Proceedings of the National Academy of Sciences* 117: 4609–16.

Hudson, W. H. (c.1920). *The Book of a Naturalist*. Nelson, London.

Hume, J. P. (2006). The history of the Dodo Raphus cucullatus and the penguin of Mauritius. *Historical Biology* 18: 69–93.

Hutchinson, E. (1974). Attitudes towards nature in Medieval England: the Alphonso and bird psalters. *Isis* 65: 5–37.

Hutchinson, R. (2014). *St Kilda: A People's History*. Birlinn, Edinburgh.

Huxley, T. H. (1870). *Lay Sermons, Addresses and Reviews.* Macmillan, London.

Ikram, S. (2015) (ed.). *Divine Creatures; Animal Mummies in Ancient Egypt*. The American University in Cairo, Cairo.

Isaacson, W. (2017). *Leonardo da Vinci*. Simon and Schuster, London.（ウォルター・アイザック

Freeman, G. E. and Salvin, F. H. (1859). *Falconry: Its Claims, History, and Practice*. Longman, London.

Frith, C. B. (2016). *Charles Darwin's Life with Birds*. Oxford University Press, Oxford.

Fuller, E. (1999). *The Great Auk*. Privately printed.

Gardiner, A. H. (1928). *Catalogue of the Egyptian Hieroglyphic Printing Type, from Matrices Owned by Dr Alan Gardiner*. Oxford University Press, Oxford.

——(1929). Additions to the new hieroglyphic fount 1928. *Journal of Egyptian Archaeology* 15: 95.

—— (1957). *Egyptian Grammar*, 3rd edn. Grifth Institute, Oxford.

Garfeld, B. (2008). *The Meinertzhagen Mystery: The Life and Legend of a Colossal Fraud*. Potomac, Washington DC.

Gaston, A. J. et al. (1985). A Natural History of Digges Sound. *Canadian Wildlife Service Report* 46: 1−62.

Gessner, C. (1555). *Historium animalium liber III, qui est de Avium Natura*. Froschauer, Zurich.

—— (1560). *Icones avium omnium*. Froschauer, Zurich.

Ghosh, S. K. (2015). Human cadaveric dissection: a historical account from ancient Greece to the modern era. *Anatomy and Cell Biology* 48: 153−69.

Gibson, G. (2005). *The Bedside Book of Birds*. Bloomsbury, London.

Gladwell, M. (2000). *The Tipping Point*. Little, Brown, New York.（マルコム・グラッドウェル『急に売れ始めるにはワケがある　ネットワーク理論が明らかにする口コミの法則』高橋啓訳、ソフトバンククリエイティブ、2007）

Gosse, E.（1907）. *Father and Son*. Heinemann, London.（エドマンド・ゴス『父と子　二つの気質の考察』川西進訳、ミネルヴァ書房、2008）

Gould, J. (1838). *A Monograph of the Trogonidae, or Family of Trogons*. London.

—— (1849−61). *A Monograph of the Trochilidae* (5 vols.). Taylor and Francis, London.

Grieve, S. (1885). *The Great Auk or Garefowl (Alca impennis): Its History, Archaeology and Remains*. T. Jack, Edinburgh.

Grigson, C. (2016). *Menagerie: The History of Exotic Animals in England*. Oxford University Press, Oxford.

Grouw, H. and Bloch, D. (2015). History of the extant museum specimens of the Faroese white-speckled raven. *Archives of Natural History* 42: 23−38.

Gurney, D. (1834). Extracts from the Household and Privy Purse Accounts of the Lestranges of Hunstanton, from A.D. 1519 to A.D. 1578. The Gentleman's Magazine, September 1834: 269.

Gurney, J. H. (1921). Early Annals of Ornithology. Witherby, London.

Haemig, P. D. (2018). A comparison of contributions from the Aztec cities of Tlatelolco and Tenochtitlan to the bird chapter of the Florentine Codex. *Huitzil Revista Mexicana de Ornithologiá* 19: 540−68.

Hafer, J., Hudde, H. and Hillcoat, B. (2014). The development of ornithology and species knowledge in central Europe. *Bonn Zoological Bulletin Supplement* 59: 1−116.

Hale, W. G. (2016). *Sacred Ibis: The Ornithology of Canon Henry Baker Tristram DD, FRS*. Sacristy, Durham.

Harris, M. P. (2011). *Puffins*. Poyser, London.

Harting, J. E. (1871). *The Birds of Shakespeare*. Van Voorst, London.

—— (1901). *A Handbook of British Birds*. Nimmo, London.

Exploration Fund, London.

Dawkins, R. (1976). *The Selfish Gene*. Oxford University Press, Oxford.（リチャード・ドーキンス『利己的な遺伝子　40周年記念版』日髙敏隆・岸由二・羽田節子・垂水雄二訳、紀伊國屋書店、2018）

—— (1986). *The Blind Watchmaker*. Norton, New York.（リチャード・ドーキンス『盲目の時計職人　自然淘汰は偶然か？』日高敏隆監修、中嶋康裕ほか訳、早川書房、2004）

de Juana, E. and Garcia, E. (2015); *The Birds of the Iberian Peninsula*. Bloomsbury, London.

Debes, L. (1676). *Færoæ, and Færoa reserata: That is a Description of the Islands Inhabitants of Foeroe: Being Seventeen Islands Subject to the King of Denmark*, William Iles, London.

—— (2017) *A Description of Foeroe*, 1676, ed. N. B. Vogt. Stidin, Tórshavn.

Dennis, R. (2008). *A Life of Ospreys*. Whittles, Caithness.

Díaz-Andreu, M. (2013). The roots of the first Cambridge textbooks on European prehistory: an analysis of Miles Burkitt's formative trips to Spain and France. *Complutum* 24: 109–20.

DiEuliis, D. et al. (2016). Opinion: Specimen collections should have a much bigger role in infectious disease research and response. *Proceedings of the National Academy of Sciences* 113: 4–7.

Douglas, J. (1714). The natural history and description of the phoenicopterus or famingo; with two views of the head, and three of the tongue, of that beautiful and uncommon bird. *Philosophical Transactions of the Royal Society* 29: 523–41.

Dunning, J. et al. (2018). Photoluminescence in the bill of the Atlantic Puffin *Fratercula arctica. Bird Study* 65: 570–73.

Dyck, J. and Meltofte, H. (1975). The guillemot *Uria aalge* population of the Faroes 1972. *Dansk Ornitologisk Forenings Tidsskrift* 69: 55–64.

Endersby, J. (2009). Sympathetic science: Charles Darwin, Joseph Hooker, and the passions of Victorian naturalists. *Victorian Studies* 51: 299–320.

Evans, S. T. (2000). Aztec royal pleasure parks: conspicuous consumption and elite status rivalry. *Studies in the History of Gardens and Designed Landscapes* 20: 206–28.

Fayet, A. L. et al. (2021). Local prey shortages drive foraging costs and breeding success in a declining seabird, the Atlantic Puffin. *Journal of Animal Ecology* 90: 1152–64.

Fielden, H. (1872). Birds of the Faeroe Islands. *Zoologist* 1872: 3277–94.

Fisher, J. (1940). *Watching Birds*. Penguin, London.

—— (1952). *The Fulmar*. Collins, London.

—— (1966). *The Shell Bird Book*. Ebury Press/Michael Joseph, London.

Fossádal, M. E., Grand, M. and Gaini, S. (2018). *Chlamydophila psittaci* pneumonia associated to the exposure to fulmar birds (*Fulmarus glacialis*) in the Faroe Islands. *Infectious Diseases* 50: 817–21.

Foster, P. G. M. (1988). *Gilbert White and His Records: A Scientifc Biography*. Helm, Bromley.

Fowles, J.（1979）. *The Tree*. Aurum Press, London.

Fox, N. (1995). *Understanding the Bird of Prey*. Hancock House, Blaine.

Frederickson, M. et al. (2019). Quantifying the relative importance of hunting and oiling on Brünnich's Guillemots in the north-west Atlantic. *Polar Research* 38: 3378, http://dx.doi.org/10.33265/polar.v38.3378.

Freedberg, D. (2002). *The Eye of the Lynx*. University of Chicago Press, Chicago.

Chapman, F. M. (1933). *Autobiography of a Bird-Lover*. Appleton-Century, New York.

Charmantier, A. and Gienapp, P. (2013). Climate change and timing of avian breeding and migration: evolutionary versus plastic changes. *Evolutionary Applications*, https://doi.org/10.1111/eva.12126.

Chassagnol, A. (2010). Darwin in wonderland: evolution, involution and natural selection in *The Water-Babies* (1863). *Miranda*, DOI: https://doi.org/10.4000/miranda.376.

Chitty, S. (1974). *The Beast and the Monk: A Life of Charles Kingsley*. Hodder and Stoughton, London.

Cleland, J. (1607). *Institution of a Young Noble Man*. Ioseph Barnes, Oxford.

Clottes, J. (2016). *What is Palaeolithic Art? Cave Paintings and the Dawn of Human Creativity*. University of Chicago Press, Chicago.

Clusius, C. (1605). *Exoticorum libri decem*. Ex Ofcinâ Plantinianâ Raphelengii.

Clutton-Brock, J. (1989). Review of Houlihan and Goodman. *Antiquity* 63: 386-7.

Cocker, M. (2001). *Tales of a Tribe*. Jonathan Cape, London.

Cole, A. C. and Trobe, W. M. (2000). *The Egg Collectors of Great Britain and Ireland.* Peregrine Books, Leeds.

Cole, F. J. (1944). *The History of Comparative Anatomy*. Macmillan, London.

Collar, N. J. (1999). New species, high standards and the case of *Laniarius liberatus. Ibis* 141: 358-67.

Collar, N. J. and Prys-Jones, R. P. (2012). Pioneer of Asian ornithology: Allan Octavian Hume. *BirdingASIA* 17: 17-43.

Cooke, F. and Birkhead, T. R. (2017). The identity of the bird known locally in sixteenth-and seventeenth-century Norfolk, United Kingdom, as the spowe. *Archives of Natural History* 44: 118-21.

Cornellá, M. M. (2003-5). Willoughby Verner y la Laguna de la Janda. *Archia* 3-5: 225-30.

Cowles, H. M. (2013). A Victorian extinction: Alfred Newton and the evolution of animal protection. *British Journal for the History of Science* 46: 695-714.

Cox, N. (1686). *The Gentleman's Recreation*. Blome, London.

Cummins, J. (1988). *The Hound and the Hawk*. Weidenfeld and Nicolson, London.

Cuvier, G. (1817). *Essay on the Theory of the Earth*. Blackwood, Edinburgh.

Dadswell, T. (2003). *The Selborne Pioneer: Gilbert White as Naturalist and Scientist: A Re-examination*. Ashgate, Abingdon.

Dakin, R. and Montgomerie, R. (2013). Eye for an eyespot: how iridescent plumage ocelli infuence peacock mating success. *Behavioral Ecology* 24: 1048-57.

Darwin, C. (1871). *Descent of Man and Selection in Relation to Sex*. Murray, London.（チャールズ・ダーウィン『人間の由来　上・下』長谷川眞理子訳、講談社、2016）

Das, S. and Lowe, M. (2018). Nature read in black and white: decolonial approaches to interpreting natural history collections. *Journal of Natural Science Collection* 6: 4 - 14, www.natsca. org/article/2509.

Davies, N. B. (2010). *Cuckoos, Cowbirds and Other Cheats*. Poyser, London.

—— (2015). *Cuckoo: Cheating by Nature*. Bloomsbury, London.（ニック・デイヴィス『カッコウの托卵　進化論的だましのテクニック』中村浩志・永山淳子訳、地人書館、2016）

Davies, N. de G. (1900 - 1901). *The Mastaba of Ptahhetep and Akhethetep at Saqqareh*. Egypt

—— (1873). Cuckoos. *Nature* 9: 123.

Bloch, D. (2012). Beak tax to control predatory birds in the Faroe Islands. *Archives of Natural History* 39: 126–35.

Bloch, H. (2005). Animal fables, the Bayeux Tapestry, and the making of the Anglo-Norman world. *Poetica* 37: 285–309.

Boag, P. T. and Grant, P. R. (1981). Intense natural selection in a population of Darwin's fnches (Geospizinae) in the Galápagos. *Science* 214: 82–5.

Bock, W. J. (2015). Evolutionary morphology of the woodpeckers (Picidae). *Denisia 36, zugleich Katalogue des oberösterreichiscen Landesmuseum*, Neue Serie 164: 37–54.

Bonhote, J. L. (1907). Four birds in a Long-tailed Tit's nest. *British Birds* 1: 62.

Brehm, A. E. (1867). Tierleben. Bibliographischen Instituts, Hildburghausen. Bresciani, E. (1980). *Kom madig 1977e 1978: Le Pitturi Murali del Cenotafo di Alessandre Magno*. Giardini Editori, Pisa.

Breuil, H. and Burkitt, M. C. (1929). *Rock Paintings of Southern Andalusia*. Oxford University Press. Oxford.

Briggs, S. (2014). Catherine caged: birds in the margins of the Hours of Catherine of Cleves. *Bowdoin Journal of Art* 2014: 1–18.

Brock, R. (2004). Aristotle on sperm competition in birds. *Classical Quarterly* 54: 277–8.

Broderick, A. H. (1963). *The Abbé Breuil, Prehistorian: A Biography*. Hutchinson, London.

Bufon, G. L. (1770–83). *Histoire Naturelle des Oiseaux*. Imprimerie Royale, Paris. Trans. W. Smellie (1792–3). Strahan and Cadell, London.

Bujok, E. (2004). *Neue Welten in europäischen Sammlungen. Africana und Americana in Kunstkammern bis* 1670. Reimer, Berlin.

Buono, A. J. (2015). 'Their treasures are the feathers of birds': Tupinambá featherwork and the image of America. Pp. 178–88 in A. Russo, G. Wolf, and D. Fane (eds.), *Images Take Flight: Feather Art in Mexico and Europe* 1400–1700. Hirmer, Munich.

Burkhardt, F. et al. (1985–) (eds.). *The Correspondence of Charles Darwin*. Cambridge University Press, Cambridge.

Burkhardt, R. W. Jr. (2005). *Patterns of Behavior: Konrad Lorenz, Niko Tinbergen, and the Founding of Ethology*. University of Chicago Press, Chicago.

Burton, J. (2021). The killing felds of wildlife, https://johnandrewsson.wordpress.com/2021/03/30/the-killing-felds-ofwildlife/.

Buxton, J. (1950). *The Redstart*. Collins, London.

Cade, T. (1982). *Falcons of the World*. Collins, London.

Canby, J. V. (2002). Falconry (hawking) in Hittite lands. *Journal of Near Eastern Studies* 61: 161–201.

Chabran, R. and Varey, S. (2001). Entr'acte. Pp. 105–8 in Varey et al. (2001). Chabran and Weiner (eds.), *Searching for the Secrets of Nature*.

Chambers, B. (2011) (ed.). *Rewriting St Kilda: New Views on Old Ideas*. The Islands Book Trust, Lewis.

Chapman, A. (1930). *Memories of Fourscore Years Less Two,* 1851–1929. Gurney and Jackson, Edinburgh.

Chapman, A. and Buck, W. J. (1910). *Unexplored Spain*. Arnold, London.

41: 403–28.

Bechstein, J. M. (1795). *Natural History of Cage Birds*. Groom-bridge, London.

Belon, P. (1555). *Histoire de la nature des Oyseaux*. Prévost, Paris.

Bert, E. (1619). *An Approved Treatise on Hawks and Hawking*. Printed by T [homas] S [nodham] for Richard Moore, London.

Birds Preservation Act (1869). Heritage Open Days, https://bridlingtonpriory.co.uk/rev-henry-barnes-lawrence-and-the1869-sea-birds-preservation-act/.

Birkhead, T. R. (1992). *The Magpies*. Poyser, London.

—— (2008). *The Wisdom of Birds*. Bloomsbury, London.

—— (2014a). An academic life: researching and teaching animal behaviour. *Animal Behaviour* 91: 5 –10.

—— (2014b). Guillemots on Skomer: the value of long-term population studies. *Natur Cymru* 2014: 10–15.

—— (2016). Changes in the numbers of Common Guillemots on Skomer since the 1930s. *British Birds* 109: 651–9.

—— (2018). *The Wonderful Mr Willughby*. Bloomsbury, London.

—— (2021). Cracking the mystery. *BBC Wildlife*, March 2021: 72–6.

Birkhead, T. R., Atkin, L. and Møller, A. P. (1988). Copulation behaviour in birds. *Behaviour* 101: 101–38.

Birkhead, T. R. and Berkhoudt, H. (2021). Francis Willughby at Sevenhuis in June 1663. Pp. 78–88 in A. van de Haar and A. Schulte Nordholt (eds.), *Figurations animalières à travers les textes et l'image en Europe: Du Moyen Âge à nos jours*. Brill, Leiden.

Birkhead, T. R. and Gallivan, P. (2012). Alfred Newton's contribution to ornithology: a conservative quest for facts rather than grand theories. *Ibis* 154: 887–905.

Birkhead, T. R. and Lessells, C. M. (1988). Copulation behaviour of the osprey *Pandion haliaetus*. *Animal Behaviour* 36: 1672–82.

Birkhead, T. R. and Monaghan, P. (2010). Ingenious ideas: the history of behavioral ecology. Pp. 3 – 15 in D. F. Westneat and C. Fox (eds.), *Evolutionary Behavioral Ecology*, Oxford: Oxford University Press.

Birkhead, T. R. and Montgomerie, R. (2020). Three decades of sperm competition in birds. *Philosophical Transactions of the Royal Society* 375, https://doi.org/10.1098/rstb.2020.0208.

Birkhead, T. R. and Nettleship, D. N. (1995). Arctic fox infuence on a seabird community in Labrador: a natural experiment. *Wilson Journal of Ornithology* 107: 397–412.

Birkhead, T. R., Thompson, J. E. and Montgomerie, R. (2018). The pyriform egg of the Common Murre (*Uria aalge*) is more stable on sloping surfaces. *Auk* 135: 1020–32.

Birkhead, T. R., Wimpenny, J. and Montgomerie, R. (2014). *Ten Thousand Birds: Ornithology Since Darwin*. Princeton University Press, Princeton.

Birkhead, T. R., Wishart, G. J. and Biggins, J. D. (1995). Sperm precedence in the domestic fowl. *Proceedings of the Royal Society of London Ser B* 261: 285–92.

Birkhead, T. R. et al. (1990). Extra-pair paternity and brood parasitism in wild Zebra Finches *Taeniopygia guttata*, revealed by DNA fngerprinting. *Behavioural Ecology and Sociobiology* 27: 315–24.

Blackburn, J. H. (1872). Cuckoo and pipit. *Nature* 5: 383.

参考文献

Abbott, C. G. (1933). Closing history of the Guadalupe Caracara. *Condor* 35: 10–14.

Albin, E. (1741). *A Natural History of English Song-birds*. Bettesworth and Co., London.

Aldrovandi, U. (1599–1603). *Ornithologiae hoc est de avibus historiae.* Bologna.

Alexander (1915). A practical study of bird oecology. *British Birds* 8: 184–92.

Allen, E. G. (1951). The history of American ornithology before Audubon. *Transactions of the American Philosophical Society* 41: 386–591.

Allen, J. A. (1886). The present wholesale destruction of bird-life in the United States. *Science* 7: 191–5.

Anon. (1735). *The Bird Fancier's Recreation*. Smith, London.

Anon. (1995). *Brasil-Holandês* [*Dutch-Brazil*]. Editorial Index, Rio de Janeiro.

Anon. (no date). Rev. H. F. Barnes-Lawrence of Bridlington Priory and the Sea Birds Preservation Act 1869.

Archibald, J. et al. (2019) (eds.). *Decolonizing Research: Indigenous Storywork as Methodology*. Zed, London.

Aristotle (1936). *Marvellous Things Heard*. In W. S. Hett (ed.), *Aristotle: Minor Works*. Harvard University Press, Cambridge, MA.（アリストテレス「異聞集」瀬口昌久訳、『アリストテレス全集 12』内山勝利ほか編集委員、岩波書店、2015）

—— (1937). *Parts of Animals*, ed. A. L. Peck and E. L. Forster. Harvard University Press, Cambridge, MA（アリストテレス「動物の諸部分について」濱岡剛訳 『アリストテレス全集 10』内山勝利ほか編集委員、岩波書店、2016）

—— (1943). *Generation of Animals*, ed. T. E. Page. Harvard University Press, Cambridge, MA.

—— (1965). *History of Animals*, ed. A. L. Peck. Harvard University Press, Cambridge, MA.

Armstrong, E. A. (1955). *The Wren*. Collins, London.

Arredondo, J. M. and Bauer, R. (2019) (eds.). *Translating Nature: Cross Cultural Hierarchies of Early Modern Science*. University of Pennsylvania Press, Philadelphia.

Ashbrook, K. et al. (2008). Hitting the bufers: conspecifc aggression undermines benefts of colonial breeding under adverse conditions. *Biology Letters* 4: 630–33.

Avery, V. and Calaresu, M. (2019) (eds.). *Feast and Fast*. Cambridge University Press, Cambridge.

Avramov, I. (2019). Letters and questionnaires: the correspondence of Henry Oldenburg and the early Royal Society of London's Inquiries for Natural History. Chapter 5 in P. Findlen (ed.), *Empires of Knowledge: Scientifc Networks in the Early Modern World*. Routledge, London.

Bahn, P. G. (2016). *Images of the Ice Age*. Oxford University Press, Oxford.

Bailleul-LeSuer, R. (2013). *Between Heaven and Earth: Birds in Ancient Egypt*. Oriental Institute of the University of Chicago, Chicago.

Baker, E. C. S. (1921). *The Game Birds of India, Burma and Ceylon*, vol. 2. John Bale, Sons and Danielsson, London.

Barlow, N. (1958). *The Autobiography of Charles Darwin*. Collins, London.

Bates, C. (2011). George Turberville and the painful art of falconry. *English Literary Renaissance*

25 Meade et al. (2012).
26 Birkhead (2016).
27 Votier et al. (2009).
28 Charmantier and Gienapp (2013).
29 シェトランド諸島の状況は、フェア島で最もよくわかる（www.fairislebirdobs.co.uk/seabird_research.html）。メイ島については、Ashbrook et al. (2008)。北米の西海岸は、Piatt et al. (2020) を参照。餌の分布の変化がニシツノメドリに与える影響については、Fayet et al.(2021) も参照。

エピローグ

1 「あたりまえ」というのは、1970 年代のテレビシリーズ「Mr. チョンボ危機乱発」でジョン・クリーズによって有名になった表現だ。グラッドウェルの本が出版された直後の 2000 年に、著者と私、また他にも 2 人の著者が、短気なジェレミー・パックスマンがホストを務める “*Start the Week*” というラジオ 4 の討論番組に出演した。すぐに明らかになったように、パックスマンもまた、『急に売れ始めるにはワケがある』のアイデアはむしろ当然だと考えていた。
2 とはいえ、ワクチン接種のルーツは、科学とは無縁の土着文化にあった（Ridley, 2020 参照）。
3 Birkhead (2018) と Birkhead (2021) を比較してほしい。
4 気候変動に対処しない場合、どのような事態になりうるかを知りたければ、バリー・ハインズの「SF　核戦争後の未来・スレッズ」（www.youtube.com/watch?v=s_s8CrRN76Mandlist=PL13xVFVD-3WSHqvA4DOK77r_1FXmhgf5; Lopez［2019: 46］）を参照されたい。
5 Birkhead and Nettleship (1995).
6 Thomas (1983) ; Fowles (1979).
7 Snow (1959). また、異なる自然観を統合することを目的とした運動の例として、New Networks for Nature〔バークヘッドらが設立した、多様な背景の人々が共通の志を持って自然や野生動物と関わっていくことを目指すネットワーク〕を参照。www.newnetworksfornature.org.uk/.
8 自然と触れ合えば、一般的に幸福感が高まるということは、今ではよく知られている。人間と自然の相互作用に関する関心の高まりについて、Soga and Gaston (2020) によるレビューがある。

た。

14 1641年にマサチューセッツ湾植民地のピューリタンが、動物を虐待から保護する最初の法令を導入した。Watson(2014).

15 Ritvo (1989: 128).

16 同上

17 同上 : 138.

18 http://news.bbc.co.uk/local/humberside/hi/people_and_places/nature/newsid_9383000/9383787.stm.

19 Thoreau (1853-4: 66). この「スパイグラス」とは軍用の望遠鏡だった。双眼鏡が普及したのはずっと後のことで、イギリスでは1896年になってからである。それ以前は、フローレンス・メリアムが1889年に出版したベストセラー『*Birds Through an Opera Glass*〔オペラグラスで鳥を見る〕』で奨励したように、オペラグラスがよく使われていた。

20 Allen (1886).「収集という病」。マックス・ニコルソンは1926年に出版した『*Birds in England*〔イングランドの鳥〕』で「leprosy〔伝染性の腐敗をもたらすハンセン病〕of collecting」と表現した。この点に関するイギリスの低迷ぶりは、Moss (2004) および Birkhead et al (2014：168-9) を参照のこと。

21 Newton (1861). 鳥類センサスのアイデアはニュートンが発案したわけではなく、偉大なアイデアと同様に、以前から似たようなことを提案していた他の人がたいていいた。たとえば、アメリカの偉大な鳥類学者アレクサンダー・ウィルソンは、1811年にペンシルベニア州の植物園で鳥類の調査を行なっていた。

22 "Hollom field guide" Peterson et al. (1954). ホロムについては、Porter (2015) を参照。「*The Most Offending Soul Alive*〔世界一不愉快な人物〕」は、Heimann (1998) によるハリソンの伝記のタイトルである。世界中の鳥の個体数に対するおもな脅威を順に挙げると以下のようなものがある。①生息地の喪失（森林伐採など）、②外来種（アホウドリの成鳥やヒナを殺す海洋島のハツカネズミなど）、③世界中で毎日数百万羽の鳥を殺している飼い猫、④渡り鳥を何百万羽も捕殺して食べる狩猟を行なっているエジプトなどの国、また、⑤鳥の商取引。オオウミガラスの場合と同様に、「希少性フィードバックモデル」が働くからである。ぎごちない言葉だが、珍しいほど需要が高まり、人はさらに高額の金を出す気になる、という単純だが悲しい事実を意味している。全体の13%にあたる1469種が絶滅危惧種、1017種が準絶滅危惧種となっていて、これらを合わせると全鳥種の5分の1に及ぶ。全体として、全鳥類のうち、減少しているのは40%、安定しているのが44%、増加しているのは7%だけで、残りの9%の状況は不明である。厳しい状況である。ニシツノメドリとミツユビカモメの両方が絶滅の危機に瀕していると考えられるなどとは、思いもよらない。1500年以来、約161種の鳥類が姿を消しており、これは前代未聞の絶滅率である。ハワイのプーリー（カオグロハワイミツスイ）は2004年に飼育下で死亡したのが最後とされている。

23 Birkhead (2014b).

24 ウミガラスの卵は洋ナシ形をしていて、他の形に比べて安定がよく、特に傾斜した岩棚などでは転がり落ちにくい。これは、卵の縁が長く直線的であるため、岩棚と接触する部分が多く（摩擦も大きく）なるためだ。以前は、この形状のおかげで卵が軸回転したり、弧を描いて転がることができるという説があり、その他には、この形状が損傷に強いか、汚れた岩棚で鈍端が汚れにまみれないようにするためという説もあったが、現在はいずれも否定されており、安定性が鍵のようだ（Birkhead et al., 2018）。

学』（原著1978年刊、およびその後の版）は、昔も今も変わらぬ「バイブル」的教科書だ。

19 Birkhead and Montgomerie (2020).

20 ボブ・メイからニック・デイヴィスとジョン・クレブスそれぞれへ宛てた私信。

21 ニック・デイヴィスが著書『カッコウの托卵』（原著2015年刊）で見事に表現している。

22 Bonhote (1907); Krebs and Davies (1978); Stacey and Koenig (2008).

23 Darwin (1871).

24 Selous (1901).

25 Birkhead (1992).

26 Birkhead et al. (2014: viii).

第12章

1 1907年5月、ニュートンは「78歳にして初めての本格的な病気」である浮腫に悩まされるようになる。友人のジョン・ハービー＝ブラウンに宛てた手紙で、痛みはないが、この病気で命を落としそうな気がすると書いている（実際その通りになった）。また、「Gare-fowl（オオウミガラス）の話」や「ノガンとイギリスについて」を語るまで生きられたらと思うが、そのために膨大な資料を蓄えておいたので、おそらく他の誰かがそれを使ってくれるだろう」（Wollaston, 1921）とも言っている。Birkhead and Gallivan (2012); Urry (2021) も参照。

2 鳥類学に関する秀逸な伝記が3つある。Hale (2016); McGhie (2017); Milsom (2020).

3 Waterton (1871: 411).

4 Newton (1869).

5 Grieve (1885); Birkhead and Gallivan (2012); Pálsson（印刷中）も参照。なぜオオウミガラスはgarefowlと呼ばれたのか？　アイスランド語では、Geir-fugl（槍鳥）と呼ばれ、その強力なくちばしにちなんでいると思われる。イヌイット語で「小さな翼」を意味する*isarukitsok*という名前は、明らかにの不釣り合いなほど小さな翼を指している。Clements Markham (1875) 参照。ジミ・ヘンドリックスのすばらしく美しい曲に「Little Wing」というタイトルのものがあり、私はオオウミガラスについて歌った曲だと思いたい。

6 Fuller (1999).

7 Burkhardt et al. (1985-, vol. XIX), E・R・ランケスターへの書簡、22 March (1871) はwww.darwinproject.ac.uk/letter/DCP-LETT-7612.xmlを参照。「sympathy（同情）は男らしくない」についてはEndersby (2009) を参照。

8 Cowles (2013).

9 Morris (1867).

10 繁殖期の110日間に、それぞれ銃を2丁構えた舟が25隻で毎日975羽を撃った結果、季節の合計では約10万7250羽を仕留めることになる。

11 Morris (1868). クリスチャン王子と海鳥の卵についてはバーンズ＝ローレンスの日記より。新法の法的側面については、Hickling (2021) も参照。

12 3ポンド19シリングは現在の約500ポンドに相当する（E. Boardman, 私信およびhttps://bridlingtonpriory.co.uk/wp-content/uploads/2020/01/Resource-Booklet-Rev-Henry-Barnes-Lawrence-and-the-Sea-Birds-Preservation-Act.pdfを参照）。

13 Newton (1896: 398); Morris (1897); Vaughan (1998: 145). 海鳥の個体数がこれほど急速に変化することはめったにないので、もし本当なら、ウミガラス数の増加は驚くべきものだっ

第 11 章

1 Stresemann (1975); Schulze-Hagen and Kaiser (2020).

2 Heinroth (1911).

3 Heinroth (1924-1933). Schulze-Hagen and Kaiser (2020) の『*Die Vogel-WG*〔鳥長屋〕』。タイトルに若干の説明をしておくと、*WG* とは *Wohngemeinschaft*、つまり共同住宅やアパートを意味しており、ハインロート夫妻が鳥たちとどのように暮らしていたかを見事に表わしている言葉だ（ガブリエレ・カイザー博士は、ベルリン国立図書館写本部の記録保管係である）。2020 年に出版されたこの本は、ドイツでちょっとしたメディア・センセーションを巻き起こし、ハインロート夫妻がようやく認められた。この本が英訳されるのが待ち遠しい。

4 Schulze-Hagen and Kaiser (2020).

5 同上 ; Schulze-Hagen and Birkhead (2015).

6 Birkhead et al. (2014).

7 ハインロートの伝記作家であるカール・シュルツ＝ハーゲンは、ハインロートがナチス政権下でユダヤ人の友人を何人も保護してかくまった経緯を語ってくれた。

8 Stresemann (1975: 348); Schulze-Hagen and Kaiser (2020).

9 Kruuk (2003); Burkhardt (2005).

10 Burkhardt (2005).

11 ジュリアン・ハクスリーは、それ以前からこれらのうちの 3 つを特定していた。ティンバーゲンはそれに発達を加えただけであり、それを謙虚に快く認めている。しかし、行動研究の方向性を示したのはティンバーゲンの論文である。Birkhead et al. (2014: 281) 参照。

12 Tinbergen (1953).

13 研究グループは大きく分かれており、ティンバーゲンは動物行動研究グループ、ラックはエドワード・グレイ野外鳥類研究所で生態学に重点を置いていたため、彼らの考えはうまくかみ合わなかった。ラックはがん（非ホジキンリンパ腫）、ティンバーゲンはうつ病と、晩年は互いの病気のことを打ち明け合う仲になった（K. Schulze-Hagen, 私信、彼らの書簡より）。

14 Birkhead et al. (2014). 鳥類学者のデイヴィッド・スノウ（私信）によると、ウィン＝エドワーズはかつて、自分の考えをダーウィンの考えと同じくらい重要だと思っていると言っていたそうだ。

15 1970 年代初頭、私は婚約者とともにスイスでキャンプ休暇を過ごした。センパッハにあるスイス鳥類学研究所の同僚に会った時、東欧からの訪問客を一緒に連れていってくれれば、費用をすべて負担すると提案された。私たちは資金が限られていたので承諾したのだが、彼らがこの訪問者を追い出したかった理由はすぐに明らかになった。最初の晩、私はテントの一番奥を指さして、ゲストに「そこで寝てくれ」と言った。彼は「いやだ！」と言い、私のパートナーを指さして彼女の隣で寝たいと言う。そして、トリヴァースの雄バトと同様に、私は婚約者と招かれざる客の間に割り込んだが、朝になってみると、彼はどうにかして彼女の隣で寝ていた。まだ寝袋の中にいたのは幸いだった。

16 Birkhead and Monaghan (2010). オックスフォード大学だけでなく、ハーバード大学にはトリヴァースと E・O・ウィルソン、インペリアル・カレッジ・ロンドンには W・D・ハミルトン、サセックス大学にはジョン・メイナード＝スミスもいた。

17 Segerstråle (2000).

18 Nelson (2013). ジョン・クレブスとニック・デイヴィスによる『進化からみた行動生態

ラックの同僚であり、同じような考えをもっていた。ラックは『鳥学の世界へようこそ』の序文の初稿について、集団間に見られるエリート主義によって鳥の見方が歪められやすい点を強調するかのように、「意図せずに与えている好ましくない印象が2つある」と意見をされたことがある。「鳥類学者たる者はみな研究を行うべきであり、他の仕方での鳥観察は時間の無駄だという点と、研究をする鳥類学者は研究をしない者より優れているということ……」。最終版 (1965) では、ラックは謝罪して、それに応じた修正をしている。

15 Tinbergen (1953); Lorenz (1952); Armstrong (1955).

16 Moss (2004).

17 Cocker (2001).

18 同上

19 2010年に行われた "*British Birds*" 誌の読者調査では、回答者882人のうち97%（調査対象者の21%）が男性だった（C. Spooner、私信）。鳥に感心のある人の性別の変化については、Huang et al. (2020) を参照。オーストラリアにおけるバードウォッチャーについては Penny Olsen, 私信。鳥類学や生物学に携わる女性の人数が増えていることを記録するために、私の研究仲間であるオンタリオ州のクイーンズ大学のボブ・モンゴメリは、"*The Auk*" "*The Condor*" "*The American Naturalist*" という著名な科学雑誌について、女性が筆頭著者となった論文の数を調べた。それによると、1970年代から劇的に増加しており、これはおそらく教育機会の拡大と解放の結果だろう（R. Montgomerie, 私信）。鳥類学における女性の役割を称えるウェブサイトがいくつかある（https://matthewhalley.wordpress.com/2018/01/17/female-pioneers-of-ornithology/; www.discoverwildlife.com/people/the-wonder-women-of-ornithology/; https://americanornithology.org/the-invisible-women/)。
科学論文の著者としての女性の割合は、1945年の14%から2010年には27%に増加したが、これには「生産性と影響における男女格差の拡大」が伴っていた（Huang et al., 2020)。

鳥に対する関心の「ニッチ分割」は、他の地域でも見られる。北米では、最も基本レベルは "*Audubon*" と "*Natural History*" で、次の層はハードコアなバードウォッチャーのための "*Birding*"、次に調査に従事するバードウォッチャーのための "*Bird Banding*" "*Journal of Field Ornithology*" "*Canadian Field Naturalist*"、次いで自立して真剣に鳥を研究する者のための "*Wilson Bulletin*" "*Condor*" と "*Auk*"、そして最後に国際レベルの雑誌が続く。

20 Medawar (1979). リチャード・ドーキンスは、『盲目の時計職人』（原著1986年刊）の中で、生物学は物理学よりも無限に複雑だと論じている。物理学者は生物学者よりも賢いと考えられているにもかかわらずだ。 Lack (1965) はまた、鳥類関係のキャリアを確保するためのガイダンス（今では古くなってしまったが、役に立たないわけではない）を提示している。

21 Lau et al. (2020).

22 これらの例は、いずれも1907 〜 1908年の「*British Birds*」第1巻に掲載されたもの。

23 サイド・ハント : Birkhead et al.(2014) 参照。

24 最初の学生はティム・バーチ、2人目はキース・クラークソンで、2人とも自然保護の分野で立派にやっている。

25 Snetsinger (2003). ホーンバックルについては www.shanghaibirding.com/hornbuckle/ を参照。新種や分類の変更により、バードリスターの上位者は常に入れ替わっている。トゥイッチングについては、Cocker (2001); Moss (2004); Mynott (2009) を参照。

26 www.10000birds.com/how-many-birders-are-there-really-updated.htm.

27 eBird: https://ebird.org/science; www.icarus.mpg.de/4158/icarus-global.

29 Dennis (2008).

30 Cole and Trobe (2000).

31 Holden and Holden (2017: 38) および www.theguardian.com/artanddesign/2017/sep/10/natural-selection-andy-peter-holden-artangel-newington-library-review を参照。この 2 人のコレクターは、マシュー・ゴンショーとコリン・ウォトスンという多重犯だった。後者は 2006 年に保護種であるハイタカの営巣木に登っている最中に木から転落し、62 歳で死亡した。http://news.bbc.co.uk/1/hi/england/south_yorkshire/5294900.stm. を参照。

32 Walters (2005); Prys-Jones et al. (2019).

33 Johnson (2018). エドウィン・リストは、フライフィッシングとフライタイイングに魅了された 20 歳のアメリカ人音楽家だった。

34 Collar and Prys-Jones (2012).

35 同上 : 22.

第 10 章

1 Selous (1899, 1901). なお、フローレンス・メリアムはセルースに先だってバードウォッチングに関心をもちはじめていたが、彼とは違って鳥を殺さなかった。

2 Selous (1899, 1901).

3 ギルバート・ホワイトのような先駆者がすでに雛型を提供していたという意見もあるだろうが、類似点はあるものの、ホワイトはセルースとは異なり、座って鳥を観察したり、なぜ特定の行動をとるのかを考えたりはしなかった。

4 Sulloway (1996).

5 Howard (1920). 古くはアリストテレス自身や 13 世紀のフリードリヒ 2 世など、よりカジュアルに鳥を観察する人々が、多くの鳥が「free hold（自由土地保有権）」を占めているように見えるという事実に言及していた。Fisher (1966) が暗示し、Kinlen (2018) がより明確に述べているように、ハワードの考えはおそらく本人が言うほど独創的ではなかった。しかしそれでも、『*Territory in Bird Life*〔鳥の生活におけるなわばり〕』はなわばりという概念を発展させ、それを効果的に公表することによって、鳥の生活におけるこの基本的側面に関する膨大な研究を刺激したのである。

6 Birkhead et al. (2014).

7 同上。おもな責任は、1931 年に編集長に就任したクロード・ティスハーストにあった。

8 Alexander (1915). エマ・ターナーについては、Parry and Green- wood (2020) を参照。

9 Witherby et al. の全 5 巻の『イギリス鳥類図鑑』(1938-1941)、Lockley (1947); Alexander (1915).

10 Niemann (2013). 興味深いことに、私たちが知る限り、イギリスにいたドイツ兵捕虜が気晴らしにバードウォッチングを利用したことはなかった（D. Niemann、私信)。Fisher (1940); Buxton (1950); Moss (2004).

11 Ogilvie et al. (2007).

12 Hartley (1954); Wallace (2004:123) も参照。

13 Summers-Smith et al. (1954).

14 Hartley (1954). ピーター・ハロルド・トラヘア・ハートリー (1909 〜 94) は 1933 年、ロンドン大学で動物学の第 1 級優等学位を取得した。軍人であり、自然保護に積極的で、1970 〜 75 年までサフォーク州の大執事を務めた。オックスフォード大学ではデイヴィッド・

Including Ceylon and Burma〔セイロンとビルマを含む大英帝国インドの動物層〕』の企画に関する目論見書による。

4 Wood and Fyfe (1943).

5 Avery and Calaresu (2019).

6 Schulze-Hagen et al. (2003); Gessner (1555).

7 Schulze-Hagen et al. (2003).

8 Wagstaffe and Fidler (1955).

9 「イギリス最後の大鳥類コレクター」は Garfield(2008) による。マイナーツハーゲンの軽率な行動については、Knox (1993); Rasmussen and Collar (1999) も参照。

10 Mearns and Mearns (1998).

11 Rothschild (1983).

12 Birkhead et al. (2014: 75–82).

13 Chapman (1933: 161).

14 Mearns and Mearns (1998: 21).

15 Mearns and Mearns による引用 (1998: 22)。

16 Loss et al. (2012).

17 チャンスについては、Cole and Trobe (2000: 35) によるネザーソウル・トムソンの引用。イギリスにおけるセアカモズの減少について——大陸では依然としてふつうに見られるが、1988 年以降、イギリスで繁殖しているのは数つがいである。

18 ベックからクリントン・G・アボットへ宛てた書簡、Abbott (1933) に引用。

19 Marshall (1912), Collar and Prys-Jones (2012: 32) による引用。ヒュームは 1853 年にメアリー・グリンドルと結婚したが、彼女についてはほとんど何もわかっていない。

20 Marshall (1912).

21 同上 : 36.

22 学名 *Calandrella acutirostris*.

23 Mearns and Mearns (1998: 407) を参照。旧北区西部は地理的な地域であり、「tick（ティックする）」とは、バードウォッチャーが新しく見た種を記録することを指す言葉で、その地域あるいは個人のリストにとっての新種である。

24 生きた標本から記載された新種はブロ・ブルティのモズが初めてではない。1800 年代の W・ロスチャイルド、P・L・スクレーター、1930 年代のジャン・テオドール・ドゥラクールとピエール・ジャブイーユなどもっと以前の鳥類学者も特定の種で同じことを行なっていた。Collar (1999). 亜種については、以下を参照。Smith et al. (1991); Nguembock et al. (2008). Blue-throated Hillstar〔仮和名アオノドヤマハチドリ〕はヤマハチドリ属に属する。

25 https://markavery.info/2018/11/15/ornithologists-kill-critically-endangered-hummingbirds/.

26 Porter, Burton (2021) による引用。

27 Remsen (1995). この学術論文は、採集に対する反論を含め、いくつかの点でユニークだった。レムゼンは採集に対する一般的な反論として、①鳥の個体数に損害を与える、②道徳的に間違い、③標本はすでに十分ある、④不要である——写真と DNA 用の血液サンプルがあれば十分、⑤国の自然遺産が枯渇する、⑥特に地元民に悪い例を示す、を挙げている。そして、これらの主張がいずれも成り立たないことを示している。レムゼンの主張のうち、特に最後の⑥は、先のリチャード・ポーターのコメントに照らして、最も弱いと思われる。

28 DiEuliis et al. (2016).

24 Barlow (1958).

25 個体選択は、リチャード・ドーキンスの『利己的な遺伝子』(原著 1976 年刊) で見事に説明されている。基礎知識は次の通り。種の中で、個体にはさまざまな違いがある。ある種の鳥のくちばしの大きさを測ってみると、他の個体より長く太い個体がいる。このような変異には遺伝的な要因があることが多く、くちばしの大きさは親から子へ受け継がれる。ここで、くちばしの大きさによって、食べやすい種子の大きさが決まっていることを想像してみよう。大きなくちばしは大きな種子を食べやすく、小さなくちばしは小さな種子を食べやすい。それでは、干ばつで小さな種子が不足したとする。大きなくちばしの鳥は大きな種子を食べて生き残り、小さなくちばしの鳥は大きな種子を開けられずに飢えて死に絶えてしまう。すると、次の世代の鳥はほとんど大きなくちばしの鳥ばかりになる。これは、1980 年代にガラパゴス諸島で干ばつの結果、実質的には起こったことであり、1830 年代にそこを訪れたダーウィンが 150 年前に予測していたことが、一気に現実のものとなったことを示している。Boag and Grant (1981); Lamichhaney et al. (2015, 2016) を参照。

26 Wallace (2005: 18).

27 Chassagnol (2010).

28 Chitty (1974).

29 Kingsley (1871).

30 Morris (1850–57, vol. V: 119).

31 Morris (1850-57, vol.III: 53). なお、ページ番号はモリスの各版で異なっており、私は四六判本版を使用した。

32 Morris (1897: 213–15, 222)

33 Gosse (1907: 75, 139).

34 Ray (1678; 1714).

35 Rennie (1835: 314)

36 Davies (2015) によるジュンナーの引用、Waterton (1871: 317).

37 Smith (1999).

38 Blackburn (1872, 1873).

39 Tree (1991: 214).

40 Holmes (2018).

41 同上 : 208, 232, 233. 自然神学的なテーマは、1885 年に制作されたダーウィンの像を階段の一番高いところに置いたことでさらに相殺されている。ダーウィン像は白い大理石であり、その後 1897 年につくられたオーウェン像が黒いブロンズであることは、このことを物語っている。

42 グールドがオナガラケットハチドリを入手できなかったことについては、Tree (1991: 162) に記述されている。

43 Smith (2006). 別の見解については Frith (2016) を参照。

第９章

1 Gould (1861: vol.III, plate 172). グールドの言う Blue-tailed Hummingbird は、現在 Long-tailed Sylph〔アオフタオハチドリ〕として知られているものである。

2 ヒュームについてこの点と以下は、Collar and Prys-Jones (2012)。

3 同上。ジャードンのコメントは、『インドの鳥』における、『*The Fauna of British India,*

41 Martin (1698: 65).
42 同上 : 13.
43 同上 : 115; Nelson (1978: 286); Chambers (2011) における Buchan (1727) の引用。スコットランドのストーンは、7.936kg（17lb 8oz）に相当する（Wikipedia）。Nelson (1978: 281) は、200 ストーンのために「9 万羽の小型海鳥」（私はニシツノメドリと読み取った）が必要で、Hutchinson (2014) によれば「羽毛布団 1 枚に詰めるのに、シロカツオドリが 300 羽近く必要だった」。
44 Martin (1698: 46).
45 www.atlanticseabirds.info/mykines.
46 マイク・デイ の 2016 年の映画「*The Islands and the Whales*〔島々とクジラ〕」を参照。ニシツノメドリの情報は Tycho Anker-Nilssen、私信。

第 8 章
1 Burkhardt et al. (1985−vol. II: 11).
2 ダウン・ハウスにあるハチドリの展示は、2m ほどあるケースに 1840 年代に収集された鳥が詰め込まれている。ダーウィンの隣人で友人のジョン・ラボック卿の子孫であるラボック家から 1965 年にダウン・ハウスに寄贈されたものだ。Tree (1991) を参照。
3 Foster (1988).
4 Mabey (1986).
5 White (1789, 1813 edn: 491).
6 Dadswell (2003: 23).
7 Secord (2000).
8 King (2019: 5).
9 ジェニンズは 1827 年〜 44 年までスワファム・バルベックの副牧師を務めた。これは Wallace (2005: 66) によるジェニンズの「chapters of my life〔我が人生の章〕」からの引用。
10 Barlow (1958).
11 Jenyns (1846: 139, 151, 184).
12 Wood (1862: 509).
13 Whittington-Egan (2014).
14 SPCK は 1698 年に設立されたイギリスを代表するキリスト教教育図書の出版社で、現在も健在である。
15 創世記 1 章 21 〜 22 節 .
16 Syme (1823: 25).
17 Albin (1741); Holden (1875: 10).
18 Bechstein (1795) は英訳され、初版から 1800 年代後半までに何度も版を重ねた。
19 Wallace (1887).
20 Anon (1735).
21 Smith (1835: 5−6).
22 カッコウなどの托卵鳥は例外で、刷り込みをする真の親がいなくても機能するようだ。Davies (2010: 155−8; 205−8) を参照。
23 Birkhead et al.(1990). うちの息子は学校で父親の職業を尋ねられた時、私のことを「乱交の教授」と呼んだ。

2 Debes (1676: 134).
3 Otero et al. (2018).
4 Wylie (1987).
5 Debes (1676: 144−5).
6 同上 : 141. オオウミガラスは、かつてフェロー諸島で繁殖していた可能性がある。
7 Debes (2017: 290).
8 同上。Avramov (2019).
9 Worm (1655); Debes (2017: 89).
10 Jens-Kjeld Jensen, 私信。
11 ディドリック・ソーレンセン（1802 〜 65）はサンドイ島に住んでいた。
12 Williamson (1948: 146).
13 Debes (1676: 149−50).
14 Harris (2011: 168).
15 Vogt. Debes による引用（2017: 308 n.1132）。
16 Harris (2011); Tycho Anker-Nilssen, 私信。
17 Dunning et al. (2018).
18 Jensen (2010).
19 Olsen (2003); Joensen (1963). スクヴォイでの受け入れ先は、インガ・トラレニだった。
20 Dyck and Meltofte (1975); Jens-Kjeld Jensen, 私信。
21 Jens-Kjeld Jensen, 私信。
22 Williamson (1948: 137).
23 Vaughan (1998).
24 Frederickson et al. (2019).
25 Fielden (1872).
26 Landt (1810); Jensen (2010).
27 Jensen (2012: 25).
28 Birkhead (2016).
29 Birkhead (2014a); Nørrevang (1958).
30 Landt (1810). フルマカモメの分布拡大の原因は不明である。考えられる要因として、①捕鯨による廃棄内臓の増加、②新しい遺伝子型、③気候変動—暖かい水域の増加、などが考えられている。
31 Martin (1698: 57); Fisher (1952: 489).
32 Jensen (2010: 16).
33 Fisher (1952: 449).
34 巣立ち時のフルマカモメのヒナの体重の約 40% は脂肪である（Phillips and Hamer, 1999）。
35 Herrmann et al. (2006); Fossádal et al. (2018).
36 Debes (1676: 376).
37 同上 : 109, 135. 舌切りについては、Birkhead (2008: 250) を参照。
38 Birkhead (2008: 257).
39 Grouw and Bloch (2015). フェロー諸島の白黒のワタリガラスは部分白化といい、特定の羽にメラニンがないものだった。
40 Macaulay (1764); Randall (2004).「北大西洋における海鳥の捕獲」については、www.atlanticseabirds.info/ も参照。

49 Jacobs (2016: 21 and 18); Norton (2012: 69).

50 Norton (2012: 67).

51 ジョン・オギルヴィーが自分の欲しい頭飾りの購入に伴う物語を理解するのに苦労したように、西洋人はしばしば先住民の物語を理解しにくいと感じる。それは論理的な構造を期待し、物語を文字通りに受け止めようとしてしまうからだ。実際には、先住民の物語の多くは宗教の説教のようなもので、特定の価値観を植えつけ、特定の信念を強化するための隠れた意味やメタファーに満ちあふれている。また、科学者がセミナーや出版物で語る物語と、先住民が語る物語には共通点がある。たとえば、私の両親のように科学者ではない者が、ある程度の理解を得るためには、一文一文、手ほどきを受ける必要があるのだ。私がイヌイットの物語を理解するのに、まさにそのような指導が欲しいと望んでいる。先住民の「語り」は、今まさに発展中の学問分野である（Archibald et al., 2019）。

52 Ray (1678: preface, p.5).

53 エルナンデスは、旅に同行したペドロ・バスケス、アントン・エリアス、バルタサル・エリアスの3人のナワ族のアーティストに恩義を感じ、遺言で彼らにそれぞれ60ダカット金貨を遺贈している（Chabran and Varey 2001: 107）。サアグンは、協力してくれたすべての人の名前を挙げ、謝辞を述べている（Haemig, 2018: 付録）。また、エルナンデスはサアグンのフィレンツェ写本から資料を採ったことを認めていないことに注意。今日の科学では、研究責任者は自分が受けたかもしれない援助を認めるのがふつうだが、その研究を引用する後続の著者が明記しないのは、それが（現在のところ）学術的なエチケットに含まれていないためである。

54 Birkhead (2018). ルヴァイヤンとベンソンの詳細については Jacobs (2016) を参照。

55 Birkhead (2018); Raven (1942).

56 Ray (1714).

57 Raven (1942: 465).

58 Ray (1714).Topsell (1972) あるいは Aldrovandi (1599)。エドワード・トプセルの『Fowles of Heauen〔天の鳥類〕』はアルドロヴァンディの本を翻訳したものなので、予想される点もある。実際、レイが『神の英知』で述べたことは、アルドロヴァンディを読んで触発されたことだろうかとも私は考えている。

59 Ray (1714).

60 Raven (1942: 466–7).

61 同上 : 457.

62 Haffer et al. (2014).

第7章

1 アバカック・プリケットはディスカバリー号の反乱者の一人で、1611年6月にヘンリー・ハドソン船長を他の8人（生存者なし）とともにジェームズ湾に置き去りにした人物である。船を掌握した反乱者たちは、ウミガラスを捕獲するためにディグス島に寄港し、そこでプリケットは「石造りの丸い丘」を発見した。その構造は同じ目的で使われたセント・キルダ島の cleit とも似ている（http://archive.org/details/henryhudsonnavig27ashe/page/n15/mode/2up）。私の同僚のトニー・ガストンは、1980年代にディグス島でハシブトウミガラスを研究している時に、プリケットの「石の丘」をそのまま見たそうだ（Gaston et al.1985）。

30 同上 : 141.

31 同上。情報は、再利用も含めて多層的で、複雑な知性のカスケードを経て流れてきた（Varey［ed.］, 2001 参照）。つまり、地元のナワ族から、スペイン人に協力した教養ある（3 カ国語を話す）ナワ族を経てサアグンやエルナンデス（サアグンから資料を借用）へ、さらにエルナンデスの記述を要約した 1600 年代のレッキ、レッキの記述を言い換えた Nieremberg (1635)、ニエレンベルクの記述を一言一句コピーしたジョン・レイという流れだった。ここでは、Das and Lowe (2018) による脱植民地主義に関する論文が適切である。

32 Whitehead (1976: 411).

33 原画は『*Brasil-Holandês*〔オランダ領ブラジル〕』全 5 巻（Anon., 1995）に再現されている。

34 King (2012: 4) ; Norton (2019: 121).

35 Norton (2019: 128 and 136). メンドーサ絵文書。https://iiif.bodleian.ox.ac.uk/iiif/viewer/2fea788e-2aa2-4f08-b6d9-648c00486220#?c=0andm=0ands=0andcv=0andr=0andxywh=-3254%2C-464%2C13092%2C9265

36 Buono (2015).1539 年、モクテスマ 2 世の娘婿は、教皇パウルス 3 世（その 2 年前にメキシコの先住民は魂をもっており、奴隷にしてはならないと定めた人物）のために、聖グレゴリウスのミサを描いた羽細工のパネルを注文した。このパネルは 68 × 56cm で、背景は見事な虹色に輝く青（おそらくフウキンチョウ類の羽）でできている。私は、ピーク・ディストリクトで行なわれるウェル・ドレッシング〔井戸飾り〕を連想した。そこでは羽ではなく、花びらやその他の植物で控えめにつくられている。その歴史は不明だが、「*Mass of St Gregory*」（Musée de Jacobins 所蔵、Auch, France）のように、ヨーロッパにもたらされた具象的な羽細工に触発されたことは容易に想像できるだろう。

37 Amy Buono による総説より。King (2012) : www.caareviews.org/reviews/2032/.

38 Sancho de la Hoz (1535).

39 メラニン代謝を阻害するナマズは、レッドテールキャットフィッシュ（*Phractocephalus hemioliopterus*）を指す（Soares de Souza, 1851）。

40 Teixeira（1985）.

41 「農地を開拓するために大規模な森林伐採をするよりも、先住民が野生動物（鳥）を殺して本来の行動を維持する方がましである」。Raphael Santos, 2020 年 7 月 31 日、私信。Buono (2015: 181) も参照。

42 Norton (2012: 69).

43 Buono (2015: 183) での引用。

44 Norton (2012: 70).

45 Bujok (2004); Hesse (2010). フリードリヒの父は新大陸の珍品を収集しており、行列の水彩画の中に見られる「羽の盾」は 3 枚のうち 2 枚が現存している。この祭典は、フリードリヒが権力の頂点に立ったことを祝うものだった。1599 年 1 月 24 日、神聖ローマ皇帝はプラハ条約で、ヴュルテンベルクの領土はもはや皇帝の支配下ではなく、ヴュルテンベルク公爵家の絶対的所有となることに合意していたのだ。

46 Buono (2015) およびメンドーサ絵文書（fol.67r）のアステカの行列を参照。

47 メキシコからヨーロッパに送られた薬物には、ユソウボク属（リグナム・バイタ――梅毒の治療薬として――ただし期待外れ）、バルサム、ヤラッパ（下剤）、ササフラス（傷や熱の治療薬）、ニュースペインから輸入したタバコなどがある。また、バニラ、トマト、トウモロコシ、ジャガイモ、トウガラシ、ダチュラ（チョウセンアサガオ）もある。

48 Arredondo and Bauer (2019).

イではなくウィラビーだろうと私は推測している（Birkhead, 2018）。

8 Birkhead (2018).

9 『ウィラビーの鳥類学』は、Newton (1896)、Stresemann (1975) などにより、鳥類学の教科書として広く認知された。

10 Birkhead (2018).

11 Grigson (2016): ジュリエット・クラットン＝ブロックによる序文つき。

12 Sossinka (1982).

13 Hume (2006).

14 Ray (1678: 153-4). 引用は Strickland and Melville (1848: 22)。

15 Hume (2006). 2018 年にこの標本の頭骨を X 線で調べたところ、銃で撃たれていたことが判明し、出所について疑問が生じている（Warnett et al., 2020）。

16 Ray (1678: 152); Clusius (1605). ドードーの系統については Shapiro et al.(2002) を参照。

17 Evans (2000); Ray (1678: 245)。私の知る限り、フィレンツェ写本にはショウジョウコウカンチョウ（*Cardinalis cardinalis*）は登場しないが、メキシコマシコ（*Carpodacus mexicanus*）は登場する。サアグンは「家畜化が可能で、教えやすく、繁殖もできる……。彼らはそれを家畜化する。私も飼っている」（Sahagún, 1981: 48）と述べていることから、1500 年代後半にはアステカ族によって飼育されていたので、ショウジョウコウカンチョウも同様にかごの鳥として飼われていたのではないか（Johnston, 2004）。

18 Pierson (2001).

19 同上

20 Varey (2001).

21 López-Ocón (2001).

22 Reeds (2002). Varey et al. (2001) の総説、および Freedberg (2002).

23 Reeds (2002).

24 Freedberg (2002: 247).

25 「ニュースペインの薬用事項の宝庫、あるいはメキシコの植物、動物、鉱物の歴史」(www.wdl.org/en/item/19340/)。 *Mexican treasure*, 正式名称 *Rerum medicarum Novae Hispaniae thesaurus, seu, Plantarum animalium mineralium Mexicanorum historia*.

26 Ray (1678: 385).

27 Raven (1942).

28 Ray (1678: 392). Norton (2019: 127) が発見したように、エルナンデスはケツァールに関する情報の多くをサアグンの『*Historia Universalis*〔普遍的な歴史〕』（すなわちフィレンツェ写本）から得ている。1558 年、サアグンはナワ族におけるキリスト教信仰の維持に役立てるために、ナワ族の生活様式を詳細に記録するように指示された。サアグンは、アステカの長老にインタビューした芸術家や書記を含め、先住民の協力者を得て行なった。これは、「有識者や信頼できる原稿から事実情報を収集するアリストテレス的手法に、形式化されたアンケートや査読を含むより新しい調査手法」を用いて、事実とフィクションを分離しようとする高度な作業だった（Haemig, 2018）。その結果、ナワトル語とスペイン語の両方で書かれたメキシコの自然史の図解書ができあがった。149 羽の鳥について、簡単な説明と、漫画やヨーロッパのゲスナーやブロンの木版画と比べても遜色ないような画像が掲載されている。また、スペインによる征服以前に、ナワ族が越冬する野鳥の羽を利用して羽ペンをつくっていたことなども明らかにされている。

29 Norton (2019: 129).

雇って、鳥追いをすることだった。1750年代には、ミヤマガラスは土壌の多様な無脊椎動物を食べるので、害よりも益の方が多いだろうと考えられるようになった。それでも20世紀初頭には、ドイツの一部地域でミヤマガラスを完全に駆除する計画が持ち上がった。この計画はほぼ成功し、ドイツ北部にいた3万5000つがいのミヤマガラスが、1950年代にはわずか数百つがいまで減少した。1970年代に駆除が中止された後、個体数は回復した（Krüger et al., 2020）。

19　1960年、中国の鳥類学者である鄭作新が、スズメは穀物だけでなく有害な昆虫も食べることを政府に指摘した結果、スズメ退治キャンペーンは中止された。その後、中国政府はソ連から25万羽のスズメを輸入し、生態系のバランスを回復させようとした（Pantsov and Levine, 2013）。

20　1834年にノーフォークの鳥類学者ダニエル・ガーニー・シニアによって調査された記録である。レストレンジの綴りは、le Straunge、Le Strange、L'Strange とさまざまある。

21　Gurney (1921:132). Newton (1896:738) は、ヘラサギを「popeler〔ポペラー〕」という奇妙な名で呼ぶのは、オランダ語で同種を *lepelaar* と呼ぶその発音がなまったものではないかと指摘している。ドイツ語では *Löffler*、フリジア語では *leppelbek* と呼び、いずれもこの鳥のくちばしの形にちなむ名前である。

22　Gurney (1921: 123).

23　Cooke and Birkhead (2017).

24　Gurney (1921: 142).

25　Gurney (1834). ボードによる医学書。 Mullens and Swan (1917: 81) を参照。

26　マフェットの本は1595年頃に書かれたが、出版されたのはそれから1世紀後である。夜の楽しみとスズメについては、その本の第11章で言及されている。

27　その他の例としては、難聴にはアオサギやツルの脂肪や油を耳に入れる、てんかんには若いワタリガラスを焼いた灰やコウノトリの糞を水に溶かして飲む、「結石」（腎臓、尿管、膀胱に石ができる激痛を伴う状態）には焼いたカッコウを飲む、などがある。また、コキンメフクロウの灰を喉に塗ると、扁桃腺炎の合併症である膿瘍に効くという。私の祖母は、1890年代の子どもの頃、重い扁桃腺炎になり、治療にフクロウの灰は使わなかったものの、最終的には膿瘍が「破裂」して口から大量の膿を出すと回復したと話していたことを思い出す。吐き気がしそう！

28　Kioko et al. (2015).

第6章

1　ファーンリー・ホール自体はリーズから北西に20kmほど離れたウォーフ渓谷の北側にあり、タイニー湖は隣接するウォッシュバーン渓谷にある。

2　Hill (1988); Lyles (1988).

3　フォークス家の「鳥類学コレクション」には、領内で射止めたさまざまな鳥の羽が紙に貼りつけられている。『フランシス・ウィラビーの鳥類学』（Ray, 1678）。ターナーによる鳥の絵は、現在リーズ市立美術館に所蔵されている。

4　Shrubb (2013: 52); Hudson (c.1920); Muffett (1655: 93).

5　Ray (1678: 278); Gurney (1921); Lowe (1954: 147); Birkhead and Berkhoudt (2021).

6　Birkhead (2021).

7　ウィラビーの方が「大胆」な発想のもち主なので、博物学全体の総点検を提案したのはレ

45 https://iaf.org/ethical-and-scientific-aspects-concerning-animal-welfare-and-falconry/ を参照。
46 キャサリン・バターワース（ヤップの姪）、私信。許可を得て引用。

第5章

1 イタリアの詩人アレッサンドラ・スカラは、1491年、文通相手のカサンドラ・フェデーレという15世紀のイタリアで最も著名な女流学者に、キャリアか家庭かの選択という、明らかに女性にとって昔からの問題を記すこの問いを投げかけている。この引用は、King (1980) による。また、M.L.King, 私信。
2 Isaacson (2017: 178 and 398).
3 カラヴァッジョのものとされる絵画は Jackson (1993) を参照、キツツキ食については Muffett (1655) と Naumann and Naumann (1820-60) を参照。アリストテレスは、アリスイの舌の長さは指4本分の幅に等しいとコメントしたが、キツツキの舌については言及していない（Lones 1912: 181, 247 に引用）。
4 Bock (2015). ダーウィンは『種の起源』において、キツツキを例にして適応の起源を説明した。
5 Belon (1555).
6 Lones (1912).
7 Ghosh (2015).
8 同上。
9 Isaacson (2017: 423).
10 Cole (1944: 56); Richardson (1885).
11 Allen (1951: 410). コイターはフランスの宗教戦争〔ユグノー戦争〕に軍医として志願し、第5次宗教戦争を終結させたボリュー勅令から1カ月も経たない1576年に病死した（原因不明）。
12 Oviedo (1526).
13 ブロンと同時代のスイス人コンラート・ゲスナーがオオハシを見たのは、同じ1555年に自分の百科事典を完成させた後だった。ゲスナーはその後、1560年に出版した『*Icones avium omnium*〔鳥類図鑑〕』にオオハシを追加している。オニオオハシには鼻の穴があるが、隠れて見えない。
14 足指の配置は、後に鳥類の分類に使われるようになった。しかし、最近の研究で、鳥類では対趾足（zygodactyly の *zygo* とは、ギリシャ語で「均等な」という意味）は独自に9回も進化していることがわかり、分類に利用する際は慎重を期すべきである。最も一般的な足指の配置は、前に3本、後ろに1本の指が出る三前趾足である。
15 Smith (2007).
16 Lovegrove (2007).
17 同上 : 29.
18 イギリスと中央ヨーロッパでは、ミヤマガラスは古くから春に播種《はしゅ》したばかりの穀物を食い荒らす害鳥と見なされてきた。特にミヤマガラスが多く生息していたスコットランドでは、1457年にジェームズ2世がミヤマガラスの繁殖を防ぎ、その数を減らすための法律を制定した。毒殺、射殺、巣の破壊が行なわれた。地域によっては、コロニーで射殺する折に、音楽や踊りを伴う一種の民間祭りとなったところもある。ミヤマガラスが播種したばかりの穀物を食べないようにする唯一の方法は、子どもや障害者、老人といった人々を

19 Hutchinson (1974) 参照。

20 Yapp (1981: 75).

21 Briggs (2014).

22 ヨハネの黙示録 19 章 17 ～ 18 節

23 Wood and Fyfe (1943).

24 同上。

25 Willemsen (1943); Haskins (1921); Vaurie (1971); Venturi (1904); Yapp (1983). 鳥類の少なくとも一部は、「Vienna Dioscorides〔ウィーン写本〕」（p. 93 参照）として知られる 6 世紀の彩色写本から写されたという説もあるが、ここでも Yapp (1983) が鑑識眼をもって両者を比較し、何の関連も見出せないとした。

26 Venturi (1904); Yapp (1983).

27 Allen (1951: 398).

28 Haffer et al. (2014).

29 Oggins (2004: 129).

30 同上

31 Oggins (2004: 注で多様な著者を引用 133).

32 フード〔頭巾〕は 13 世紀に導入された（Robinson 2003）。

33 フリードリヒ 2 世の著書より。Wood and Fyfe (1943) を参照。

34 Oggins (2004: 32).

35 ミヤマガラスも同じ方法で捕獲した。「茶色の厚紙を用意し 1 枚を 8 分割して円錐形に折り、紙の内側に鳥もちを塗り、その中にトウモロコシを入れ、これを地面に 60 個ほど並べる……そして、少し離れたところに立つと、とてもすばらしいスポーツを見ることができる。ミヤマガラスがトウモロコシをつつこうとすると、コーンが頭にはまるので、すぐに視界から消えてしまうほど高く舞い上がるが、疲れ果てると、まるで撃たれたように墜落してくる」（Cox 1686）。

36 Shaw (*Speculum Mundi*, 1635, Harting による引用 (1871: 223)).

37 Freeman and Salvin (1859), Harting による引用 (1871: 24).

38 どの種のハヤブサ類か詳細は書かれていない。Freeman and Salvin (1859): https://archive.org/details/FalconryItsClaims/page/n165/mode/2up/search/Sultan.

39 ガスコインの問いかけは、Bates (2011: 404; 420 も参照) に引用されている。マーガレット・キャベンディッシュは 1653 年に「The Hunting of the Hare〔ノウサギ狩り〕」と題する反殺生主義の詩を書いている。ガスコインの本は通常、ジョージ・ターバーヴィルの『*Booke of Faulconrie*〔鷹狩りの書〕』（1575）と抱き合わせになっており、しばらくはターバーヴィルが両方の著者（あるいは編者）だと考えられていた（Bates 2011: 403）。反狩猟の感情については、Keith Thomas (1983) などで論じられている。

40 Harwood (1928). もちろん、ペットは明らかな例外だった（Thomas 1983: 100 参照）。

41 Lecky (1913).

42 Thomas (1983).

43 Strutt (1842: 25). チャールズ 2 世は艶福家で知られ、J・ウィルモットによれば「落ち着きがなく、こちらの売春婦からあちらの売春婦へと次々と手を出した」。Miller (1991) より。

44 Jacob (1718); Strutt (1842: 25) も参照。狩猟の軽薄さについて Nash (1633) は「不自然な娯楽」と述べている。トマス・ナッシュは鷹狩りで、猛禽類のメスがオスよりも大きく強力であると「承認」されているらしいことに狼狽している。

後に動かして水を送り込み、エビや珪藻をふるいのようなラメラで濾過して飲み込む。

25 Buffon (1770-83, vol. VIII: 446) 訳 W. Smellie, 1792-3.

26 同上。また、Mynott (2018: 106-7) を参照のこと。

27 Chapman and Buck (1910).

28 N. Baccetti, 私信。私が解剖した個体も電線にあたって死亡した鳥だった。

29 Mynott (2018).

30 同上

31 Pliny (1885).

第４章

1 Robinson (2003).

2 中世の鳥類を研究した学者としては、近代生態学の父と呼ばれるイギリスの生物学者で王認学会会員のイヴリン・ハッチンソン（Hutchinson, 1974）や、鳥類分類の研究で知られるアメリカのチャールズ・ヴォーリー（Vaurie, 1971）などがいる。

3 Yapp (1987); Cummins (1988).「ならず者にはチョウゲンボウ」という話は、1486 年にジュリアナ・バーナーズによって書かれた最初の鷹狩りに関する印刷物『*The Boke of St Albans*〔鷹狩り、狩猟と銃器について〕』に由来し、猛禽類とその所有者には階層があるという考えの元となったとして広く引用されている。皇帝にはワシ、王にはシロハヤブサ、王子にはハヤブサ、騎士にはセーカーハヤブサ、貴婦人にはコチョウゲンボウ、ヨーマン〔従者〕にはオオタカ、司祭にはハイタカ、聖水係にはハイタカのオス、ならず者にはチョウゲンボウ」である。しかし、「kestrel for a knave〔ならず者にはチョウゲンボウ〕」はもう一つの 15 世紀の原稿にしか登場せず、歴代の作家が指摘するように、鳥と人の序列は実際には存在しなかったようだ（Oggins 2004）。

4 Yapp (1981).

5 Yapp (1987); Owen-Crocker (2005); Bloch (2005).

6 Cade (1982); Newton and Olsen (1990); Robinson (2003: 14); Mynott (2018: 154); Aristotle (1936: 27.118).

7 Canby (2002: 166).

8 このポルトガルのモザイク画は「モザイコ・デ・カヴァレイロ」として知られ、南東部の町メルトーラにある。Macias (2011) 参照。

9 この戒めは、特に病んだタカの世話をする人に向けられたものだ（Robinson 2003: 28）。

10 Canby (2002: 166). また、ケイドについてのマクドナルドのコメントは www. ef-fc.org/projects（2019 年 2 月）を参照。Oggins (2004: 35).

11 Oggins (2004: 35).

12 Fox (1995).

13 Strutt (1842: 24).

14 Wood and Fyfe (1943). また、Oggins (2004: 127) も参照。

15 James (1925).

16 Yapp (1979).

17 私にはこの鳥がアオヒメウズラのように見えるが、おそらく違うだろう。

18 聖書は非常に重いので、支えるために lectern（語源は「読む」という意味の聖書台）が必要だった。

16 Réaumur (1750).
17 Cuvier (1817).
18 Wasef et al. (2019).

第３章

1 Smellie (1790).
2 Aristotle (1943); Leroi (2014); Birkhead and Lessells (1988); Birkhead et al. (1988). 猛禽類の交尾の頻度が高いのは、オスの父性を守るためであり、交尾はペア・ボンディング〔つがいの絆〕の一部であるとも考えられる。クロウタドリなど、クラッチ〔一腹〕ごとにほんの数回しか交尾をしない鳥もいる。
3 Pizzari et al. (2003).
4 Brock (2004).
5 Birkhead et al.(1995). 鳥類における交尾直後の精子優先は、アリストテレスが観察したように、2 羽のオスが 1 羽のメスと次々に交尾する場合にだけ発生する。野鳥ではこのようなことは比較的まれで、つがい外交尾は通常、交尾期間中いつでも行なわれる。その成功率は、受け渡しされる精子の量の多さや質の高さによって高められるかもしれない。Brock (2004) も参照。
6 Leroi (2014).
7 Mynott (2018: 224).
8 Medawar and Medawar (1983). チャールズ・ダーウィンがウィリアム・オーグルに宛てた 1882 年 2 月 22 日の手紙。Leroi (2014).
9 Newmyer (2011).
10 Aristotle (1965: 536b), Mynott (2018: 142).
11 プルタルコスの動物の知性論について。Kleczkowska (2015: 99) による引用。
12 West and King (1990).
13 『イーリアス』第 3 巻の冒頭で、ホメロスは、トロイア人の叫びは、天を渡って逃げていくツルの鳴き声に似ている、と書いている。
14 Mynott (2018: 65) による引用。
15 創世記 1 章 26 節
16 Villing et al. (2013).
17 Singer (1931).
18 Lack (1968).
19 Davies (2015).
20 同上
21 Dakin and Montgomerie (2013).
22 Pliny (1885).
23 Mynott (2009).
24 フラミンゴの頭部は大きな「かぎ鼻」のような特異な形になっていて、水中の小さな食物という珍しい生態的ニッチを利用するために進化してきた。ほとんどの鳥類はくちばしの上顎が下顎よりも大きいが、フラミンゴの 6 種はその逆で、それは食物を食べる時に頭を下げて水中に入れるためでもある。それに関連して、フラミンゴは上顎が動き、下顎は静止しているという、他の多くの鳥とは逆の構造になっている。上顎を開閉する時に舌を前

原註

第 1 章

1 Verner (1914).

2 Bahn (2016: 67) を参照。ブルイユの伝記は Broderick (1963) を参照。ピレタ洞窟とその絵は 1905 年にホセ・ブヨン・ロバトが発見した。ブヨン家は今も洞窟を所有し、人気のツアー（年間 1 万 2000 人の訪問者）を運営していると、2019 年 5 月にブヨン家の一番下の若者が私に語ってくれた。ヴァーナーのピレタ洞窟訪問記は、「サタデー・レビュー」紙 1911 年版に 6 回に分けて掲載されている（Verner, 1911）。ヴァーナーのエル・タホ洞窟の記録は、「カントリー・ライフ」誌 1914 年版に 3 部構成で掲載されている（Verner, 1914）。

3 Breuil and Burkitt (1929)。ブルイユは弟子のケンブリッジ大学考古学者マイルズ・バーキットとともに 1914 年にエル・タホを訪れ（Díaz-Andreu, 2013）、その後ブルイユが本文を、バーキットが序論と結論を書き、モンタギュー・ポロック卿が「フランス人同僚の凝縮した記述を翻訳し、多くの場合は言い換えるという大変な仕事」を引き受けて彼らの著書を制作している。ウィラビー・ヴァーナーも共著者であるべきだったが、詳細不明な「誤解」のために含まれていない（Perelló, 1988: 179; Martí Mas Cornellá, 私信、Cornellá, 2003-5）。また、エル・タホ洞についてはMolina (1913) による簡単な記述があった。Lazarich et al. (2019) も参照のこと。

4 Chapman and Buck (1910: 242); Macpherson (1896).

5 de Juana and Garcia (2015), E. Garcia 私信。

6 Clottes (2016).

7 同上

第 2 章

1 Bailleul-LeSuer (2013:16).

2 Markham (1621), および Chapman (1930)。

3 McCouat (2015). 引用は Parkinson (2008: 9) より。

4 McCouat (2015).

5 Moser (2020).

6 同上

7 Vansleb (1678).

8 Wilde (1840).

9 Wilkin (1835: 276) 中のブラウンによる ‘Fragment on mummies’.

10 Smith (2018).

11 Usick (2007); Manley and Ree (2001: 154).

12 Martin (1981: 4) による。

13 Houlihan (1986: 140); von den Driesch et al. (2005).

14 Herodotus；Mynott (2018: 200-201) による引用。

15 Landauer (1961). また、Ray (1678); Ikram (2015: 12) も参考のこと。

索引

〈鳥名索引〉

著者紹介
ティム・バークヘッド（Tim Birkhead）
世界的に著名な英国の鳥類学者。数々の受賞歴がある。ロイヤル・ソサエティのメンバーで、シェフィールド大学の動物学名誉教授。著書に『鳥の卵』（白揚社）、『鳥たちの驚異的な感覚世界』（河出書房新社）などがある。

訳者紹介
黒沢令子（くろさわ・れいこ）
専門は英語と鳥類生態学。地球環境学博士（北海道大学）。バードリサーチ研究員の傍ら、翻訳に携わる。訳書に『フィンチの嘴』（共訳、早川書房）、『鳥の卵』『美の進化』（以上、白揚社）、『日本人はどのように自然と関わってきたのか』（築地書館）、『時間軸で探る日本の鳥』（共編著、築地書館）などがある。

人類を熱狂させた鳥たち

食欲・収集欲・探究欲の1万2000年

2023年3月29日　初版発行

著者　ティム・バークヘッド
訳者　黒沢令子
発行者　土井二郎
発行所　築地書館株式会社
東京都中央区築地 7-4-4-201　〒104-0045
TEL 03-3542-3731　FAX 03-3541-5799
http://www.tsukiji-shokan.co.jp/
振替 00110-5-19057
印刷・製本　シナノ印刷株式会社
装丁　吉野愛

© 2023 Printed in Japan

ISBN 978-4-8067-1647-1

・本書の複写、複製、上映、譲渡、公衆送信（送信可能化を含む）の各権利は築地書館株式会社が管理の委託を受けています。
・JCOPY〈（社）出版者著作権管理機構 委託出版物〉
本書の無断複製は著作権法上での例外を除き禁じられています。複製される場合は、そのつど事前に、（社）出版者著作権管理機構（電話 03-5244-5088、FAX 03-5244-5089、e-mail：info@jcopy.or.jp）の許諾を得てください。

くわしい内容はホームページで。URL=http://www.tsukiji-shokan.co.jp/

●築地書館の本

時間軸で探る日本の鳥

復元生態学の礎

黒沢令子＋江田真毅［編著］

二六〇〇円＋税

埴輪で描かれた鳥たち、江戸時代の博物図譜や人の経済活動が鳥類に及ぼす影響まで、時代と分野をつなぐ新しい切り口で築く復元生態学の礎。

落葉樹林の進化史

恐竜時代から続く生態系の物語

ロバート・A・アスキンズ［著］黒沢令子［訳］

二七〇〇円＋税

地域と時間を超越して森林の進化をたどり、そこで生きる生物すべての視点から森を見つめることで、生態系の普遍的な形や、新たな角度での森林保全の解決策を探る。

英国貴族、領地を野生に戻す

野生動物の復活と自然の大遷移

イザベラ・トゥリー［著］三木直子［訳］二七〇〇円＋税

所有地に自然を取り戻すために野ブタ、鹿、野牛、野生馬を放ったら、チョウ、野鳥、珍しい植物まで復活。その自然の遷移の様子を驚きとともに描く。本書に推薦文を寄せているイザベラ・トゥリーの代表作。

日本人はどのように自然と関わってきたのか

日本列島誕生から現代まで

コンラッド・タットマン［著］黒沢令子［訳］

三六〇〇円＋税

日本人はどのように自然を利用してきたのか。日本人の環境観の変遷を、人口の増減や生態系への影響、世界規模での資源利用に関する詳細な資料をもとに描く。

◎総合図書目録進呈。ご請求は左記宛先まで。

〒一〇四—〇〇四五　東京都中央区築地七—四—四—二〇一　築地書館営業部